미 적 분 학

대구대학교 수학교재편찬위원회

대구대학교출판부

머 리 말

이 책은 고등학교에서 배운 수학의 기본 이론을 바탕으로 대학의 이공계 분야의 미분적분학 이론을 체계화하여 전공과정에서 요구되어지는 수학이론을 이해, 적용할 수 있도록 꾸몄다.

지나치게 전문적이거나 엄밀한 증명은 될 수 있으면 피하고 많은 예제를 수록하여 이해와 응용력을 돕도록 하였으며, 수학의 기초가 다소 부족한 학생들도 책의 순서대로 공부하면 충분히 이해할 수 있도록 하기 위해 상세히 설명하였다.

연습문제도 본문의 이해를 바탕으로 꾸몄으므로 이 책을 교재로 사용하는 학생은 본문 내용과 병행하여 연습문제도 빠짐없이 풀어 봄으로써 자신의 실력 향상에 도움이 되길 바란다.

끝으로 이 책의 출간에 힘써주신 출판부 선생님들과 전산편집에 노고를 아끼지 않고 애쓴 수학과 학생들에게 감사드리며 이 책으로 공부하는 모든 학생들에게 무궁한 영광이 있기를 기원하는 바이다.

저자씀.

목 차

第6장 정적분의 응용 / 143

第7장 편도함수 / 173

第8장 중적분 / 199

제 1 장 극 한

§1.1 수열의 극한

한 집합 X의 원소를 자연수의 개수만큼 차례로 나열한 것을 X의 수열이라 한다. 이 장에서 우리는 실수의 수열에 관하여 생각하고자 한다.

정의 1.1 자연수의 집합 $\mathbb{N}$ 으로부터 실수들의 집합 $\mathbb{R}$ 로 가는 함수 $a : \mathbb{N} \to \mathbb{R}$ 을 **수열**(sequence)이라 한다. 자연수 n에 대응되는 실수 $a(n)$ 을 a_n 으로 나타내고 a 의 n 째항(n-th term)이라 한다. 이때 수열 a 는

$$a_1, \ a_2, \ a_3, \ \cdots$$

혹은 $\{a_n\}_{n=1}^{\infty}$ 으로 나타낸다.

수열은 n 째항을 분명하게 나타내는 공식을 줌으로써 정의할 수도 있다. 예를 들면, 공식 $a_n = \dfrac{1}{n}$ 은 자연수 n에 대응되는 실수를 $\dfrac{1}{n}$ 로 주는 수열이다. 처음 항들을 나열하면

$$a_1 = 1, \ a_2 = \frac{1}{2}, \ a_3 = \frac{1}{3}, \cdots$$

즉, 수열 $\{a_n\}_{n=1}^{\infty} = \left\{\dfrac{1}{n}\right\}_{n=1}^{\infty}$ 을 정의한다.

공식 $a_n = \dfrac{n}{n+1}$ 을 n 째항으로 가지는 수열 $\{a_n\}_{n=1}^{\infty}$ 을 생각하자. 처음 네개 항들은

$$\frac{1}{2}, \ \frac{2}{3}, \ \frac{3}{4}, \ \frac{4}{5}$$

이고 만약 n 이 100, 101, 102 라면

$$\frac{100}{101}, \ \frac{101}{102}, \ \frac{102}{103}$$

로써 이들은 1에 가까워지고 있다. 예를 들면 $\frac{100}{101}$ 은 1과 $\frac{1}{101}$ 만큼의 차이밖에 없다는 사실이다.

만약 충분히 큰 자연수 n에 대해서 $\frac{n}{n+1}$ 은 1에 아주 가깝다는 사실을 알 수 있다. 이러한 이유에서 수열 $\left\{\frac{n}{n+1}\right\}_{n=1}^{\infty}$ 은 극한값 1을 가진다고 말할 수 있다. 일반적으로, 아주 큰 자연수 n에 대해서 a_n이 한 실수 L에 가까이 갈 때, 우리는 수열 $\{a_n\}_{n=1}^{\infty}$이 극한값 L을 가진다고 한다. 이러한 개념을 지극히 작은 수 ε과 충분히 큰 자연수 n_0를 사용하여 다음과 같이 정의한다.

정의 1.2 수열 $\{a_n\}_{n=1}^{\infty}$에서 임의로 주어진 $\varepsilon > 0$에 대해서 한 자연수 n_0가 존재하여 n_0보다 큰 모든 자연수 n에 대해서 $|a_n - L| < \varepsilon$일 때 수열 $\{a_n\}_{n=1}^{\infty}$은 극한값 L을 가진다고 한다. 즉, 임의의 $\varepsilon > 0$ 에 대해서

$$\exists\, n_0 \in \mathbb{N} \quad s.t. \quad |a_n - L| < \varepsilon, \quad \forall n \geq n_0$$

일 때, $\{a_n\}_{n=1}^{\infty}$은 **극한값 L을 가진다**. 혹은, $\{a_n\}_{n=1}^{\infty}$은 L에 **수렴한다**(converge)고 한다. 이 때

$$a_n \to L \ (n \to \infty) \ \text{혹은} \ \lim_{n\to\infty} a_n = L$$

으로 나타낸다. 만약 위의 조건을 만족하는 실수 L이 존재하지 않을 때, $\{a_n\}_{n=1}^{\infty}$은 **발산한다**(diverge)고 한다.

정의 1.3 임의로 주어진 실수 M에 대해서 한 자연수 n_0가 존재하여 n_0보다 큰 모든 자연수 n에 대해서 $a_n > M$ ($a_n < M$) 일 때, $\{a_n\}_{n=1}^{\infty}$

은 $\infty(-\infty)$로 **발산한다**고 한다. 즉, 임의의 실수 M에 대해서

$$\exists\, n_0 \in N \quad s.t.\ a_n > M\ (a_n < M) \quad {}^{\forall} n \geq n_0$$

일 때, $\{a_n\}_{n=1}^{\infty}$은 $\infty(-\infty)$로 발산한다.

예제 1.4 모든 자연수 n에 대해서 $a_n = a$이면 $a \in \mathbb{R}$, 수열 $\{a_n\}_{n=1}^{\infty}$은 a에 수렴한다.

증명 임의의 실수 $\varepsilon > 0$에 대해서, $n_0 = 1$이면, 모든 $n \geq n_0$에 대해서

$$|a_n - a| = |a - a| = 0 < \varepsilon$$

이다. 그러므로 $\{a_n\}_{n=1}^{\infty}$은 a에 수렴한다.

예제 1.5 $\lim_{n\to\infty} \dfrac{1}{n} = 0$을 증명하라.

증명 임의로 주어진 $\varepsilon > 0$에 대해서 $\dfrac{1}{\varepsilon} < n_0$이 되도록 자연수 n_0를 잡으면, 모든 자연수 $n \geq n_0$에 대해서, $\left|\dfrac{1}{n} - 0\right| = \dfrac{1}{n} \leq \dfrac{1}{n_0} < \varepsilon$이다. 따라서 $\lim_{n\to\infty} \dfrac{1}{n} = 0$이다.

예제 1.6 수열 $\{n\}_{n=1}^{\infty}$은 ∞로 발산함을 증명하라.

풀이 임의로 주어진 실수 M에 대해서 $n_0 > M$이 되도록 자연수 n_0를 잡으면 모든 자연수 $n \geq n_0$에 대해서, $n > M$이다. 그러므로 $\{n\}_{n=1}^{\infty}$은 ∞로 발산한다.

정리 1.7 수렴 수열의 극한은 일의적이다.

[증명] $\lim_{n\to\infty} a_n = L$, $\lim_{n\to\infty} a_n = L'$ 이고 $L \neq L'$ 이라 하자. $L < L'$ 이든지 $L' < L$ 이 된다. $L < L'$ 이라 가정하자. $\varepsilon = \frac{L' - L}{2} > 0$ 에 대해서 우리는 자연수 N_1 과 N_2 를 다음 조건이 만족되도록 잡을 수 있다;

$$|a_n - L| < \frac{L' - L}{2} \quad \forall n \geq N_1$$

그리고
$$|a_n - L'| < \frac{L' - L}{2} \quad \forall n \geq N_2$$

만약 $N = \max\{N_1, N_2\}$ 이라 하면,

$$a_N - L < \frac{L' - L}{2}, \qquad -\frac{L' - L}{2} < a_N - L'$$

이들 식으로부터 $\frac{L' + L}{2} < a_N < \frac{L' + L}{2}$ 이므로 모순이다.

$L' < L$ 의 경우에도 같은 방법으로 모순을 찾을 수 있다.

정의 1.8 수열 $\{a_n\}_{n=1}^{\infty}$ 에 대해서 실수 M 이 존재하여 모든 n 에 대해서 $|a_n| \leq M$ 일 때, $\{a_n\}_{n=1}^{\infty}$ 을 **유계수열**(bounded sequence)이라 한다.

정리 1.9 수렴 수열은 유계수열이다.

[증명] $\lim_{n\to\infty} a_n = L$ 이라 하면, 임의의 $\varepsilon > 0$ 에 대해서 자연수 n_0 이 존재하여 모든 $n \geq n_0$ 에 대해서 $|a_n - L| < \varepsilon$ 을 만족한다.
그러므로 모든 $n \geq n_0$ 에 대해서 $L - \varepsilon < a_n < L + \varepsilon$ 이다. 만약

$$K = \max\{|a_1|, |a_2|, \cdots, |a_{n_0 - 1}|, |L - \varepsilon|, |L + \varepsilon|\}$$

이라 하면, 모든 자연수 n 에 대해서 $|a_n| \leq K$ 이다.
그러므로 $\{a_n\}_{n=1}^{\infty}$ 은 유계수열이다.

정리 1.10 수열 $\{a_n\}_{n=1}^{\infty}$, $\{b_n\}_{n=1}^{\infty}$ 이 각각 L, M에 수렴하면,

(1) $\lim_{n\to\infty}(a_n \pm b_n) = L \pm M$ (복부호동순)

(2) $\lim_{n\to\infty} a_n b_n = LM$, $\lim_{n\to\infty} ca_n = cL$ (c는 상수)

(3) $\lim_{n\to\infty} \dfrac{a_n}{b_n} = \dfrac{L}{M}$ $(M \neq 0)$

[증명] (1) 임의의 실수 $\varepsilon > 0$에 대해서 자연수 N_1과 N_2가 존재하여 다음을 만족한다.

$$|a_n - L| < \frac{\varepsilon}{2} \quad \forall n \geq N_1$$

$$|b_n - M| < \frac{\varepsilon}{2} \quad \forall n \geq N_2$$

$N = \max\{N_1, N_2\}$ 이라 두면,

$$\begin{aligned} |(a_n + b_n) - (L + M)| &\leq |a_n - L| + |b_n - M| \\ &< \frac{\varepsilon}{2} + \frac{\varepsilon}{2} = \varepsilon \quad \forall n \geq N \end{aligned}$$

그러므로 $\lim_{n\to\infty}(a_n + b_n) = L + M$

(2) 정리 1.9 에 의하여 $\{a_n\}_{n=1}^{\infty}$은 유계수열이므로 양의 실수 K가 존재하여 $|a_n|, |M| \leq K$ 이다. 또, 임의로 주어진 $\varepsilon > 0$에 대해서 자연수 n_0가 존재하여 모든 $n \geq n_0$에 대해서

$$|a_n - L| < \frac{\varepsilon}{2K}, \quad |b_n - M| < \frac{\varepsilon}{2K}$$

그러므로 모든 $n \geq n_0$에 대해서

$$\begin{aligned} |a_n b_n - LM| &= |(a_n - L)M + (b_n - M)a_n| \\ &\leq |a_n - L|\,|M| + |b_n - M|\,|a_n| < \varepsilon \end{aligned}$$

(3) 먼저 $\lim_{n\to\infty}\frac{1}{b_n}=\frac{1}{M}$ 이 됨을 증명하여 보자.

$M\neq 0$ 이므로 $|M|>0$ 이다. $\lim_{n\to\infty} b_n = M$ 으로부터 자연수 N_1 이 존재하여 모든 $n\geq N_1$ 에 대해서 $|b_n - M| < \frac{1}{2}|M|$ 이므로

$$-|b_n|+|M| \leq |b_n - M| < \frac{1}{2}|M|$$

따라서 $|b_n| > \frac{1}{2}|M|$.

한편 임의로 주어진 $\varepsilon>0$ 에 대해서 자연수 N_2 가 존재하여 모든 $n\geq N_2$ 에 대해서

$$|b_n - M| < \frac{1}{2}|M|^2\varepsilon$$

$N=\max\{N_1, N_2\}$ 이라 하면 모든 $n\geq N$ 에 대해서

$$\left|\frac{1}{b_n}-\frac{1}{M}\right| = \frac{|M-b_n|}{|b_n M|} < \frac{|b_n - M|}{\frac{1}{2}|M|^2} < \frac{1}{2}|M|^2\varepsilon\frac{1}{\frac{1}{2}|M|^2}=\varepsilon$$

그러므로 $\lim_{n\to\infty}\frac{1}{b_n}=\frac{1}{M}$ 이다.

(2)에 의하여 $\lim_{n\to\infty}\frac{a_n}{b_n} = \lim_{n\to\infty} a_n\left(\frac{1}{b_n}\right) = L\frac{1}{M}=\frac{L}{M}$

그러므로 $\lim_{n\to\infty}\frac{a_n}{b_n}=\frac{L}{M}$ 이다.

예제 1.11 $\lim_{n\to\infty}\frac{2n}{n+2}$ 를 구하라.

풀이

$$\lim_{n\to\infty}\frac{2n}{n+2}=\lim_{n\to\infty}\frac{2}{1+\frac{2}{n}}$$

$$=\frac{\lim_{n\to\infty}2}{\lim_{n\to\infty}\left(1+\frac{2}{n}\right)}$$

$$=\frac{\lim_{n\to\infty}2}{\lim_{n\to\infty}1+\lim_{n\to\infty}\frac{2}{n}}$$

$$=\frac{\lim_{n\to\infty}2}{\lim_{n\to\infty}1+2\lim_{n\to\infty}\frac{1}{n}}$$

$$=\frac{2}{1+2\cdot 0}$$

$$=2$$

§ 1.1 수열의 극한 연습문제 1.1

1. 다음을 정의 1.2를 사용하여 증명하라

(1) $\lim_{n\to\infty}\frac{1}{2n}=0$ (2) $\lim_{n\to\infty}\frac{1}{n+2}=0$

(3) $\lim_{n\to\infty}\left(2+\frac{1}{n}\right)=2$ (4) $\lim_{n\to\infty}\frac{n}{n+2}=1$

(5) $\lim_{n\to\infty}\frac{(-1)^n}{n}=0$ (6) $\lim_{n\to\infty}\frac{1}{n^2}=0$

2. 다음 수열의 극한을 구하라.

(1) $\lim_{n\to\infty}\frac{7n-1}{n^2-1}$ (2) $\lim_{n\to\infty}\frac{2n^2+n+3}{n^2+1}$

(3) $\lim_{n\to\infty}\frac{\sqrt{n}+1}{\sqrt{n}-1}$ (4) $\lim_{n\to\infty}(\sqrt{n+1}-\sqrt{n})$

(5) $\lim_{n\to\infty}\frac{\sin^2 n}{n}$ (6) $\lim_{n\to\infty}\sqrt{n}(\sqrt{n+1}-\sqrt{n})$

3. $\lim_{n\to\infty}a_n=0$일 때 $\lim_{n\to\infty}(-1)^n a_n$을 구하라.

4. $\{a_n\}$과 $\{b_n\}$이 유계수열이고 c가 실수 일 때 $\{a_n+b_n\}$, $\{ca_n\}$, $\{a_n b_n\}$이 유계수열임을 증명하라.

5. 수열 $\{(-1)^n\}_{n=1}^{\infty}$은 극한값을 갖지 않음을 증명하라.

6. $a>0$ 일 때 $\lim_{n\to\infty}\sqrt[n]{a}=1$ 을 밝혀라.

7. 유계인 감소수열은 수렴함을 밝혀라.

8. 다음 수열의 극한을 구하라.

(1) $\frac{\sqrt[3]{\cos n}}{n}$ (2) $\frac{2-n^2}{3n+4}$

(3) $(1-\frac{1}{n})^n$ (4) $\frac{2^n}{5^{n+3}}$

9. $|a_n|\to 0\ (n\to\infty)$일 때 $a_n\to 0\ (n\to\infty)$를 증명하라.

§1.2 함수의 극한

본 절에서 우리는 실수의 부분집합을 정의역으로 하는 실변수 함수의 극한에 관하여 생각 하고자 한다.

한 함수 $f(x)$ 는 x 가 a 에 한없이 가까이 접근할 때 $f(x)$ 의 값이 한 실수 L 에 한없이 접근 한다면, 이 때 " $f(x)$ 는 x 가 a 에 접근할 때 극한값 L 을 갖는다." 라고 말하고

$$f(x) \to L\,(x \to a), \quad \lim_{x \to a} f(x) = L$$

등과 같이 나타낸다. 이것을 수학적으로 다음과 같이 정의 한다.

정의 2.1 실수 $r > 0$ 에 대해서 개구간 $(a-r,\ a+r)$ 을 a 의 **근방** (neighborhood)이라 한다.

정의 2.2 함수 f 가 점 a 의 어떤 근방(a 는 제외 되어도 좋다)에서 정의되어 있고, 임의로 주어진 $\varepsilon > 0$ 에 대해서 한 $\delta > 0$ 가 존재하여 $0 < |x-a| < \delta$ 를 만족하는 모든 x 에 대해서 $|f(x) - L| < \varepsilon$ 일 때 $f(x)$ **는** x **가** a **에 접근할 때 극한값** L **을 가진다**라고 말한다. 즉, 임의로 주어진 $\varepsilon > 0$ 에 대해서

$$\exists\,\delta > 0 \quad s.t. \quad 0 < |x-a| < \delta \Rightarrow |f(x) - L| < \varepsilon$$

을 만족하는 유한한 실수 L 이 존재할 때

$$f(x) \to L\,(x \to a), \quad \lim_{x \to a} f(x) = L$$

등으로 나타낸다.

주의 위의 극한값의 정의를 그림으로 표현하면 오른쪽과 같다.

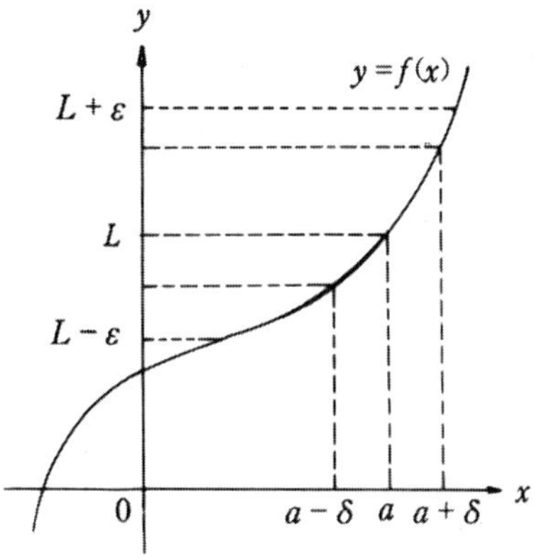

예제 2.3 상수함수 $f(x)=c$ 에 대해서 $\lim_{x\to a} f(x)=c$ 임을 증명하라.

[증명] 임의로 주어진 $\varepsilon>0$ 에 대해서, 임의의 $\delta>0$ 를 잡으면,
$0<|x-a|<\delta$일 때

$$|f(x)-c|=|c-c|=0<\varepsilon$$

예제 2.4 $\lim_{x\to a} x=a$ 를 증명하라.

[증명] 임의로 주어진 $\varepsilon>0$ 에 대해서, $\delta=\varepsilon$ 되는 δ를 잡으면,
$0<|x-a|<\delta$일 때 $|x-a|<\varepsilon$.

예제 2.5 $\lim_{x\to 1}(3x-1)=2$ 를 증명하라.

[증명] 임의로 주어진 $\varepsilon>0$ 에 대해서, $\delta=\frac{\varepsilon}{3}$ 되게 δ를 잡으면,

$0<|x-1|<\delta$일 때

$$|(3x-1)-2|=|3x-3|=3|x-1|<3\delta=3\frac{\varepsilon}{3}=\varepsilon$$

예제 2.6 $\lim_{x\to 1}\sqrt{x+3}=2$ 를 증명하라.

[증명] 임의로 주어진 $\varepsilon>0$ 에 대해서, $0<|x-1|<\delta$일 때

$$|\sqrt{x+3}-2|<\varepsilon \qquad (*)$$

되는 δ 를 찾아야 한다. (*)의 좌변에 $\dfrac{(\sqrt{x+3}+2)}{(\sqrt{x+3}+2)}$ 를 곱하면 (*)는

$$\frac{|x-1|}{\sqrt{x+3}+2}<\varepsilon \text{ 이다.}$$

만약 $\delta\leq 1$이라면 $|x-1|<\delta$이므로 $x\in(0,\ 2)$ 이고

$$\sqrt{x+3}+2>\sqrt{3}+2 \text{ 이다.}$$

그러므로

$$\frac{|x-1|}{\sqrt{x+3}+2}<\frac{\delta}{\sqrt{3}+2}$$

δ를 1과 $(\sqrt{3}+2)\varepsilon$ 둘 중 작은 것으로 취하면 $\dfrac{\delta}{(\sqrt{3}+2)}\leq\varepsilon$이다.

그러므로 (*)가 만족된다.

정리 2.7 $\lim_{x\to a}f(x)=L$ 이 될 필요충분조건은 a에 수렴하는 모든 수열 $\{x_n\}(x_n\neq a)$ 에 대해서, 수열 $\{f(x_n)\}$ 이 L 에 수렴하는 것이다.

[증명] $\lim_{x\to a}f(x)=L$ 을 가정하자. 임의로 주어진 $\varepsilon>0$ 에 대해서 $\delta>0$ 가 존재하여 $0<|x-a|<\delta$이면 $|f(x)-L|<\varepsilon$이다. 수열 $\{x_n\}$이 a에 수렴 한다면, 한 자연수 N이 존재하여 모든 자연수 $n\geq N$에 대해서 $|x_n-a|<\delta$ 이다. $x_n\neq a$ 이므로 $0<|x_n-a|<\delta$ 이고 $|f(x_n)-L|<\varepsilon$ 이다.

역으로, $\lim_{x\to a}f(x)\neq L$ 이라 하자. 그러면 어떠한 $\delta>0$을 잡아도 $\varepsilon>0$이 존재하여

$$0 < |x-a| < \delta \text{이고} \quad |f(x)-L| \geq \varepsilon \qquad (*)$$

을 만족하는 점 x가 존재한다. $\delta = \frac{1}{n}$ ($n=1,\ 2,\ \cdots$)에 대해서 (*)를 만족하는 점을 x_n이라 하면 $0 < |x_n - a| < \frac{1}{n}$ 이고 $|f(x_n)-L| \geq \varepsilon$ 이다. 이 때 수열 $\{x_n\}$은 a에 수렴하지만 수열 $\{f(x_n)\}$은 L에 수렴하지 않는다.

정리 2.8 $\lim_{x \to a} f(x) = L$, $\lim_{x \to a} g(x) = M$ 일 때

(1) $\lim_{x \to a} (f(x) + g(x)) = L + M$

(2) $\lim_{x \to a} f(x)\, g(x) = LM$

(3) $\lim_{x \to a} \dfrac{f(x)}{g(x)} = \dfrac{L}{M}$ ($M \neq 0$, $g(x) \neq 0$)

[증명] $\{x_n\}(x_n \neq a)$를 a에 수렴하는 임의의 수열이라 하면, 정리 2.7 에 의하여

$$\lim_{n \to \infty} f(x_n) = L, \quad \lim_{n \to \infty} g(x_n) = M$$

정리 1.10 에 의하여

$$\lim_{n \to \infty} (f(x_n) + g(x_n)) = \lim_{n \to \infty} f(x_n) + \lim_{n \to \infty} g(x_n) = L + M$$

다시 정리 2.7 에 의하여

$$\lim_{x \to a} (f(x) + g(x)) = L + M$$

(2), (3)의 증명도 같은 방법으로 할 수 있다.

예제 2.9 $\lim_{x\to -2}(x^2+3x)$ 를 구하라.

풀이 $\lim_{x\to -2}(x^2+3x) = \lim_{x\to -2}x^2 + \lim_{x\to -2}3x$ (정리 2.8 (1))

$= (\lim_{x\to -2}x)(\lim_{x\to -2}x) + (\lim_{x\to -2}3)(\lim_{x\to -2}x)$ (정리 2.8 (2))

$= (-2)(-2)+3(-2) = 4-6 = -2$

예제 2.10 $\lim_{x\to 2}\dfrac{3x+4}{5x+7}$ 를 구하라.

풀이 $\lim_{x\to 2}(3x+4)=10$, $\lim_{x\to 2}(5x+7)=17$ 이고 정리 2.8 에서

$\lim_{x\to 2}\dfrac{3x+4}{5x+7} = \dfrac{\lim_{x\to 2}(3x+4)}{\lim_{x\to 2}(5x+7)}$ 이므로 $\lim_{x\to 2}\dfrac{3x+4}{5x+7} = \dfrac{10}{17}$ 이다.

정리 2.11 $\lim_{x\to a}f(x)=b$, $\lim_{y\to b}g(y)=g(b)$ 이면

$$\lim_{x\to a}g(f(x)) = g(\lim_{x\to a}f(x)) = g(b)$$

[증명] $\lim_{y\to b}g(y)=g(b)$ 이므로 임의로 주어진 $\varepsilon>0$ 에 대해서 한 실수 $\eta>0$ 가 존재하여 $0<|y-b|<\eta$ 이면 $|g(y)-g(b)|<\varepsilon$ 이다.

또 $\lim_{x\to a}f(x)=b$ 이므로 한 실수 $\delta>0$ 가 존재하여 $0<|x-a|<\delta$ 이면 $|f(x)-b|<\eta$ 이다.

그러므로 $|g(f(x))-g(b)|<\varepsilon$ 이다. 따라서 $\lim_{x\to a}g(f(x))=g(b)$.

예제 2.12 $\lim_{x\to 0}\sqrt{1-x^2}$ 을 구하라.

풀이 $f(x)=1-x^2$, $g(x)=\sqrt{x}$ 라고 두면

$g(f(x))=\sqrt{1-x^2}$ 이고 $\lim_{x\to 0}f(x)=\lim_{x\to 0}(1-x^2)=1$,

$\lim_{x\to 1}g(x)=\lim_{x\to 1}\sqrt{x}=1=g(1)$ 이므로 정리 2.11 에 의하여

$\lim_{x\to 0}\sqrt{1-x^2}=\sqrt{\lim_{x\to 0}(1-x^2)}=1.$

주의 위의 정리2.11 에서 $\lim_{y\to b}g(y)=g(b)$ 가 필수적이다.

예를 들면, 두 함수

$$f(x)=x-1$$

$$g(x)=\begin{cases}\dfrac{\sin x}{x} & (x\neq 0)\\ 0 & (x=0)\end{cases}$$

에서 $\lim_{y\to 0}g(y)=1\neq 0=g(0)$ 이므로

$$\lim_{x\to 1}g(f(x))=1\neq 0=g(0)=g(\lim_{x\to 1}f(x))$$

§ 1.2 함수의 극한

연습문제 1.2

1. 극한값의 정의에 의하여 다음을 증명하라.

(1) $\lim_{x \to a} kx = ka \quad (k > 0)$

(2) $\lim_{x \to 2} (5x - 3) = 7$

(3) $\lim_{x \to 2} (x^2 - 4) = 0$

(4) $\lim_{x \to 2} (x^2 + 5x - 13) = 1$

(5) $\lim_{x \to -2} (x^2 + 3x) = -2$

(6) $\lim_{x \to 1} \dfrac{x^2 - 1}{x - 1} = 2$

2. 다음의 극한값을 구하라.

(1) $\lim_{x \to 0} \sqrt{4 - x}$

(2) $\lim_{x \to 10} \sqrt{2}$

(3) $\lim_{x \to 2} (5x^2 - 9x - 8)$

(4) $\lim_{x \to 2} \dfrac{1}{8x - 3}$

(5) $\lim_{x \to 2} \dfrac{x - 2}{x^3 - 8}$

(6) $\lim_{x \to -3} \dfrac{1}{2 - 2x}$

(7) $\lim_{x \to -3} (3x + 4)(7x - 9)$

(8) $\lim_{x \to -1} \dfrac{(4x^2 + 5x - 3)^2}{(6x + 5)^3}$

(9) $\lim_{x \to -1} \dfrac{(x - 1)^5}{x^5 - 1}$

(10) $\lim_{x \to 1} \dfrac{e^x - 1}{x}$

(11) $\lim_{x \to -3} \dfrac{x + 3}{\left(\frac{1}{x}\right)\left(\frac{1}{3}\right)}$

(12) $\lim_{x \to 3} \dfrac{3}{x - 3}$

3. 정리 2.8 의 증명을 정리 2.7 을 사용하지 말고 정의 2.2 에 의해서 증명하라.

4. 다음의 극한값을 구하라.

(1) $\lim_{x \to 1} \left(\dfrac{x^2}{x - 1} - \dfrac{1}{x - 1} \right)$

(2) $\lim_{x \to 0} \dfrac{1}{1 + |x|}$

5. $\lim_{x \to 0} f(x) = A$ 이고, $m \neq 0$ 일 때, $\lim_{x \to 0} f(mx) = A$ 를 증명하라.

6. 다음과 같이 주어진 $\varepsilon > 0$ 에 대해서 $0 < |x - a| < \delta$ 일 때, $|f(x) - A| < \varepsilon$ 을 만족하는 $\delta > 0$ 를 찾아라. 단, $A = \lim_{x \to a} f(x)$ 이다.

(1) $\lim_{x \to 4} 2x = 8;\ \varepsilon = 0.1$

(2) $\lim_{x \to 4} x^2 = 16;\ \varepsilon = 0.001$

(3) $\lim_{x \to 9} \sqrt{x} = 3;\ \varepsilon = 0.001$

(4) $\lim_{x \to 2} \dfrac{x^2 - 4}{x - 2};\ \varepsilon = 0.05$

§ 1.3 함수의 연속성

점 a의 어떤 근방에서 정의된 함수 f의 a에 있어서의 그래프의 모양을 살펴보면 아래와 같은 형태가 나타난다.

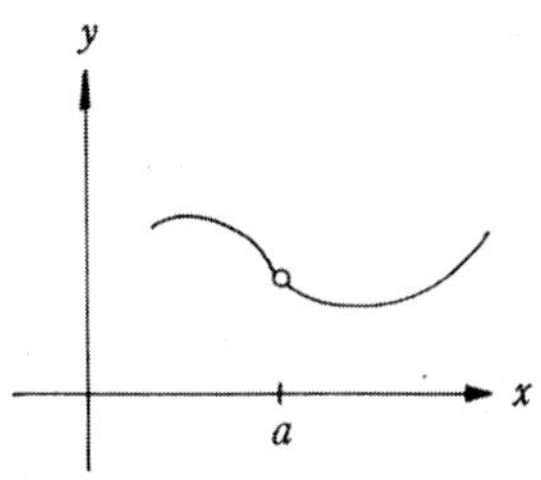

$\nexists f(a)$

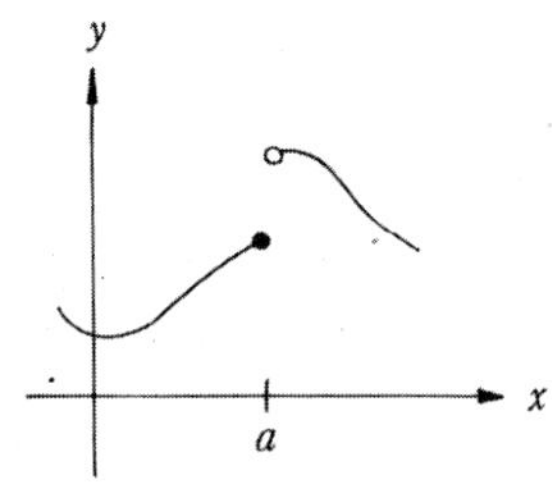

$\nexists \lim_{x \to a} f(x)$

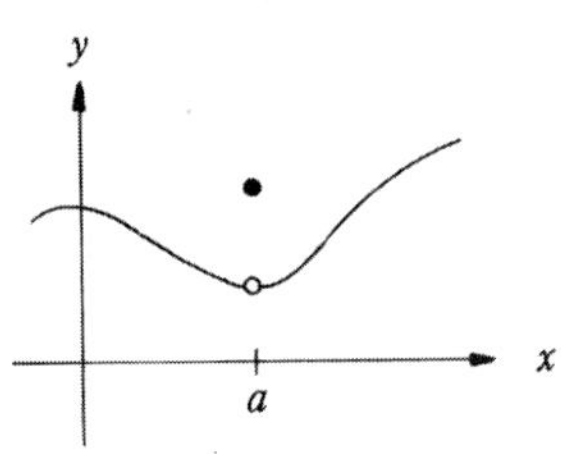

$\exists \lim f(x), \ \exists f(a)$
$\lim_{x \to a} f(x) \neq f(a)$

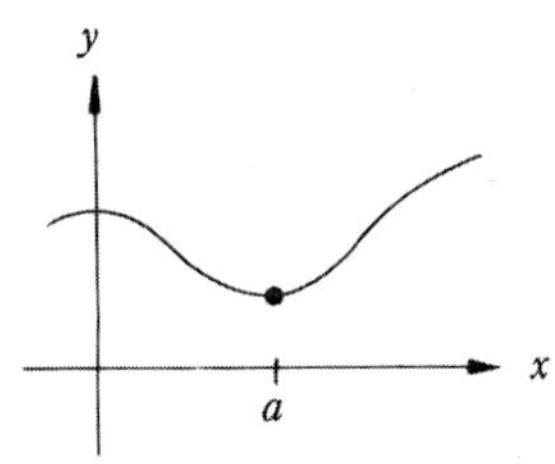

$\exists \lim f(x), \ \exists f(a)$
$\lim_{x \to a} f(x) = f(a)$

위의 경우 중에서 마지막 형태와 같이 a에서 함수값과 극한값이 각각 존재하면서 두 값이 같을 때 함수는 a에서 연속이라 한다.

정의 3.1 함수 f가 a의 근방에서 정의되어 있고 $\lim_{x \to a} f(x) = f(a)$ 가 될 때 f는 a에서 **연속**(continuous)이라 한다. 또한 f가 $K \subset \mathbb{R}$ 상의 모든 점에서 연속일 때 f는 K 상에서 연속이라 한다. 즉, f가 a에서 연속이라 함은 임의로 주어진 $\varepsilon > 0$ 에 대해서 한 $\delta > 0$ 가 존재하여

$$|x-a| < \delta \Rightarrow |f(x)-f(a)| < \varepsilon$$

f가 연속이 아닐때 **불연속**(discontinuons)이라 한다.

예제 3.2 함수 $f(x)$ 가 $\sqrt{(x-2)^3+5}$ 이면 f는 $x=2$ 에서 연속임을 보여라.

풀이 $f(2)=\sqrt{5}$, $\lim_{x\to 2}\sqrt{(x-2)^3+5}=\sqrt{5}$ 이므로 f는 $x=2$ 에서 연속이다.

예제 3.3 $f(x)=\sin x$ 는 $(-\infty, \infty)$ 에서 연속임을 밝혀라.

풀이 점 $a\in(-\infty, \infty)$ 에서 $f(x)$ 가 연속임을 보이기 위해서 $\lim_{h\to 0}f(a+h)=f(a)$ 를 보이면 된다.

$f(a+h)=\sin(a+h)=\sin a\cos h+\cos a\sin h$ 이므로

$\lim_{h\to 0}f(a+h)=(\sin a)\cdot 1+(\cos a)\cdot 0=\sin a=f(a)$ 이다.

정리 3.4 만약 함수 f와 g가 a 점에서 연속이면 다음 함수들도 연속이다.

(1) $f+g$ (2) cf (c는 실수)

(3) $f\cdot g$ (4) $\dfrac{f}{g}$ $(g(a)\neq 0)$

[증명] (1) 함수 f와 g가 a에서 연속이므로 $\lim_{x\to a}f(x)=f(a)$, $\lim_{x\to a}g(x)=g(a)$ 이다. 그러므로

$$\begin{aligned}\lim_{x\to a}(f+g)(x) &= \lim_{x\to a}(f(x)+g(x))\\ &= \lim_{x\to a}f(x)+\lim_{x\to a}g(x) \quad (\text{정리}2.8)\\ &= f(a)+g(a)=(f+g)(a)\end{aligned}$$

따라서 $f+g$는 a에서 연속이다.

나머지 증명도 정리 2.8 을 사용하여 같은 방법으로 증명할 수 있다.

예제 3.5 $f(x)=x\sin x+1$ 은 $(-\infty,\ \infty)$ 상에서 연속임을 증명하라.

풀이 함수 x, $\sin x$, 1 은 $(-\infty,\ \infty)$ 상의 각 점에서 연속이다. 정리 3.4 에 의하여 $f(x)$ 는 각 점에서 연속이다.

정리 3.6 함수 f가 a에서 연속이고, 함수 g가 $f(a)$ 에서 연속일 때 함수 $g\circ f$는 a에서 연속이다.

[증명] $\lim_{x\to a}(g\circ f)(x)=(g\circ f)(a)$ 임을 보이기 위하여 임의로 주어진 $\varepsilon>0$ 에 대해서 적당한 $\delta>0$ 가 존재하여 $|x-a|<\delta$일 때

$$|g(f(x))-g(f(a))|<\varepsilon$$

이 됨을 증명하여야 한다. g는 $f(a)$ 에서 연속이므로 $\delta_1>0$ 이 존재하여 $|y-f(a)|<\delta_1$ 일 때 $|g(y)-g(f(a))|<\varepsilon$이 된다. 또 f는 a 에서 연속이므로, 위의 $\delta_1>0$ 에 대해서 $\delta>0$ 가 존재하여 $|x-a|<\delta$ 일 때 $|f(x)-f(a)|<\delta_1$ 이다. 그러므로 $|x-a|<\delta$이면 $|f(x)-f(a)|<\delta_1$ 이다. 따라서 $|g(f(x))-g(f(a))|<\varepsilon$ 이 된다.

예제 3.7 함수 $h(x)=\sqrt{x^2+1}$ 은 모든 점에서 연속이다.

풀이 $f(x)=x^2+1$, $g(x)=\sqrt{x}$ 라 두면 f, g 는 연속이고 $h(x)=(g\circ f)(x)$ 이므로 정리 3.6에 의하여 $h(x)$ 는 연속이다.

정의 3.8 f를 $[a,b]$ 상에서 정의된 함수라 하자. $[a,b]$ 상의 모든 x에 대해서 $f(x)\le f(c)$ $(f(x)\ge f(c))$ 일 때 f는 c에서 **최대값 (최소값)** $f(c)$ 를 갖는다고 한다.

정리 3.9 [최대, 최소값의 존재정리] 폐구간 $[a, b]$ 에서 연속인 함수 f는 $[a, b]$ 에서 최대값과 최소값을 갖는다.

[증명] 증명생략.

정리 3.10 [중간값 정리, Intermediate Value Theorem] 함수 f가 $[a, b]$ 에서 연속이면 $f(a)$ 와 $f(b)$ 사이에 있는 임의의 실수 k에 대해서 $k=f(c)$ 되는 실수 c를 (a, b) 내에서 잡을 수 있다.

[증명] 증명생략.

중간값의 정리를 다시 설명해 보면 아래의 왼쪽 그림과 같이 보여줄 수 있다. 이 때 f가 연속임이 꼭 필요한 조건임을 아래의 오른쪽 그림에서 알 수 있다.

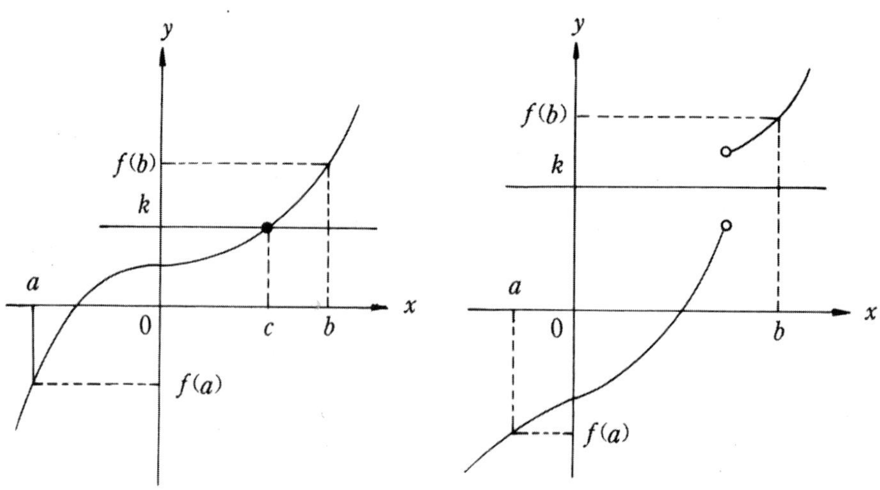

예제 3.11 $x^5-3x^4-2x^3-x+1=0$ 는 0과 1사이에서 한 근을 가짐을 보여라.

풀이 $f(x)=x^5-3x^4-2x^3-x+1$ 이라 두면 f는 $[0, 1]$ 상에서 연속이고 $f(0)=1$, $f(1)=-4$ 이다.
중간값의 정리에서 $-4<0<1$ 이므로 $f(c)=0$ 이 되는 c가 $(0, 1)$ 내에 존재한다. 즉, c는 $x^5-3x^4-2x^3-x+1=0$ 의 한 근이다.

§ 1.3 함수의 연속성 연습문제 1.3

1. 다음 함수의 지정된 점 혹은 구간에서의 연속성을 보여라.
   (1) $f(x)=3x^2-2x+1$, $(-\infty, \infty)$
   (2) $f(x)=\cos x$, $(-\infty, \infty)$
   (3) $f(x)=6x^5-100x+1$, $x=2$
   (4) $f(x)=\sqrt{(x-2)^3+5}$, $x=2$
   (5) $f(x)=\cos\dfrac{1}{x}$, $\left(\dfrac{1}{\pi}, \infty\right)$
   (6) $f(x)=\dfrac{\sqrt{x-1}}{\sqrt{2-x}}$, $[1,2)$

2. $f(x)=3x+4$, $g(x)=f(x+2)$ 일 때, g는 -3 에서 연속임을 증명하라.

3. $f(x)=\tan x$ 는 $\left(-\dfrac{\pi}{2}, \dfrac{\pi}{2}\right)$ 에서 연속임을 보여라.

4. 방정식 $x^5+4x^2-x=3$ 은 $(0, 1)$ 에서 한 근을 가짐을 보여라.

5. 아래의 함수가 연속이 되도록 k의 값을 구하여라.
   (1) $f(x)=\begin{cases} \dfrac{x^2-4}{x-2} & : x\neq 2 \\ k & : x=2 \end{cases}$
   (2) $f(x)=\begin{cases} x^2-1 & : x<1 \\ k & : x=1 \\ x-1 & : x>1 \end{cases}$
   (3) $f(x)=\begin{cases} \dfrac{\cos x-1}{x} & : x\neq 0 \\ k & : x=0 \end{cases}$
   (4) $f(x)=\begin{cases} x^2+1 & : x<1 \\ k & : x=1 \\ \sqrt{3+x} & : x>1 \end{cases}$

6. $f(x)=\begin{cases} 0 & : x \text{가 유리수} \\ 1 & : x \text{가 무리수} \end{cases}$ 일 때 f는 모든 점에서 불연속임을 증명하라.

7. 방정식 $x-\cos x=0$ 는 $\left(0, \frac{\pi}{4}\right)$ 에서 적어도 한 개의 실근을 가지는 것을 증명하라.

8. 다음 함수의 그래프를 그리고, 불연속점을 구하라.

(1) $f(x)=|x^2-1|$

(2) $f(x)=|6-x|$

(3) $f(x)=\begin{cases} 2x-1 & : x<1 \\ x^2 & : x\geq 1 \end{cases}$

(4) $f(x)=\dfrac{1}{x+5}$

(5) $f(x)=\max\{x, x^2\}$

(6) $f(x)=\begin{cases} -1 & : x<2 \\ \dfrac{x}{2} & : 2\leq x<3 \\ \sqrt{x} & : x\geq 3 \end{cases}$

제 2 장 미 분

§2.1 도함수

본 장에서는 1장에서 공부한 극한에 대한 충분한 실력을 바탕으로 하여 특별한 종류의 극한인 도함수를 정의하고 여러가지 미분법을 구하고자 한다.

정의 1.1 함수 $y=f(x)$가 주어졌을 때 x가 한 점 a에서 $a+h$까지 변할 때 함수 y의 값은 $f(a)$에서 $f(a+h)$까지 변한다. 이 때 h를 x의 증분이라고 하고 Δx로 나타내고, $f(a+h)-f(a)$를 y의 증분이라 하고 Δy로 나타낸다. 만약 극한값

$$\begin{aligned}\lim_{\Delta x\to 0}\frac{\Delta y}{\Delta x} &= \lim_{\Delta x\to 0}\frac{f(a+\Delta x)-f(a)}{\Delta x}\\ &= \lim_{h\to 0}\frac{f(a+h)-f(a)}{h}\end{aligned}$$

가 존재하면 이것을 a에 있어서의 f의 **미분계수**(differential coefficient)라고 부르고 $f'(a)$로 나타내며 $y=f(x)$는 $x=a$에서 **미분가능**(differentiable)이라고 한다.

예제 1.2 $f(x)=x^2$ 일 때, $f'(1)$, $f'(2)$를 구하라

풀이

$$\begin{aligned}f'(1) &= \lim_{\Delta x\to 0}\frac{(1+\Delta x)^2-1^2}{\Delta x} = \lim_{\Delta x\to 0}\frac{1+2\Delta x+\Delta x^2-1}{\Delta x}\\ &= \lim_{\Delta x\to 0}(2+\Delta x)=2\\ f'(2) &= \lim_{\Delta x\to 0}\frac{(2+\Delta x)^2-2^2}{\Delta x} = \lim_{\Delta x\to 0}(4+\Delta x)=4\end{aligned}$$

위 예제 1.2 에서 알 수 있듯이 점 a가 변하면 $f'(a)$의 값도 함께 변한다. 그래서 우리는 다음과 같은 정의를 얻는다.

정의 1.3 함수 f가 $K(\subset R)$의 각 점에서 미분가능일 때에 f는 K에서 **미분가능**이라고 한다. f는 K에서 미분가능일 때에 각 변수 $x\ (\in K)$에 대하여 $f'(x)$의 값이 단 하나 대응되므로 함수 $f' : K \to R$가 정의될 수 있다. 이 함수를 f의 **도함수**(derivative)라고 부르고, 기호로는

$$f'(x)\,,\ y'\,,\ \frac{dy}{dx}\,,\ \frac{d}{dx}y,\ \frac{d}{dx}f(x)\,,\ Df(x)$$

등으로 나타낸다. $f'(x)$를 구하는 것을 $f(x)$를 **x에 관해서 미분한다**(differentiate)라고 말하고, 미분하는 과정을 **미분법**(differentiation)이라고 한다.

예제 1.4 $f(x)=x^2$일 때 $f'(x)$를 구하라.

풀이

$$\begin{aligned} f'(x) &= \lim_{h\to 0}\frac{f(x+h)-f(x)}{h} = \lim_{h\to 0}\frac{(x+h)^2-x^2}{h} \\ &= \lim_{h\to 0}(2x+h) = 2x \end{aligned}$$

예제 1.5 $f(x)=\sqrt{x}\ (x>0)$에서 $f(x)$의 도함수를 구하라.

풀이

$$\begin{aligned} f'(x) &= \lim_{h\to 0}\frac{\sqrt{x+h}-\sqrt{x}}{h} = \lim_{h\to 0}\frac{(x+h)-x}{h(\sqrt{x+h}+\sqrt{x})} \\ &= \lim_{h\to 0}\frac{1}{\sqrt{x+h}+\sqrt{x}} = \frac{1}{2\sqrt{x}} \end{aligned}$$

예제 1.6 $f(x)=|x|$는 $x=0$에서 미분가능한지를 조사하라.

풀이 $\dfrac{f(0+h)-f(0)}{h} = \dfrac{|h|}{h} = \begin{cases} 1 : h>0 \\ -1 : h<0 \end{cases}$ 이므로

$$\lim_{h\to 0^+}\frac{f(0+h)-f(0)}{h} = 1\,,\qquad \lim_{h\to 0^-}\frac{f(0+h)-f(0)}{h} = -1$$

이다. 따라서 $f'(0)$ 의 값은 존재하지 않는다. 즉, $x=0$ 에서 미분 불가능이다.

정리 1.7 연속은 미분가능의 필요조건이나 충분조건은 아니다.

[증명] 함수 $f(x)$ 가 점 $x=a$ 에서 미분가능이라고 가정하면 $f'(a)$ 가 존재한다. 따라서

$$\begin{aligned}\lim_{h\to 0} f(a+h) &= \lim_{h\to 0}\left\{\frac{f(a+h)-f(a)}{h}h+f(a)\right\}\\ &= f'(a)\lim_{h\to 0}h+\lim_{h\to 0}f(a)=f(a)\end{aligned}$$

이다. 곧, $f(x)$ 는 $x=a$ 에서 연속이다. 그러나, 함수 $f(x)=|x|$ 는 $x=0$ 에서 연속이나 미분가능은 아니다.

미분계수의 기하학적 의미

그림에서 P, Q 가 곡선 C 위의 서로 다른 점이라할 때 직선 PQ 를 C 의 할선이라 한다. 점 P 를 고정하고 Q 를 곡선 C 에 따라 P 에 접근시키면 할선 PQ 는 극한으로 PT 라는 접선에 접근함을 그림에서 쉽게 알 수 있다. 이 직선 PT 를 곡선 C 의 점 P 에서의 접선이라 부른다.

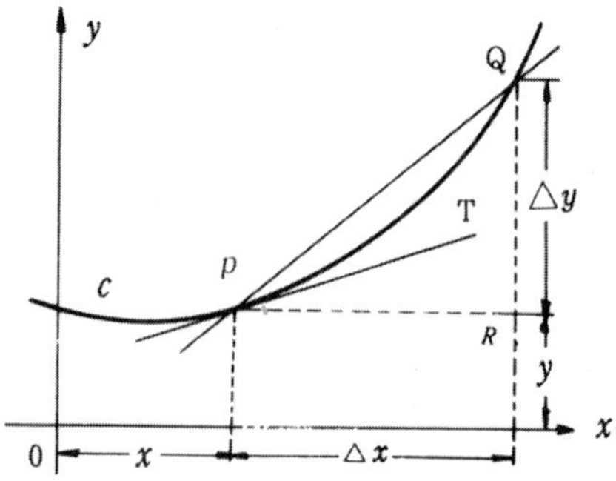

$y=f(x)$ 를 곡선 C 의 방정식이라 하고 (x, y), $(x+\varDelta x, y+\varDelta y)$ 를 각각 P, Q 의 좌표라 하자. 그림에서 할선 PQ 의 기울기는 $\dfrac{RQ}{PR}=\dfrac{\varDelta y}{\varDelta x}$ 임을 알 수 있다. 따라서 PT 의 기울기는 $\varDelta x$ 가 0 으로 가까와질 때의 극한으로 생각할 수 있으므로 우리는 접선을 해석적으로 다음과 같이 정의한다.

정의 1.8 x_0에서 미분가능인 함수 $y=f(x)$의 그래프상의 점 $(x_0, f(x_0))$에서의 **접선**이란 점 $(x_0, f(x_0))$를 지나고 기울기가 $f'(x_0)$인 직선을 말한다. 또 점 $(x_0, f(x_0))$에서의 이 그래프의 **법선**이란 $(x_0, f(x_0))$를 지나고 접선에 수직인 직선을 말한다.

위의 정의에 의하면 점 $(x_0, f(x_0))$에서의 $y=f(x)$의 그래프의 접선의 방정식은

$$y-f(x_0)=f'(x_0)(x-x_0)$$

이고 법선의 방정식은

$$y-f(x_0)=-\frac{1}{f'(x_0)}(x-x_0)$$

임을 알 수 있다.

예제 1.9 곡선 $y=\sqrt{x}$ 위의 점 $(4, 2)$에 있어서의 곡선의 접선의 방정식을 구하라.

풀이 예제 1.5 에서 $y'=\dfrac{1}{2\sqrt{x}}$이므로, 점 $(4, 2)$에 있어서의 접선의 기울기는 $\dfrac{1}{4}$이다. 따라서 구하는 접선의 방정식은

$$y-2=\frac{1}{4}(x-4) \qquad \therefore\ x-4y+4=0$$

§ 2.1 도함수

연습문제 2.1

1. 다음 함수들에서 주어진 값에서의 미분계수를 정의에 의하여 구하라.

(1) $f(x)=2x+3$, $x=4$ (2) $f(x)=x^2+1$, $x=-2$

(3) $f(x)=\sqrt{x}$, $x=4$ (4) $f(x)=\dfrac{1}{x}$, $x=-3$

2. 다음 함수들의 도함수를 정의에 의하여 구하라.

(1) $y=-5$ (2) $y=x^2+3$ (3) $y=\dfrac{1}{x}$ (4) $y=\sqrt{x+1}$

3. 직선 $y=3x+c$가 곡선 $y=2x^2$에 접할 때 상수 c를 구하라. 또 접점을 구하라.

4. 점 $(2, 0)$에서의 곡선 $y=2x-x^2$의 접선과 법선의 방정식을 구하라.

5. 점 $(4, 6)$에서의 $y=x+\sqrt{x}$의 법선이 y축과 만나는 점을 구하라.

§2.2 미 분

정리 2.1 (1) $f(x)=c$ (c는 상수) 이면, $f'(x)=0$.

(2) $f(x)=x^n$ ($n\in\mathbb{N}$) 이면, $f'(x)=nx^{n-1}$.

[증명] (1) $f'(x)=\lim\limits_{h\to0}\dfrac{f(x+h)-f(x)}{h}=\lim\limits_{h\to0}\dfrac{c-c}{h}=\lim\limits_{h\to0}0=0$

(2)
$$\begin{aligned} f'(x) &= \lim_{h\to0}\frac{f(x+h)-f(x)}{h}=\lim_{h\to0}\frac{(x+h)^n-x^n}{h} \\ &= \lim_{h\to0}\frac{1}{h}\left\{x^n+nx^{n-1}h+\frac{n(n-1)}{2!}x^{n-2}h^2+\cdots+h^n-x^n\right\} \\ &= \lim_{h\to0}\left\{nx^{n-1}+\frac{n(n-1)}{2!}x^{n-2}h+\cdots+h^{n-1}\right\} \\ &= nx^{n-1} \end{aligned}$$

정리 2.2 함수 f, g가 어떤 구간에서 미분가능하면 그 구간에서 다음을 만족한다.

(1) $(f\pm g)'(x)=f'(x)\pm g'(x)$

(2) $(cf)'(x)=cf'(x)$ (c는 상수)

(3) $(f\cdot g)'(x)=f'(x)g(x)+f(x)g'(x)$

(4) $\left(\dfrac{f}{g}\right)'(x)=\dfrac{f'(x)g(x)-f(x)g'(x)}{(g(x))^2}$ $\quad(g(x)\neq0)$

[증명] (1)

$$\begin{aligned} (f\pm g)'(x) &= \lim_{h\to0}\frac{1}{h}\{(f(x+h)\pm g(x+h))-(f(x)\pm g(x))\} \\ &= \lim_{h\to0}\frac{f(x+h)-f(x)}{h}\pm\lim_{h\to0}\frac{g(x+h)-g(x)}{h} \\ &= f'(x)\pm g'(x) \end{aligned}$$

(2) $$(cf)'(x) = \lim_{h\to 0}\frac{1}{h}\{cf(x+h) - cf(x)\}$$

$$= c\lim_{h\to 0}\frac{f(x+h)-f(x)}{h} = cf'(x)$$

(3) $$(f\cdot g)'(x) = \lim_{h\to 0}\frac{1}{h}\{f(x+h)\,g(x+h) - f(x)\,g(x)\}$$

$$= \lim_{h\to 0}\left\{\frac{f(x+h)-f(x)}{h}\,g(x+h) + f(x)\frac{g(x+h)-g(x)}{h}\right\}$$

$$= f'(x)\,g(x) + f(x)\,g'(x)$$

(4) $$\left(\frac{1}{g}\right)'(x) = \lim_{h\to 0}\frac{1}{h}\left\{\frac{1}{g(x+h)} - \frac{1}{g(x)}\right\}$$

$$= \lim_{h\to 0}\left\{-\left(\frac{g(x+h)-g(x)}{h}\right)\frac{1}{g(x)g(x+h)}\right\}$$

$$= -\frac{g'(x)}{(g(x))^2}$$

그러므로 (3)번에 의해서

$$\left(\frac{f}{g}\right)'(x) = \left(f\,\frac{1}{g}\right)'(x) = f'(x)\left(\frac{1}{g}\right)(x) + f(x)\left(\frac{1}{g}\right)'(x)$$

$$= \frac{f'(x)\,g(x) - f(x)\,g'(x)}{(g(x))^2}$$

예제 2.3 $f(x) = (x^2+1)(x^3+3)$ 일 때, $f'(x)$ 를 구하라.

풀이 $$f'(x) = \frac{d}{dx}\{(x^2+1)(x^3+3)\}$$

$$= \left\{ \frac{d}{dx}(x^2+1) \right\}(x^3+3) + (x^2+1)\frac{d}{dx}(x^3+3)$$
$$= (2x)(x^3+3) + (x^2+1)(3x^2)$$
$$= 2x^4 + 6x + 3x^4 + 3x^2$$
$$= 5x^4 + 3x^2 + 6x$$

예제 2.4 $f(x) = \dfrac{5x^4 + x^2}{x^3+2}$ 일 때, $f'(x)$ 를 구하라.

풀이

$$f'(x) = \frac{(x^3+2)\frac{d}{dx}(5x^4+x^2) - (5x^4+x^2)\frac{d}{dx}(x^3+2)}{(x^3+2)^2}$$
$$= \frac{(x^3+2)(20x^3+2x) - (5x^4+x^2)(3x^2)}{(x^3+2)^2}$$
$$= \frac{x(5x^5 - x^3 + 40x^2 + 4)}{(x^3+2)^2}$$

예제 2.5 $f(x) = x^n (n \in \mathbb{Z})$ 일 때, $f'(x) = nx^{n-1}$ 임을 증명하라.

풀이 $n > 0$ 일 때, 정리 2.1 에 의해서 $f'(x) = nx^{n-1}$ 이다. $n = 0$ 일 때, $f(x) = 1$ 이므로, $f'(x) = 0 = 0 \cdot x^{-1}$ $(x \neq 0)$ 이다. $n < 0$ 일 때, $n = -m$ 이라고 두면 $m \in \mathbb{N}$ 이므로 $f(x) = \dfrac{1}{x^m}$ 이고,

$$f'(x) = \frac{0 \cdot x^m - 1 \cdot mx^{m-1}}{(x^m)^2} = -mx^{-m-1} = nx^{n-1} \quad (x \neq 0)$$

을 얻는다. 따라서 $n \in \mathbb{Z}$ 에 대해서 $f'(x) = nx^{n-1}$ 이다.

정리 2.6 [연쇄법칙, chain rule] 함수 f가 a에서 미분가능이고 함수 g가 $f(a)$에서 미분가능이면, $g \circ f$는 a에서 미분가능이고

$$(g \circ f)'(a) = g'(f(a))f'(a)$$

이다. 곧 $y = g(u)$, $u = f(x)$라고 두면 $y = g(f(x))$이고

$$\frac{dy}{dx} = \frac{dy}{du}\frac{du}{dx}$$

이다.

[증명] <부록>참조.

예제 2.7 $y = (x^2 - 3x + 1)^5$의 도함수를 구하라.

풀이 $u = x^2 - 3x + 1$이라고 두면 $y = u^5$이다. 따라서,

$$y' = \frac{dy}{dx} = \frac{dy}{du}\frac{du}{dx} = 5u^4(2x-3) = 5(x^2-3x+1)^4(2x-3)$$

예제 2.8 $y = \dfrac{1}{2x^4 - x^2 + 8}$에서 y'을 구하라.

풀이 $u = 2x^4 - x^2 + 8$이라고 두면 $y = u^{-1}$이고,

$$y' = \frac{dy}{dx} = \frac{dy}{du}\frac{du}{dx} = -u^{-2}(8x^3 - 2x) = -\frac{2(4x^3 - x)}{(2x^4 - x^2 + 8)^2}$$

예제 2.9 $y = \sqrt{1 + x^6}$에서 y'를 구하라.

풀이 $u = 1 + x^6$이라고 두면 $y = \sqrt{u}$이고, 예제 1.5에 의해서

$$y' = \frac{dy}{dx} = \frac{dy}{du}\frac{du}{dx} = \frac{1}{2\sqrt{u}}(6x^5) = \frac{3x^5}{\sqrt{1 + x^6}}$$

음함수의 미분법

변수 x와 y사이에 다음과 같은 관계가 있을 때 도함수 $\frac{dy}{dx}$를 구하는 문제를 생각해 보자.

$$y^2 - x = 0$$

먼저 y에 대하여 방정식을 풀면

$$y = \pm\sqrt{x}$$

x의 각 양의 값에 대해 두 개의 대응값 y가 존재하여 함수가 되지 못하나 두개의 다른 함수

$$y = \sqrt{x}, \quad y = -\sqrt{x}$$

를 생각할 수 있다. 먼저 $y = \sqrt{x}$의 도함수를 구하면

$$\frac{dy}{dx} = \frac{1}{2\sqrt{x}} = \frac{1}{2y}$$

또한 $y = -\sqrt{x}$의 도함수는

$$\frac{dy}{dx} = -\frac{1}{2\sqrt{x}} = \frac{1}{2(-\sqrt{x})} = \frac{1}{2y}$$

두 경우에서 같은도함수

$$\frac{dy}{dx} = \frac{1}{2y}$$

을 얻을 수 있다. 다음으로 y를 x의 미분가능함수로 가정하고 방정식 $y^2 - x = 0$의 양변을 x에 관해 미분하면

$$\begin{aligned} \frac{d}{dx}(y^2 - x) &= \frac{d}{dx}(0) \\ \frac{d}{dx}(y^2) - \frac{d}{dx}(x) &= 0 \\ 2y\frac{dy}{dx} - 1 &= 0 \\ \frac{dy}{dx} &= \frac{1}{2y} \end{aligned}$$

이 되며 같은 결과를 얻게 된다. 이러한 미분법을 **음함수**(implicit function)의 **미분법**이라고 한다.

예제 2.10 $x^2-2xy+y^2=1$ 에서 $\dfrac{dy}{dx}$ 를 구하라.

풀이 y는 x의 함수이므로 양변을 x에 관해서 미분하면 연쇄법칙에 의하여,

$$\frac{d}{dx}(x^2-2xy+y^2)=\frac{d}{dx}(1)$$

$$2x-\left(2y+2x\frac{dy}{dx}\right)+2y\frac{dy}{dx}=0$$

$$\therefore\ \frac{dy}{dx}=\frac{-2x+2y}{-2x+2y}=1$$

예제 2.11 $y=x^r$ $(r\in\mathbb{Q})$ 일 때 $y'=rx^{r-1}$ 임을 증명하라.

풀이 r이 유리수이므로 두 정수 n, m이 존재하여 $r=\dfrac{m}{n}$ 으로 표시할 수 있다. 따라서,

$$y=x^r=x^{\frac{m}{n}} \qquad\qquad y^n=x^m$$

$$\frac{d}{dx}(y^n)=\frac{d}{dx}(x^m) \qquad\qquad \frac{d}{dy}(y^n)\frac{dy}{dx}=mx^{m-1}$$

$$ny^{n-1}\frac{dy}{dx}=mx^{m-1}$$

$$\therefore\ \frac{dy}{dx}=\frac{m}{n}x^{m-1}y^{1-n}=\frac{m}{n}x^{m-1}\left(x^{\frac{m}{n}}\right)^{1-n}$$

$$=\frac{m}{n}x^{m-1+\frac{m}{n}-m}=\frac{m}{n}x^{\frac{m}{n}-1}=rx^{r-1}$$

정리 2.12 미분가능인 함수 $y=f(x)$ 의 역함수가 존재하고, $f'(x)\neq 0$ 일 때

$$\frac{dx}{dy}=\frac{1}{\dfrac{dy}{dx}}$$

[증명] $y=f(x)$ 의 역함수를 $x=g(y)$ 라고 하면 $x=g(f(x))$ 이다. 양변을 x 에 관해서 미분하면

$$1=\frac{d}{dx}g(f(x))=\frac{d}{dy}g(y)\frac{dy}{dx}=\frac{dx}{dy}\frac{dy}{dx}$$

$$\therefore \frac{dx}{dy}=\frac{1}{\frac{dy}{dx}}$$

예제 2.13 $y=-5x^{\frac{1}{3}}+2$ 에서 $\frac{dx}{dy}$ 를 구하라.

풀이 $\frac{dx}{dy}=\frac{1}{\frac{dy}{dx}}=\frac{1}{-\frac{5}{3}x^{-2/3}}=-\frac{3}{5}\left(\frac{2-y}{5}\right)^2$

정리 2.14 역함수를 가지는 $x=f(t)$ 와 $y=g(t)$ 가 각각 미분가능이고 $f'(t)\neq 0$ 일 때

$$\frac{dy}{dx}=\frac{\frac{dy}{dt}}{\frac{dx}{dt}}$$

[증명] $\frac{dy}{dx}=\frac{dy}{dt}\frac{dt}{dx}=\frac{\frac{dy}{dt}}{\frac{dx}{dt}}$

예제 2.15 $x=\sqrt{t}$, $y=t^3-t^2+5$ 에서 $\frac{dy}{dx}$ 를 구하라.

풀이 $\frac{dy}{dx}=\frac{\frac{dy}{dt}}{\frac{dx}{dt}}$ 이므로, $\frac{dy}{dx}=\frac{3t^2-2t}{\frac{1}{2\sqrt{t}}}=2\sqrt{t}\,(3t^2-2t)$

정의 2.16 함수 f의 도함수 f'가 미분가능이면 f'의 도함수를 생각할 수 있다. 이것을 f의 **이차도함수**(derivative of 2nd order)라고 부르고 f''으로 나타낸다. 이러한 생각을 되풀이하여 f의 n차 도함수(n-th derivative)를 정의할 수 있고, 이것을 $f^{(n)}$과 같이 나타낸다. 2차 이상의 도함수를 **고차도함수**(derivative of higher order)라고 한다. f의 n차 도함수를 나타내는 데, $y=f(x)$ 라고 두어서 다음과 같은 기법을 쓴다.

$$y^{(n)},\ \frac{d^n y}{dx^n},\ \frac{d^n}{dx^n}y,\ \frac{d^n}{dx^n}f(x),\ f^{(n)}(x)$$

예제 2.17 $2x^3-3y^2=7$ 에서 y', y''을 구하라.

풀이 y를 x의 미분가능함수로 취급하고 주어진 방정식의 양변을 x에 관해 미분하면,

$$\begin{aligned}\frac{d}{dx}(2x^3)-\frac{d}{dx}(3y^2) &= \frac{d}{dx}(7)\\ 6x^2-6yy' &= 0\\ x^2-yy' &= 0 \qquad (1)\end{aligned}$$

y'을 x의 미분가능함수로 생각하고, (1)식의 양변을 x에 관해 미분하면

$$\begin{aligned}\frac{d}{dx}(x^2)-\frac{d}{dx}(yy') &= 0\\ 2x-\left(\frac{ydy'}{dx}+y'\frac{dy}{dx}\right) &= 0\\ 2x-yy''-(y')^2 &= 0\\ yy'' &= 2x-(y')^2 \qquad (2)\end{aligned}$$

$y \neq 0$ 인 모든 점에서 (1)식과 (2)식으로부터

$$y' = \frac{x^2}{y},$$

$$y'' = \frac{2x-(y')^2}{y} = \frac{2x-(x^4/y^2)}{y} = \frac{2xy^2-x^4}{y^3}$$

예제 2.18 함수 $y = \dfrac{1}{1+x}$ 의 n차 도함수를 구하라.

풀이 $y=(1+x)^{-1}$이므로

$$y' = -(1+x)^{-2} = (-1)(1+x)^{-(1+1)}$$

$$y'' = (-1)(-2)(1+x)^{-3} = (-1)^2 2!(1+x)^{-(1+2)}$$

$$y''' = (-1)(-2)(-3)(1+x)^{-3} = (-1)^3 3!(1+x)^{-(1+3)}$$

....

$$y^{(n)} = (-1)^n n!(1+x)^{-(1+n)}$$

정리 2.19 [Leibniz] $f(x)$, $g(x)$ 가 n 차 도함수를 가지면

$$(fg)^{(n)} = f^{(n)}g + {}_nC_1 f^{(n-1)}g^{(1)} + \cdots + {}_nC_r f^{(n-r)}g^{(r)} + \cdots + fg^{(n)}$$

[증명] $n=1$일 때, 정리의 성립은 명백하다. 귀납법에 의해서 정리를 증명하기 위하여, $n=k$일 때, 정리의 성립을 가정하자. 곧,

$$(fg)^{(k)} = f^{(k)}g + {}_kC_1 f^{(k-1)}g^{(1)} + \cdots + {}_kC_r f^{(k-r)}g^{(r)} + \cdots + fg^{(k)}$$

양변을 미분하면

$$
\begin{aligned}
(fg)^{(k+1)} &= f^{(k+1)}g + ({}_kC_0 + {}_kC_1)f^{(k)}g^{(1)} + \cdots \\
&\qquad + ({}_kC_{r-1} + {}_kC_r)f^{(k-r+1)}g^{(r)} + \cdots + fg^{(k+1)} \\
&= f^{(k+1)}g + {}_{k+1}C_1 f^{(k)}g^{(1)} + \cdots \\
&\qquad + {}_{k+1}C_r f^{(k-r+1)}g^{(r)} + \cdots + fg^{(k+1)}
\end{aligned}
$$

이고, 이것은 정리에 $n=k+1$을 대입한 것과 같다.

예제 2.20 $y=\dfrac{\sqrt{x}}{1-x}$ 에서 $y^{(n)}$ 을 구하라.

풀이 $u=\sqrt{x}$, $v=\dfrac{1}{1-x}$ 이라고 두면

$$
\begin{aligned}
u^{(n)} &= \frac{(-1)^{n-1}}{2^n}3\cdot5\cdots(2n-3)x^{\frac{1}{2}-n} \\
v^{(n)} &= n!(1-x)^{-(n+1)}
\end{aligned}
$$

$$
\begin{aligned}
\therefore\ y^{(n)} &= \frac{(-1)^{n-1}}{2^n}3\cdot5\cdots(2n-3)\frac{x^{\frac{1}{2}-n}}{1-x} \\
&\quad + {}_nC_1\frac{(-1)^{n-2}}{2^{n-1}}3\cdot5\cdots(2n-5)\frac{x^{\frac{3}{2}-n}}{(1-x)^2} + \cdots + \frac{n!x^{\frac{1}{2}}}{(1-x)^{n+1}}
\end{aligned}
$$

§ 2.2 미 분

연습문제 2.2

1. 다음 함수들의 도함수를 구하라.

(1) $y=(1+3x)^5$ (2) $y=(x^2-4)^3$ (3) $y=\dfrac{x+1}{x+2}$

(4) $y=x\sqrt{1-x}$ (5) $y=\sqrt{\dfrac{1-x}{1+x}}$ (6) $y=\dfrac{a^2+x^2}{a^2-x^2}$

2. 접선이 x축에 평행한 곡선 $y=2x^3-3x^2-12x+20$ 위의 점을 구하라.

3. 곡선 $y=ax^2+bx+c$ 가 점 $(1, 2)$를 지나고 원점에서 $y=x$에 접할 때 상수 a, b, c를 구하라.

4. 다음에서 음함수의 미분법을 이용하여 $\dfrac{dy}{dx}$를 구하라.

(1) $x^2-4y^2=4$ (2) $x^{1/2}+y^{1/2}=a^{1/2}$

(3) $y^3+y=x^4$ (4) $xy=(x-y)^2$

(5) $x^2+x^2y^2+y^2=4$ (6) $(x+y)^2=2ay$

5. 다음 곡선 위의 주어진 점에서의 접선과 법선의 방정식을 구하라.

(1) $x^3+y^3=9$, $(1, 2)$ (2) $y+\sqrt{x+y}=x$, $(3, 1)$

6. 다음에서 $\dfrac{dx}{dy}$를 구하라.

(1) $y=x^3-2$ (2) $y=1+x^2(x>0)$

(3) $y=\dfrac{2x-1}{2x+1}$ (4) $y=\left(\dfrac{2x-1}{2x+1}\right)^5$

7. 다음에서 $\dfrac{dy}{dx}$를 구하라.

(1) $x=1-t$, $y=1+t$ (2) $x=\dfrac{t}{1-t^2}$, $y=\dfrac{t}{1-t}$

< 부 록 >

[정리 2.6 의 증명]

g가 $f(a)$에서 미분가능이므로

$$G(y)=\begin{cases} \dfrac{g(y)-g(f(a))}{y-f(a)} & : y\neq f(a) \\ g'(f(a)) & : y=f(a) \end{cases}$$

에 의해서 함수 G를 정의하면 $\lim\limits_{y\to f(a)} G(y)=g'(f(a))=G(f(a))$ 이다. 곧, G는 $f(a)$ 에서 연속이다. f가 a에서 미분가능이므로 f는 a에서 연속, 곧, $\lim\limits_{x\to a}f(x)=f(a)$이다. 따라서

$$\lim_{x\to a}G(f(x))=G(\lim_{x\to a}f(x))=G(f(a))=g'(f(a))$$

이다. G의 정의에 의하여 $f(x)=f(a)$, $f(x)\neq f(a)$ 의 어느 경우나

$$\frac{g(f(x))-g(f(a))}{x-a}=G(f(x))\frac{f(x)-f(a)}{x-a}$$

이다. 따라서

$$\begin{aligned}\lim_{x\to a}\frac{g(f(x))-g(f(a))}{x-a} &= \lim_{x\to a}G(f(x))\lim_{x\to a}\frac{f(x)-f(a)}{x-a} \\ &= g'(f(a))f'(a)\end{aligned}$$

를 얻는다. 곧, $(gf)'(a)=g'(f(a))f'(a)$ 이다.

주의 정리 2.6 을 증명하기 위하여 등식

$$\frac{g(f(x))-g(f(a))}{x-a}=\frac{g(f(x))-g(f(a))}{f(x)-f(a)}\,\frac{f(x)-f(a)}{x-a}$$

의 양변에 x가 a에 가까이 간 극한값을 취하면 될 것 같이 보이나, 그렇게 하기 위해서는 $f(a)$의 어떤 근방에서 $f(x)\neq f(a)$인 보장이 있어야 한다. 예를 들면,

$$f(x)=\begin{cases} x^2\sin\dfrac{1}{x} & : x\neq 0 \\ 0 & : x=0 \end{cases}$$

에 의해서 정의되는 함수 f는 0에서 미분가능이다. 그런데, $x=\dfrac{1}{n\pi}$ $(n=1, 2, \cdots)$ 일 때, $f(x)=0=f(0)$ 이므로, $f(x)\neq f(0)$ 되는 $f(0)$ 의 근방은 없다. 따라서 $a=0$ 일 때 위의 등식의 양변에 x가 a에 가까이 간 극한값은 취할 수 없다.

§ 2.3 초월함수의 미분

본 절에서 공부할 것은 초월함수 즉 삼각함수, 지수함수, 대수함수, 쌍곡선함수 등의 도함수를 구하는 일인데 먼저 삼각함수의 가법정리로부터 유도되는 몇가지 공식들을 열거한다. 여기서 사용되는 각도는 모두 레디안(radian) 단위이다.

[기본공식]

$$\frac{\sin x}{\cos x} = \tan x, \quad \frac{\cos x}{\sin x} = \cot x$$

$$\sin^2 x + \cos^2 x = 1, \quad 1 + \tan^2 x = \sec^2 x, \quad 1 + \cot^2 x = \csc^2 x$$

$$\sin x \csc x = 1, \quad \cos x \sec x = 1, \quad \tan x \cot x = 1$$

[가법정리]

$$\sin(\alpha \pm \beta) = \sin\alpha\cos\beta \pm \cos\alpha\sin\beta \qquad \text{(복부호동순)}$$

$$\cos(\alpha \pm \beta) = \cos\alpha\cos\beta \mp \sin\alpha\sin\beta \qquad \text{(복부호동순)}$$

$$\tan(\alpha \pm \beta) = \frac{\tan\alpha \pm \tan\beta}{1 \mp \tan\alpha\tan\beta} \qquad \text{(복부호동순)}$$

[배각의 공식]

$$\sin 2\alpha = 2\sin\alpha\cos\alpha$$

$$\cos 2\alpha = \cos^2\alpha - \sin^2\alpha = 2\cos^2\alpha - 1 = 1 - 2\sin^2\alpha$$

$$\tan 2\alpha = \frac{2\tan\alpha}{1 - \tan^2\alpha}$$

[반각의 공식]

$$\sin^2\frac{\alpha}{2} = \frac{1 - \cos\alpha}{2}$$

$$\cos^2\frac{\alpha}{2} = \frac{1 + \cos\alpha}{2}$$

$$\tan^2\frac{\alpha}{2} = \frac{1 - \cos\alpha}{1 + \cos\alpha}$$

[곱을 합, 차로 고치는 공식]

$$\sin\alpha\cos\beta=\frac{1}{2}\{\sin(\alpha+\beta)+\sin(\alpha-\beta)\}$$
$$\cos\alpha\sin\beta=\frac{1}{2}\{\sin(\alpha+\beta)-\sin(\alpha-\beta)\}$$
$$\cos\alpha\cos\beta=\frac{1}{2}\{\cos(\alpha+\beta)+\cos(\alpha-\beta)\}$$
$$\sin\alpha\sin\beta=-\frac{1}{2}\{\cos(\alpha+\beta)-\cos(\alpha-\beta)\}$$

[합, 차를 곱으로 고치는 공식]

$$\sin A+\sin B=2\sin\frac{A+B}{2}\cos\frac{A-B}{2}$$
$$\sin A-\sin B=2\cos\frac{A+B}{2}\sin\frac{A-B}{2}$$
$$\cos A+\cos B=2\cos\frac{A+B}{2}\cos\frac{A-B}{2}$$
$$\cos A-\cos B=-2\sin\frac{A+B}{2}\sin\frac{A-B}{2}$$

삼각함수의 미분법

(Ⅰ) $y=\sin x \Rightarrow y'=\cos x$

[증명] $\lim_{h\to0}\frac{\sin h}{h}=1$이므로,

$$y'=\lim_{h\to0}\frac{\sin(x+h)-\sin x}{h}=\lim_{h\to0}\frac{2\cos\left(x+\frac{h}{2}\right)\sin\frac{h}{2}}{h}$$
$$=\lim_{h\to0}\cos\left(x+\frac{h}{2}\right)\lim_{h\to0}\frac{\sin\frac{h}{2}}{\frac{h}{2}}=\cos x\cdot1=\cos x$$

(Ⅱ) $y=\cos x \Rightarrow y'=-\sin x$

[증명] $$y'=\lim_{h\to0}\frac{\cos(x+h)-\cos x}{h}=\lim_{h\to0}\frac{-2\sin\left(x+\frac{h}{2}\right)\sin\frac{h}{2}}{h}$$
$$=-\lim_{h\to0}\sin\left(x+\frac{h}{2}\right)\lim_{h\to0}\frac{\sin\frac{h}{2}}{\frac{h}{2}}=-\sin x\cdot1=-\sin x$$

(Ⅲ) $y=\tan x \Rightarrow y'=\sec^2 x$

[증명] $\tan x=\dfrac{\sin x}{\cos x}$ 이므로

$$y'=\frac{\cos x\cos x-\sin x(-\sin x)}{\cos^2 x}=\frac{1}{\cos^2 x}=\sec^2 x$$

(Ⅳ) $y=\cot x \Rightarrow y'=-\operatorname{cosec}^2 x$

[증명] $\cot x=\dfrac{\cos x}{\sin x}$ 이므로

$$y'=\frac{(-\sin x)\sin x-\cos x\cos x}{\sin^2 x}=-\frac{1}{\sin^2 x}=-\operatorname{cosec}^2 x$$

(Ⅴ) $y=\sec x \Rightarrow y'=\sec x\tan x$

[증명] $\sec x=\dfrac{1}{\cos x}$ 이므로

$$y'=\frac{0\cdot\cos x-1\cdot(-\sin x)}{\cos^2 x}=\frac{1}{\cos x}\cdot\frac{\sin x}{\cos x}=\sec x\tan x$$

(Ⅵ) $y=\operatorname{cosec} x\Rightarrow y'=-\operatorname{cosec} x\cot x$

[증명] $\operatorname{cosec} x=\dfrac{1}{\sin x}$ 이므로

$$y'=\frac{0\cdot\sin x-(\cos x)\cdot 1}{\sin^2 x}=-\frac{1}{\sin x}\cdot\frac{\cos x}{\sin x}=-\operatorname{cosec} x\cot x$$

예제 3.1 $y=\tan^3 x$ 에서 y' 를 구하라

풀이 $\tan x=u$ 라고 두면 $y=u^3$ 이므로

$$y'=\frac{dy}{du}\frac{du}{dx}=(3u^2)(\sec^2 x)=3\tan^2 x\sec^2 x$$

예제 3.2 $\sin x + \sin y = xy$ 에서 y' 를 구하라.

풀이 $\dfrac{d}{dx}(\sin x + \sin y) = \dfrac{d}{dx}(xy)$

$$\cos x + \cos y \frac{dy}{dx} = y + x\frac{dy}{dx}$$

$$\therefore \frac{dy}{dx} = \frac{\cos x - y}{x - \cos y}$$

예제 3.3 $y = \sqrt{\operatorname{cosec}(\tan x)}$ 에서 $\dfrac{dy}{dx}$ 를 구하라.

풀이 $\tan x = u$, $\operatorname{cosec} u = v$ 라고 두면 $y = \sqrt{v}$ 이므로

$$\begin{aligned}\frac{dy}{dx} = \frac{dy}{du}\frac{du}{dx} &= \frac{dy}{dv}\frac{dv}{du}\frac{du}{dx} \\ &= \frac{1}{2\sqrt{v}}(-\operatorname{cosec} u \cdot \cot u)\sec^2 x \\ &= -\frac{\operatorname{cosec}(\tan x)\cdot\cot(\tan x)\sec^2 x}{2\sqrt{\operatorname{cosec}(\tan x)}} \\ &= -\frac{1}{2}\sqrt{\operatorname{cosec}(\tan x)}\cot(\tan x)\sec^2 x\end{aligned}$$

예제 3.4 $y = \sin x$ 의 n 차 도함수를 구하라.

풀이 $y' = \cos x = \sin\left(x + \dfrac{\pi}{2}\right)$

$$y'' = \cos\left(x + \frac{\pi}{2}\right) = \sin\left(x + 2\frac{\pi}{2}\right)$$

$$y''' = \cos\left(x + 2\frac{\pi}{2}\right) = \sin\left(x + 3\frac{\pi}{2}\right)$$

$$\cdots\cdots\cdots\cdots$$

$$y^{(n)} = \cos\left(x + (n-1)\frac{\pi}{2}\right) = \sin\left(x + \frac{n}{2}\pi\right)$$

역삼각함수

삼각함수는 모두 주기함수이므로 역함수를 가지지 않는다. 그러나 이들의 정의역을 제한하여 역함수를 갖도록 만들 수 있다.

$$f(x) = \sin x\left(-\frac{\pi}{2} \leq x \leq \frac{\pi}{2}\right)$$

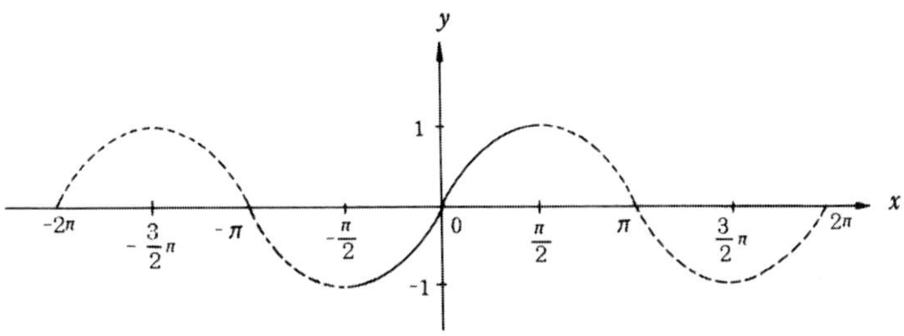

그림에서와 같이 x의 값의 범위를 제한하면 $\sin x$는 단사가 되고,

$$-1 \leq \sin x \leq 1 \quad \left(-\frac{\pi}{2} \leq x \leq \frac{\pi}{2}\right)$$

이므로, sin 함수는 $[-1, 1]$에서 정의된 역함수를 가진다.

이 역함수를 arcsine함수라고 부르고

$$\arcsin x, \quad \sin^{-1}x$$

와 같이 나타내며, 그 그래프는 오른편 그림과 같이 $y = \sin x$의 그래프를 $y = x$에 관해 대칭으로 옮긴 그래프이다. 또, 이와 같이 $\sin^{-1}x$의 범위를 arcsine함수의 주치(principal value)라고 한다.

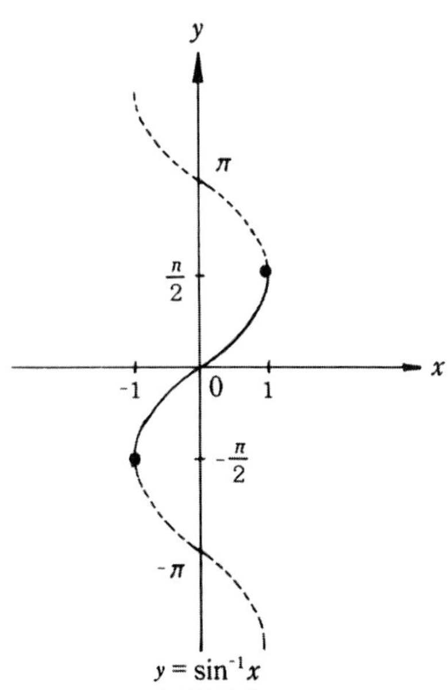

$y = \sin^{-1}x$
$(-1 \leq x \leq 1)$

cos 함수와 tan 함수의 역함수도 아래와 같이 얻을 수 있다.

$\cos^{-1}x$ 는 $\cos x\ (0 \le x \le \pi)$의 역함수

$\tan^{-1}x$ 는 $\tan x\ \left(-\frac{\pi}{2} < x < \frac{\pi}{2}\right)$의 역함수

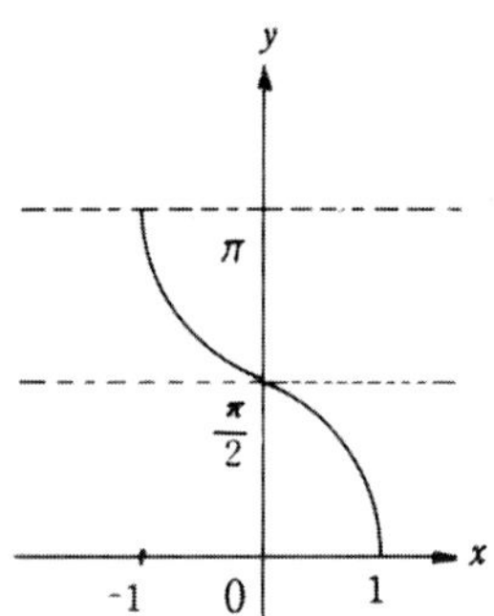

$y=\cos^{-1}x$
$(-1 \le x \le 1)$

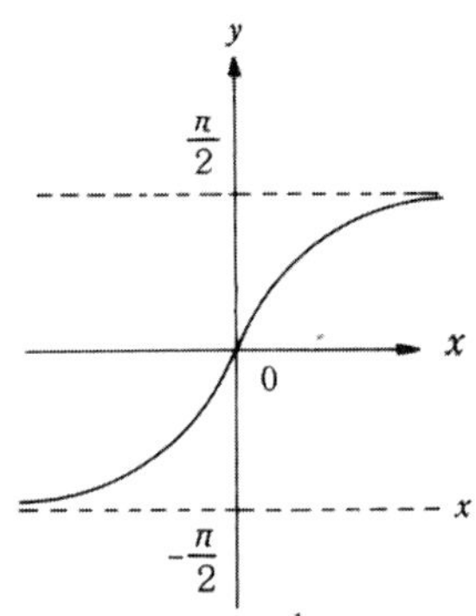

$y=\tan^{-1}x$
$(-\infty < x < \infty)$

예제 3.5 다음을 증명하라.

(1) $\frac{d}{dx}(\sin^{-1}x) = \frac{1}{\sqrt{1-x^2}}$

(2) $\frac{d}{dx}(\cos^{-1}x) = -\frac{1}{\sqrt{1-x^2}}$

(3) $\frac{d}{dx}(\tan^{-1}x) = \frac{1}{1+x^2}$

(4) $\frac{d}{dx}(\cot^{-1}x) = -\frac{1}{1+x^2}$

(5) $\frac{d}{dx}(\sec^{-1}x) = \frac{1}{x\sqrt{x^2-1}}$

(6) $\frac{d}{dx}(\mathrm{cosec}^{-1}x) = -\frac{1}{x\sqrt{x^2-1}}$

[증명] (1) $y=\sin^{-1}x$ 라 두면 $x=\sin y\ \left(-\frac{\pi}{2} \le y \le \frac{\pi}{2}\right)$ 이다. 이것을 x로 미분하면

$$1 = \cos y \cdot \frac{dy}{dx}$$

그런데 $-\frac{\pi}{2} < y < \frac{\pi}{2}$ 에서 $\cos y = \sqrt{1-\sin^2 y} = \sqrt{1-x^2}$ 이므로

$$\frac{dy}{dx} = \frac{1}{\cos y} = \frac{1}{\sqrt{1-x^2}}$$

(2) (1)과 같은 방법으로 증명된다.

(3) $y = \tan^{-1} x$ 라 두면 $x = \tan y \left(-\frac{\pi}{2} < y < \frac{\pi}{2}\right)$ 이다. 양변을 x로 미분하면

$$1 = \sec^2 y \frac{dy}{dx}$$

한편 $\sec^2 y = 1 + \tan^2 y = 1 + x^2$ 이므로

$$\frac{dy}{dx} = \frac{1}{\sec^2 y} = \frac{1}{1+x^2}$$

(4),(5),(6) 도 같은 방법으로 증명 된다.

예제 3.6 $y = \sin^{-1}(x^3)$ 에서 y' 를 구하라.

풀이 $x^3 = u$ 라고 두면 $y = \sin^{-1} u$ 이므로

$$y' = \frac{dy}{dx} = \frac{dy}{du}\frac{du}{dx} = \frac{1}{\sqrt{1-u^2}} 3x^2 = \frac{3x^2}{\sqrt{1-x^6}}$$

예제 3.7 $y = \cos^{-1} \frac{x}{\sqrt{1+x^2}}$ 에서 y' 를 구하라.

풀이 $\frac{x}{\sqrt{1+x^2}} = u$ 라고 두면 $y = \cos^{-1} u$ 이므로

$$y' = \frac{dy}{dx} = \frac{dy}{du}\frac{du}{dx} = -\frac{1}{\sqrt{1-u^2}} \cdot \frac{\sqrt{1+x^2} - x\frac{1}{2\sqrt{1+x^2}} 2x}{1+x^2}$$

$$= -\sqrt{1+x^2} \cdot \frac{1}{\sqrt{1+x^2}(1+x^2)} = -\frac{1}{1+x^2}$$

지수함수, 대수함수

실수 $a(>0, \neq 1)$ 에 대해서 지수함수(exponential function) $y=a^x$, 대수함수(logarithmic function) $y=\log_a x$ $(x>0)$ 등은 이미 접하여 온 함수들이다. e를 바탕으로 하는 대수를 자연대수(natural logarithm)라고 부르고 다음과 같이 나타낸다.

$$\log x, \quad \ln x \ (\equiv \log_e x)$$

(Ⅰ) $y=e^x \Rightarrow y'=e^x$

[증명] $\lim_{h\to 0}\log(1+h)^{\frac{1}{h}}=1$ 을 이용하면, $\lim_{h\to 0}\frac{e^h-1}{h}=1$ 이므로

$$y'=\lim_{h\to 0}\frac{e^{x+h}-e^x}{h}=e^x\lim_{h\to 0}\frac{e^h-1}{h}=e^x$$

(Ⅱ) $y=\log|x| \Rightarrow y'=\frac{1}{x}$

[증명] $x>0$ 일 때, $y=\log x$ 이므로

$$y'=\lim_{h\to 0}\frac{\log(x+h)-\log x}{h}=\lim_{h\to 0}\frac{\log\left(1+\frac{h}{x}\right)}{h}$$

$$=\lim_{h\to 0}\frac{1}{x}\frac{\log\left(1+\frac{h}{x}\right)}{\left(\frac{h}{x}\right)}=\frac{1}{x}$$

$x<0$ 일 때, $z=-x$ 라고 두면 $z>0$ 이므로

$$y'=\frac{dy}{dx}=\frac{dy}{dz}\frac{dz}{dx}=\frac{1}{z}(-1)=\frac{1}{-z}=\frac{1}{x}$$

예제 3.8 $y=\log_a x$ 에서 y' 를 구하라.

풀이 $\log_a x=\dfrac{\log x}{\log a}$ 이므로 $y'=\dfrac{1}{\log a}\dfrac{d}{dx}\log x=\dfrac{1}{x\log a}$

예제 3.9 $y=a^x$ 에서 y' 를 구하라. $(a>0)$

풀이 $y=a^x$ 의 양변에 자연대수를 취하면 $(y>0$ 이므로)

$$\log y=x\log a$$

이다. 양변을 x 에 관해서 미분하면, 연쇄법칙에 의해서

$$\frac{1}{y}\frac{dy}{dx}=\log a$$

$$\therefore\ \frac{dy}{dx}=a^x\log a$$

예제 3.10 $y=x^a\,(a\in\mathbb{R})$ 일 때, $\dfrac{dy}{dx}=ax^{a-1}$ 임을 증명하라.

풀이 $y=x^a$ 의 양변에 자연대수를 취하면 $\log y=a\log x$ 이므로 양변을 x 에 관해서 미분하면

$$\frac{1}{y}\frac{dy}{dx}=\frac{a}{x}$$

$$\therefore\ \frac{dy}{dx}=a\frac{y}{x}=ax^{a-1}$$

예제 3.11 $y=x^x$ 의 도함수를 구하라.

풀이 $y=x^x$ 의 양변에 자연대수를 취하면 $\log y=x\log x$ 이므로 양변을 x 에 관해서 미분하면

$$\frac{1}{y}y'=\log x+1$$

$$\therefore\ y'=x^x(1+\log x)$$

예제 3.12 $y=\dfrac{(\sqrt{x-1})^3\sqrt{x-3}}{(x-2)^2}$ 에서 y' 를 구하라.

풀이 양변의 절대값에 자연대수를 취하면

$$\log|y| = \frac{3}{2}\log|x-1| + \frac{1}{2}\log|x-3| - 2\log|x-2|$$

이다. 양변을 x 에 관해서 미분하면

$$\frac{1}{y}\frac{dy}{dx} = \frac{3}{2(x-1)} + \frac{1}{2(x-3)} - \frac{2}{x-2}$$

$$\therefore \quad \frac{dy}{dx} = \frac{(\sqrt{x-1})^3\sqrt{x-3}}{(x-2)^2}\left(\frac{3}{2(x-1)} + \frac{1}{2(x-3)} - \frac{2}{x-2}\right)$$

예제 3.13 $\dfrac{d}{dx}(a^{\log x^2})$ 를 구하라. (단, $a>0$)

풀이 $u=\log x^2$ 이라 하면 $\dfrac{du}{dx}=\dfrac{2x}{x^2}=\dfrac{2}{x}$ 이다. 따라서

$$\frac{d}{dx}(a^{\log x^2}) = \frac{d}{dx}(a^u) = \frac{d}{du}(a^u)\frac{du}{dx}$$
$$= a^u\log a\cdot\frac{2}{x} = a^{\log x^2}\log a\cdot\frac{2}{x}$$

쌍곡선함수

$$\sinh x = \frac{e^x - e^{-x}}{2}, \qquad \cosh x = \frac{e^x + e^{-x}}{2}$$

에 의해서 함수 sinh, cosh를 정의하고 이들을 각각 hyperbolic sine함수, hyperbolic cosine함수라고 부르고, 이러한 함수를 쌍곡선함수(hyperbolic function)라고 한다. 위의 두 함수를 이용하여 다음과 같이 다른 쌍곡선함수들을 정의한다.

$$\tanh x = \frac{\sinh x}{\cosh x} = \frac{e^x - e^{-x}}{e^x + e^{-x}} \qquad \coth x = \frac{\cosh x}{\sinh x} = \frac{e^x + e^{-x}}{e^x - e^{-x}}$$

$$\operatorname{sech} x = \frac{1}{\cosh x} = \frac{2}{e^x + e^{-x}} \qquad \operatorname{cosech} x = \frac{1}{\sinh x} = \frac{2}{e^x - e^{-x}}$$

이들의 그래프를 살펴보면 다음과 같다.

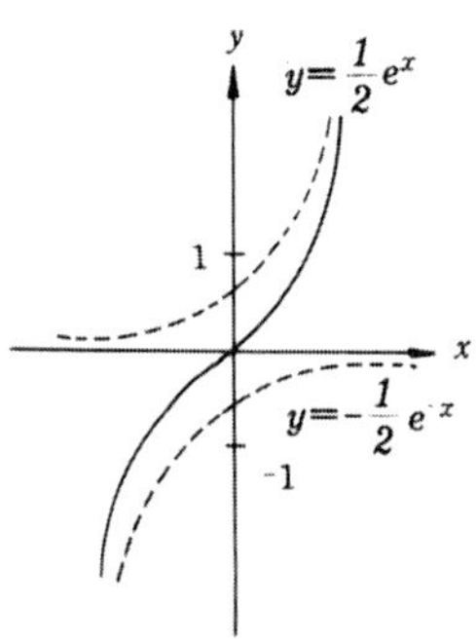

$y = \sinh x$

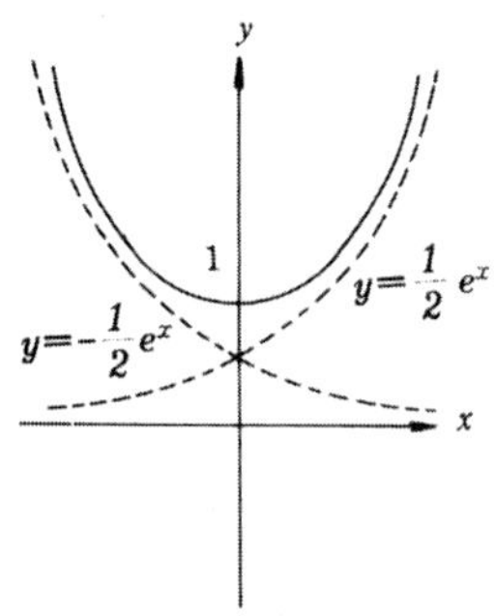

$y = \cosh x$

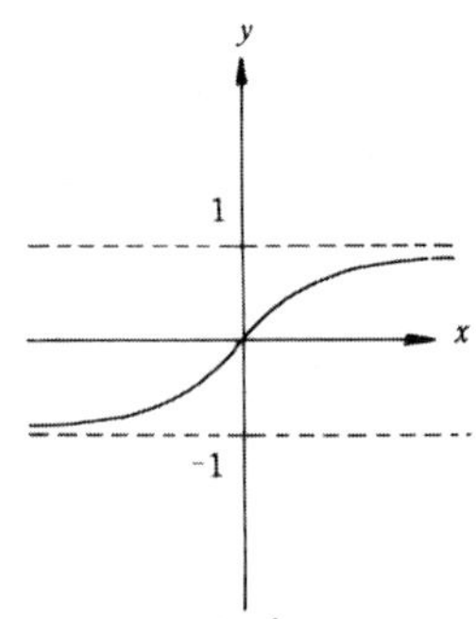

$y = \tanh x$

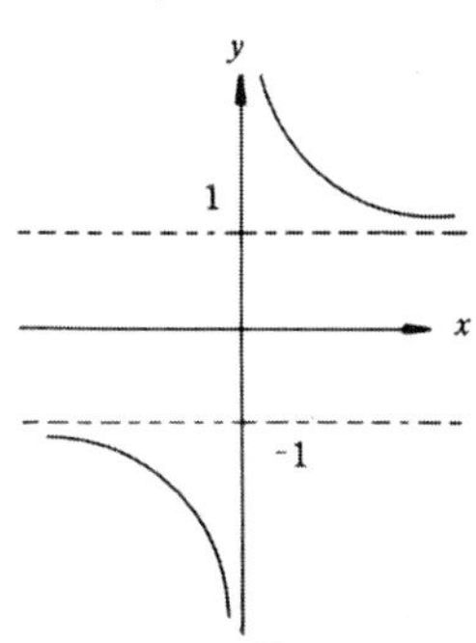

$y = \coth x$

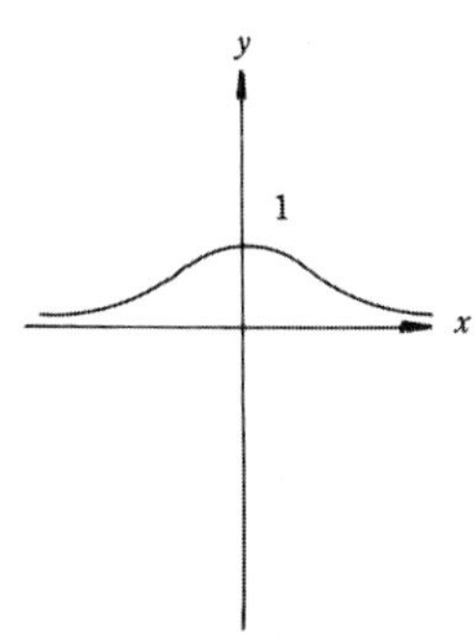

$y = \operatorname{sech} x$

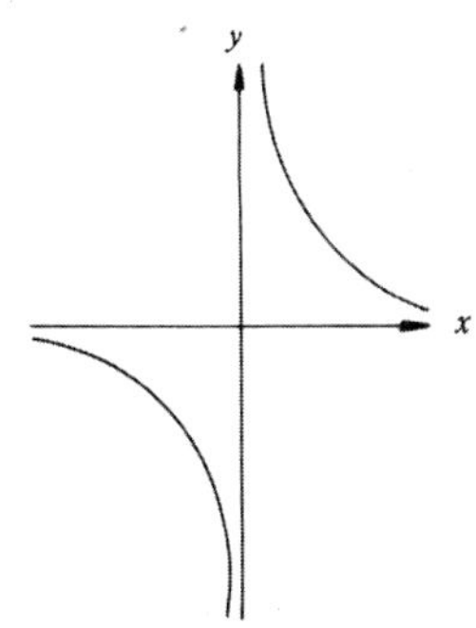

$y = \operatorname{cosech} x$

정리 3.14 다음의 각 등식을 증명하라.

(1) $\cosh^2 x - \sinh^2 x = 1,\ 1 - \tanh^2 x = \operatorname{sech}^2 x,\ \coth^2 x - 1 = \operatorname{cosech}^2 x$

(2) $\sinh(x \pm y) = \sinh x \cosh y \pm \cosh x \sinh y$ (복부호동순)

(3) $\cosh(x \pm y) = \cosh x \cosh y \pm \sinh x \sinh y$ (복부호동순)

(4) $\sinh 2x = 2\sinh x \cosh x$

(5) $\cosh 2x = \cosh^2 x + \sinh^2 x = 2\cosh^2 x - 1 = 2\sinh^2 x + 1$

[증명] (1) $\cosh^2 x - \sinh^2 x = \left(\frac{e^x + e^{-x}}{2}\right)^2 - \left(\frac{e^x - e^{-x}}{2}\right)^2 = 1$

(3) $$\begin{aligned}\cosh x \cosh y \pm \sinh x \sinh y &= \frac{1}{4}(e^x + e^{-x})(e^y + e^{-y}) \\ &\quad \pm \frac{1}{4}(e^x - e^{-x})(e^y - e^{-y}) \\ &= \frac{1}{2}(e^{x \pm y} + e^{-(x \pm y)}) \\ &= \cosh(x \pm y)\end{aligned}$$

나머지는 같은 방법으로 증명된다.

(Ⅰ) $y = \sinh x \Rightarrow y' = \cosh x$

[증명] $y' = \frac{dy}{dx} = \frac{d}{dx}\left\{\frac{e^x - e^{-x}}{2}\right\} = \frac{e^x + e^{-x}}{2} = \cosh x$

(Ⅱ) $y = \cosh x \Rightarrow y' = \sinh x$

[증명] $y' = \frac{dy}{dx} = \frac{d}{dx}\left\{\frac{e^x + e^{-x}}{2}\right\} = \frac{e^x - e^{-x}}{2} = \sinh x$

(Ⅲ) $y = \tanh x \Rightarrow y' = \mathrm{sech}^2 x$

[증명] $y' = \frac{dy}{dx} = \frac{d}{dx}\left\{\frac{\sinh x}{\cosh x}\right\} = \frac{\cosh x \cosh x - \sinh x \sinh x}{\cosh^2 x}$

$= \frac{1}{\cosh^2 x} = \mathrm{sech}^2 x$

(Ⅳ) $y = \coth x \Rightarrow y' = -\mathrm{cosech}^2 x$

[증명] $y' = \frac{dy}{dx} = \frac{d}{dx}\left\{\frac{\cosh x}{\sinh x}\right\} = \frac{\sinh x \sinh x - \cosh x \cosh x}{\sinh^2 x}$

$= -\frac{1}{\sinh^2 x} = -\mathrm{cosech}^2 x$

(V) $y = \operatorname{sech} x \Rightarrow y' = -\operatorname{sech} x \tanh x$

[증명] $y' = \dfrac{dy}{dx} = \dfrac{d}{dx}\left\{\dfrac{1}{\cosh x}\right\} = \dfrac{-\sinh x}{\cosh^2 x}$

$$= -\frac{1}{\cosh x} \cdot \frac{\sinh x}{\cosh x} = -\operatorname{sech} x \tanh x$$

(Ⅵ) $y = \operatorname{cosech} x \Rightarrow y' = -\operatorname{cosech} x \coth x$

[증명] $y' = \dfrac{dy}{dx} = \dfrac{d}{dx}\left\{\dfrac{1}{\sinh x}\right\} = -\dfrac{\cosh x}{\sinh^2 x}$

$$= -\frac{1}{\sinh x} \frac{\cosh x}{\sinh x} = -\operatorname{cosech} x \coth x$$

예제 3.15 $y = x^4 e^{\cosh x}$ 에서 y' 를 구하라.

풀이 $y' = 4x^3 e^{\cosh x} + x^4 e^{\cosh x} \sinh x = x^3 e^{\cosh x}(4 + x \sinh x)$

역쌍곡선함수

쌍곡선함수의 역함수에 대하여 생각해 보면, $\sinh x$와 $\tanh x$는 $\mathbb{R}$에서 연속이고 단조증가이므로, 그 역함수도 또한 연속이고 단조증가이다. 그러나 $\cosh x$는 그 정의역을 $[0, \infty)$로 축소하여야 단조증가가 되어 역함수가 존재한다. 이 역함수들을 역쌍곡선함수라 하고, 각각 $\sinh^{-1}x$, $\tanh^{-1}x$, $\cosh^{-1}x$로 표시하며 읽을 때는 각각 inverse hyperbolic sine x, inverse hyperbolic tangent x, inverse hyperbolic cosine x 라고 한다.

정리 3.16 다음을 증명하라.

(1) $\sinh^{-1}x = \log(x + \sqrt{x^2+1})$ $\qquad (-\infty < x < \infty)$

(2) $\cosh^{-1}x = \log(x + \sqrt{x^2-1})$ $\qquad (x \geq 1)$

(3) $\tanh^{-1}x = \dfrac{1}{2}\log\dfrac{1+x}{1-x}$ $\quad (-1 < x < 1)$

(4) $\coth^{-1}x = \dfrac{1}{2}\log\dfrac{x+1}{x-1}$ $\quad (|x| > 1)$

(5) $\operatorname{sech}^{-1}x = \log\dfrac{1+\sqrt{1-x^2}}{x}$ $\quad (0 < x \leq 1)$

(6) $\operatorname{cosech}^{-1}x = \log\left(\dfrac{1}{x} + \dfrac{\sqrt{1+x^2}}{|x|}\right)$ $\quad (|x| > 0)$

[증명] (1) $y = \sinh^{-1}x \quad (-\infty < x < \infty)$ 라고 두면

$x = \sinh y = \dfrac{e^y - e^{-y}}{2}$ 이므로 $(e^y)^2 - 2xe^y - 1 = 0$

$\therefore\ e^y = x \pm \sqrt{x^2+1}$

그런데 $e^y > 0$ 이므로 $e^y = x + \sqrt{x^2+1}$

$\therefore\ y = \log(x + \sqrt{x^2+1})$

(2) $y = \cosh^{-1}x \ (x \geq 1)$ 라고 두면 $x = \cosh y = \dfrac{e^y + e^{-y}}{2}$ 이므로

$(e^y)^2 - 2xe^y + 1 = 0 \qquad \therefore\ e^y = x \pm \sqrt{x^2-1}$

여기서 $x \geq 1$ 이므로 $x - \sqrt{x^2-1} \leq 1$. 그런데 $y \geq 0$ 이므로 $e^y \geq 1$.

따라서 $e^y = x + \sqrt{x^2-1} \qquad \therefore\ y = \log(x + \sqrt{x^2-1})$

(3) $y = \tanh^{-1}x \ (|x| < 1)$ 라고 두면

$x = \tanh y = \dfrac{e^y - e^{-y}}{e^y + e^{-y}}$ 이므로 $(1-x)(e^y)^2 = 1+x$

$\therefore\ e^y = \pm\sqrt{\dfrac{1+x}{1-x}}$

그런데 $e^y > 0$ 이므로 $e^y = \sqrt{\dfrac{1+x}{1-x}} \qquad \therefore\ y = \dfrac{1}{2}\log\dfrac{1+x}{1-x}$

나머지는 같은 방법으로 증명된다.

정리 3.17 다음을 증명하라.

(1) $\frac{d}{dx}(\sinh^{-1}x)=\frac{1}{\sqrt{1+x^2}}$

(2) $\frac{d}{dx}(\cosh^{-1}x)=\frac{1}{\sqrt{x^2-1}}$

(3) $\frac{d}{dx}(\tanh^{-1}x)=\frac{1}{1-x^2}$ $\quad (|x|<1)$

(4) $\frac{d}{dx}(\coth^{-1}x)=\frac{1}{1-x^2}$

(5) $\frac{d}{dx}(\mathrm{sech}^{-1}x)=-\frac{1}{x\sqrt{1-x^2}}$

(6) $\frac{d}{dx}(\mathrm{cosech}^{-1}x)=-\frac{1}{|x|\sqrt{1-x^2}}$

[증명] (1)
$$\begin{aligned}\frac{d}{dx}(\sinh^{-1}x) &= \frac{d}{dx}\left(\log(x+\sqrt{x^2+1})\right)\\ &= \frac{1}{x+\sqrt{x^2+1}}\left(1+\frac{x}{\sqrt{x^2+1}}\right)\\ &= \frac{1}{\sqrt{x^2+1}}\end{aligned}$$

(2)부터 (6)까지의 증명은 (1)과 같은 방법으로 하면 된다.

예제 3.18 $y=\tanh^{-1}(\sin x)$ 에서 y' 를 구하라.

풀이 $y'=\frac{1}{1-\sin^2 x}\frac{d}{dx}(\sin x)=\frac{\cos x}{\cos^2 x}=\sec x$

§ 2.3 초월함수의 미분 **연습문제 2.3**

1. 다음 함수들의 도함수를 구하라.

(1) $y=\sqrt{1+\sin x}$ (2) $y=\tan^2(x^2+1)$

(3) $y=\sqrt{1+\cos^2 x}$ (4) $y=\sec(2x+1)^{\frac{5}{2}}$

(5) $y=(\sin x-\cos x)^2$ (6) $y=(\sin(\tan x))^{\frac{1}{4}}$

2. 다음 함수들의 도함수를 구하라.

(1) $y=x\sin^{-1}x^2$ (2) $y=\cot^{-1}\sqrt{1-x^2}$

(3) $y=\sec^{-1}(\log x) \quad (x>e)$ (4) $y=\cos^{-1}(1-x)+\sqrt{x(2-x)}$

3. 다음 함수들의 도함수를 구하라.

(1) $y=\log(t^2+4)^3$ (2) $y=\sin(\log x)$

(3) $y=\log(\log x)$ (4) $y=e^x\cos x$

(5) $y=\dfrac{e^x}{e^{2x}+1}$ (6) $y=\log(e^x-e^{-x})$

(7) $y=a^x\log(1+a^x)$ (8) $y=\log_a(\tan^3 x+e^x)$

4. 다음 함수들의 도함수를 구하라.

(1) $y=e^x\sinh x$ (2) $y=\cosh(\tan^{-1}e^{2x})$

(3) $y=\mathrm{cosec}\,h^{-1}(e^x)$ (4) $y=\log(\cosh^{-1}x)$

(5) $y=\tanh^{-1}\left(\dfrac{1-x}{1+x}\right)$ (6) $y=x^2(\sinh^{-1}x)^3$

5. 다음 식들의 값을 구하라.

(1) $\cos\left(\sin^{-1}\left(-\dfrac{4}{5}\right)\right)$ (2) $\sin\left(-\sec^{-1}\dfrac{2}{\sqrt{3}}\right)$ (3) $\sin^{-1}\left(\sin\dfrac{5\pi}{4}\right)$

(4) $\cos\left(\cos^{-1}\dfrac{4}{5}+\sin^{-1}\dfrac{5}{13}\right)$ (5) $\tan\left(\tan^{-1}\dfrac{1}{3}+\tan^{-1}2\right)$

제 3 장 도함수의 응용

§3.1 평균값의 정리

정리 1.1 [Rolle] 함수 f 가 $[a, b]$에서 연속이고 (a, b) 에서 미분가능이며 $f(a)=0=f(b)$ 이면, $f'(c)=0$ 이 되는 c가 (a, b) 사이에 적어도 하나 존재한다.

[증명] $[a, b]$에서 $f(x)\equiv 0$ (항등적으로 0)이면 정리는 명백하므로 $f(x)\not\equiv 0$ 을 가정하자. $f(x)\not\equiv 0$ 이므로 $f(x)>0$ 이거나 $f(x)<0$ 인 점 $x\in(a, b)$ 가 존재한다. $f(x)>0$ 인 경우만 증명하고 $f(x)<0$ 경우는 증명이 비슷하므로 생략한다. f가 $[a, b]$에서 연속이므로 최대 최소값 존재정리에 의하여 f는 어떤 점 $c\in[a, b]$에서 최대 혹은 최소값을 가진다. $f(a)=0=f(b)$ 이며 $f(x)>0$ 인 점 $x\in(a, b)$ 가 존재함을 가정했으므로 c는 a나 b가 될 수 없다. 따라서 h를 충분히 작은 양수라할 때

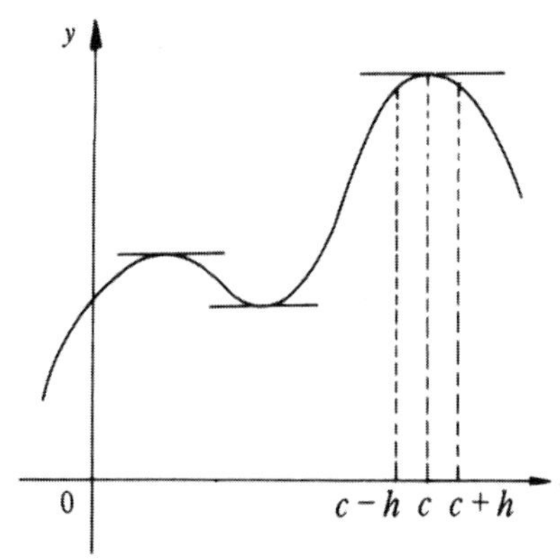

$$\frac{f(c+h)-f(c)}{h}\leq 0$$

$$\frac{f(c-h)-f(c)}{-h}\geq 0$$

이다. f는 $x=c$에서 미분가능이므로

$$0\leq \lim_{h\to 0}\frac{f(c-h)-f(c)}{-h}=f'(c)=\lim_{h\to 0}\frac{f(c+h)-f(c)}{h}\leq 0$$

이다. 따라서 $f'(c)=0$ 을 얻는다.

예제 1.2 $[-2, 2]$ 에서 정의된 $f(x)=x^3-4x$ 에 대해서 $f'(c)=0$ 이 되는 점 c를 $(-2, 2)$ 에서 찾아라.

풀이 $f(x)$ 는 모든 x에 대해서 미분가능하고 연속이다.

$f(-2)=0=f(2)$ 이므로 $f'(c)=3c^2-4=0$ 인 c가 $(-2,2)$ 내에 존재한다. 따라서 $c=\pm\dfrac{2\sqrt{3}}{3}$ 이다.

예제 1.3 $f(x)=1-|x|$는 $(-1,1)$ 내에 $f'(c)=0$ 이 되는 c점을 갖는가?

풀이 $0<x<1$ 일 때

$$f'(x)=\lim_{h\to0}\frac{(1-|x+h|)-(1-|x|)}{h}$$
$$=\lim_{h\to0}\frac{|x|-|x+h|}{h}$$

h를 충분히 작게 잡아 $|h|<|x|$가 되게 하면 $x>0$, $x+h>0$ 이므로

$$f'(x)=\lim_{h\to0}\frac{x-(x+h)}{h}=\lim_{h\to0}\frac{-h}{h}=-1$$

이다. 이와 같이 $-1<x<0$ 일 때 $f'(x)=1$ 을 얻는다. 또한 좌·우극한을 조사하면 $f'(0)$ 이 존재하지 않음을 알 수 있다. 따라서 $c\in(-1,1)$ 이며 $f'(c)=0$ 이 되는 점은 존재하지 않는다. 이는 $f(-1)=0=f(1)$, f는 [-1, 1] 에서 연속이지만 f는 $(-1,1)$ 에서 미분가능하지 않기 때문이다.

주의 (1) Rolle의 정리의 기하학적 의미는 정리의 가정하에서 (a,b) 내에 적어도 한 점에서 x축에 평행한 $y=f(x)$의 접선을 그을 수 있다는 것이다.
(2) 정리의 가정 $f(a)=0=f(b)$ 는 $f(a)=f(b)$ 로 바꾸어도 좋다.

정리 1.4 [평균값 정리, mean value theorem] 함수 f가 $[a, b]$에서 연속이고 (a, b)에서 미분가능이면 $\frac{f(b)-f(a)}{b-a}=f'(c)$인 c가 (a, b) 사이에 적어도 하나 존재한다.

[증명] $F(x)=f(b)-f(x)-\frac{f(b)-f(a)}{b-a}(b-x)$라 두자. F는 $[a, b]$에서 연속이고 (a, b)에서 미분가능이며 $F(a)=0=F(b)$이므로 Rolle의 정리에 의하여 $F'(c)=0$ 되는 점 c가 (a, b) 사이에 존재한다.

$F'(x)=-f'(x)+\frac{f(b)-f(a)}{b-a}$ 이므로

$$F'(c)=0 \Leftrightarrow -f'(c)+\frac{f(b)-f(a)}{b-a}=0$$

$$\Leftrightarrow f'(c)=\frac{f(b)-f(a)}{b-a}$$

예제 1.5 $f(x)=x^3+1$ 이 $[1, 2]$에서 평균값 정리를 만족하는 점 c를 구하라.

풀이 f는 모든 점에서 미분가능하고 연속이다.

$$f'(x)=3x^2 \Rightarrow f'(c)=3c^2$$

$$f(a)=f(1)=2,\ f(b)=f(2)=9$$

이므로

$$f'(c)=\frac{f(b)-f(a)}{b-a} \quad\Rightarrow\quad 3c^2=\frac{9-2}{2-1}=7$$

$$c^2=\frac{7}{3} \quad\Rightarrow\quad c=\pm\sqrt{\frac{7}{3}}$$

따라서 $c=\sqrt{\frac{7}{3}}$ 가 $(1, 2)$ 사이에 존재한다.

주의 (1) 평균값 정리의 기하학적 의미는 두점 $(a, f(a))$, $(b, f(b))$ 를 맺는 선분과 평행인 $y=f(x)$ 의 접선을 (a, b) 사이에 그을 수 있다는 것이다. (아래 그림 참조)

(2) $b-a=h$, $c-a=\theta h$ $(0<\theta<1)$ 라고 두면 평균값의 정리는 $f(a+h)=f(a)+hf'(a+\theta h)$ $(0<\theta<1)$ 으로 나타낼 수 있다. 또 $a=0$, $b=x$ 라 두면 $f(x)=f(0)+xf'(\theta h)$ $(0<\theta<1)$ 와 같이 나타낼 수 있다.

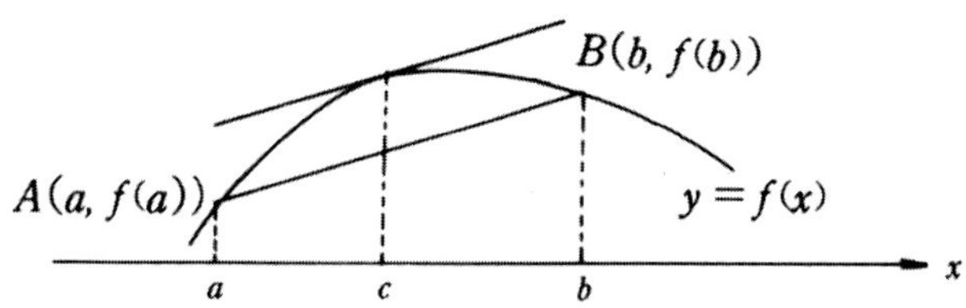

따름정리 1.6 함수 f가 $[a, b]$에서 연속이며 (a, b)에서 미분가능하고 $f'(x)=0$ 이면, f는 (a, b)에서 상수함수이다.

[증명] (a, b) 내의 임의의 두점 $x_1, x_2\,(x_1<x_2)$ 를 잡으면 평균값 정리에 의하여

$$f'(c)=\frac{f(x_2)-f(x_1)}{x_2-x_1}$$

가 성립하는 점 $c\in(a, b)$가 존재한다. 그런데 가정에서 $f'(c)=0$ 이므로 $f(x_1)=f(x_2)$가 된다. 따라서 (a, b) 내의 임의의 두 점에 대해서 그 함수값이 언제나 같으므로 f는 상수이다.

정리 1.7 [Cauchy] 함수 f, g가 $[a, b]$에서 연속이고 (a, b)에서 미분가능이며 $g'\neq 0$, $g(a)\neq g(b)$ 이면

$$\frac{f(b)-f(a)}{g(b)-g(a)}=\frac{f'(c)}{g'(c)}$$

인 점 c가 (a, b)사이에 존재한다.

[증명] $F(x)=f(b)-f(x)-\dfrac{f(b)-f(a)}{g(b)-g(a)}(g(b)-g(x))$ 라 두면

F는 $[a, b]$에서 연속이고 (a, b)에서 미분가능이며

$$F'(x)=-f'(x)+\frac{f(b)-f(a)}{g(b)-g(a)}g'(x), \quad F(a)=0=F(b)$$

이므로 Rolle의 정리에 의하여 $F'(c)=0$. 즉

$$f'(c)=\frac{f(b)-f(a)}{g(b)-g(a)}g'(c)$$

인 점 c가 (a, b)사이에 존재한다.

정리 1.8 [L'Hôspital] 함수 f, g가 $x=a$의 근방 (a는 제외되어도 좋음)에서 미분가능이고 $g'\neq 0$ 이며

$$\lim_{x\to a} f(x)=0=\lim_{x\to a} g(x) \text{ 이면, } \quad \lim_{x\to a}\frac{f(x)}{g(x)}=\lim_{x\to a}\frac{f'(x)}{g'(x)}$$

[증명] 주어진 함수의 정의역 내에서

$$F(x)=\begin{cases} f(x) & : x\neq a \\ 0 & : x=a \end{cases}, \quad G(x)=\begin{cases} g(x) & : x\neq a \\ 0 & : x=a \end{cases}$$

라고 두면 $x\neq a$일 때 F, G는 $[a, x]$ (혹은 $[x, a]$)에서 연속이고 (a, x) (혹은 (x, a))에서 미분가능이다. 정리 1.7 에 의해서

$$\frac{F(x)}{G(x)}=\frac{F(x)-F(a)}{G(x)-G(a)}=\frac{F'(c)}{G'(c)}$$

인 점 c가 (a, x)(혹은 (x, a)) 사이에 존재한다. 따라서,

$$\lim_{x\to a}\frac{f(x)}{g(x)}=\lim_{x\to a}\frac{F(x)}{G(x)}=\lim_{c\to a}\frac{F'(c)}{G'(c)}=\lim_{x\to a}\frac{F'(x)}{G'(x)}=\lim_{x\to a}\frac{f'(x)}{g'(x)}$$

정리 1.9 함수 f, g가 $x=a$근방(a는 제외되어도 좋음)에서 미분가능이고 $g'(x)\neq 0$ 이며 $x\to a$일 때 $f, g\to\pm\infty$ 이면,

$$\lim_{x\to a}\frac{f(x)}{g(x)}=\lim_{x\to a}\frac{f'(x)}{g'(x)}$$

[증명] $\displaystyle\lim_{x\to a}\frac{f(x)}{g(x)}=\lim_{x\to a}\frac{1/g(x)}{1/f(x)}=\lim_{x\to a}\frac{(1/g(x))'}{(1/f(x))'}$

$$=\lim_{x\to a}\frac{f(x)^2 g'(x)}{g(x)^2 f'(x)}=\left(\lim_{x\to a}\frac{f(x)}{g(x)}\right)^2\cdot\lim_{x\to a}\frac{g'(x)}{f'(x)}$$

(i) $\displaystyle\lim_{x\to a}\frac{f(x)}{g(x)}\neq 0$ 이면 $\displaystyle\lim_{x\to a}\frac{f(x)}{g(x)}=A$, $\displaystyle\lim_{x\to a}\frac{f'(x)}{g'(x)}=B$ 라 두면

$A=A^2\cdot\dfrac{1}{B}$ 인 형식이 되어 $A=B$가 성립한다.

(ii) $\displaystyle\lim_{x\to a}\frac{f(x)}{g(x)}=0$ 일 때

① $f(x),\ g(x)\to\infty\ (x\to a)$ 이면 $f(x)+g(x)\to\infty$ 이고

$$\lim_{x\to a}\frac{f(x)+g(x)}{g(x)}=\lim_{x\to a}\left(1+\frac{f(x)}{g(x)}\right)=1\neq 0$$

이므로 (i)에 의하여

$$\lim_{x\to a}\frac{f(x)+g(x)}{g(x)}=\lim_{x\to a}\frac{f'(x)+g'(x)}{g'(x)}$$

$$\therefore\ \lim_{x\to a}\frac{f(x)}{g(x)}=\lim_{x\to a}\frac{f'(x)}{g'(x)}$$

② $f(x)\to\infty,\ g(x)\to-\infty\ (x\to a)$등과 같은 경우에는 $f(x)-g(x)\to\infty\ (x\to a)$ 이므로 ①과 같은 방법으로 구하는 결과를 얻을 수 있다.

주의 (1) $f(x),\ g(x)\to 0\ (x\to a)$ 일 때

$\dfrac{f(x)}{g(x)}$ 를 $x=a$에서 부정형(indeterminate form)이라 한다.

부정형은 형식상 $\dfrac{0}{0}$과 같은 꼴을 하고 있다. 부정형에는 아래와 같은 꼴이 있다.

$$\frac{0}{0},\ \frac{\infty}{\infty},\ 0\infty,\ \infty-\infty,\ \infty^0,\ 0^0,\ 1^\infty$$

(2) L'Hôspital의 정리를 써서 부정형의 극한값을 구할 때 특히 주의할 점은 부정형은 반드시 $\dfrac{0}{0}$ 또는 $\dfrac{\infty}{\infty}$ 의 꼴로 고친 후 정리를 적용해야 한다.

예제 1.10 $\lim_{x\to\pi/2} \frac{\sin x - 1}{\cos x}$ 를 구하라.

풀이 $\lim_{x\to\pi/2}(\sin x - 1) = 0 = \lim_{x\to\pi/2}\cos x$ 이므로

$$\lim_{x\to\pi/2} \frac{\sin x - 1}{\cos x} = 0 = \lim_{x\to\pi/2} \frac{\cos x}{-\sin x} = \frac{0}{-1} = 0$$

예제 1.11 $\lim_{x\to\infty} \frac{e^x}{x^2}$ 를 구하라.

풀이 $\lim_{x\to\infty} e^x = \infty = \lim_{x\to\infty} x^2$ 이므로

$$\lim_{x\to\infty} \frac{e^x}{x^2} = \lim_{x\to\infty} \frac{e^x}{2x} = \lim_{x\to\infty} \frac{e^x}{2} = \infty$$

예제 1.12 $\lim_{x\to 0^+} \left(\frac{1}{x} - \frac{1}{\sin x}\right)$ 를 구하라.

풀이 $$\lim_{x\to 0^+} \left(\frac{1}{x} - \frac{1}{\sin x}\right) = \lim_{x\to 0^+} \frac{\sin x - x}{x\sin x}$$

$$= \lim_{x\to 0^+} \frac{\cos x - 1}{\sin x + x\cos x}$$

$$= \lim_{x\to 0^+} \frac{-\sin x}{2\cos x - x\sin x} = \frac{0}{2} = 0$$

§ 3.1 평균값의 정리 연습문제 3.1

1. 다음 문제에서 Rolle 의 정리의 가정이 만족됨을 보이고 그 정리를 만족하는 c 점을 찾아라.

   (1) $f(x)=x^2-6x+8$ $[2, 4]$

   (2) $f(x)=\cos x$ $\left[\frac{\pi}{2}, \frac{3\pi}{2}\right]$

2. 다음 함수에 대해서 주어진 구간에서 평균값 정리가 성립하면 점 c를 찾고 성립하지 않으면 그 이유를 밝혀라.

   (1) $f(x)=x^3+x-4$ $[-1, 2]$

   (2) $f(x)=\dfrac{x+1}{x-1}$ $[0, 2]$

   (3) $f(x)=x^{2/3}$ $[-1, 8]$

   (4) $f(x)=\sqrt{x+1}$ $[0, 3]$

3. Rolle의 정리를 이용하여 다음을 증명하라.
   $4x^3+9x^2-4x-2=0$ 은 $(0, 1)$ 사이에서 적어도 하나의 실수해를 갖는다.
   (힌트: $(x^4+3x^3-2x^2-2x)'=4x^3+9x^2-4x-2$ 이다.)

4. 평균값의 정리를 이용하여 다음을 증명하라.
   $0<a<b$ 일 때, $1-\dfrac{a}{b}<\log\dfrac{b}{a}<\dfrac{b}{a}-1$ 이다.

5. 다음 극한값을 구하라.

   (1) $\lim_{x\to 0} x^a \log x \quad (a>0)$

   (2) $\lim_{x\to 0}\dfrac{\tan 2x}{\log(1+x)}$

   (3) $\lim_{x\to \pi/2}(\sin x)^{\tan x}$

   (4) $\lim_{x\to 1}\left(\dfrac{x}{x-1}-\dfrac{1}{\log x}\right)$

   (5) $\lim_{x\to \pi/2}\tan x\log\sin x$

   (6) $\lim_{x\to 0}(1+x)^{1/x}$

6. $f(x)=\begin{cases} e^{-1/x^2} & : x\neq 0 \\ 0 & : x=0 \end{cases}$ 일 때 $f'(0)$ 를 구하라.

§3.2 Taylor와 Maclaurin 급수

평균값 정리의 확장정리인 Taylor의 정리를 소개한다.

정리 2.1 [Taylor] 함수 $f, f' \cdots, f^{(n-1)}$ 이 $[a, b]$에서 연속이고 $f^{(n-1)}$ 이 (a, b)에서 미분가능이면

$$f(b)=f(a)+\frac{1}{1!}f'(a)(b-a)+\frac{1}{2!}f''(a)(b-a)^2+\cdots+\frac{1}{(n-1)!}f^{(n-1)}(a)(b-a)^{n-1}+\frac{1}{n!}f^{(n)}(c)(b-a)^n$$

을 만족하는 점 c가 (a, b) 내에 존재한다.

[증명] $$f(b)-\left\{f(a)+\frac{1}{1!}f'(a)(b-a)+\frac{1}{2!}f''(a)(b-a)^2+\cdots+\frac{1}{(n-1)!}f^{(n-1)}(a)(b-a)^{n-1}+\frac{M}{n!}(b-a)^n\right\}=0$$

라 두고 $M=f^n(c)$를 증명하면 된다.

$$F(x)=f(b)-\left\{f(x)+\frac{1}{1!}f'(x)(b-x)+\frac{1}{2!}f''(x)(b-x)^2+\cdots+\frac{1}{(n-1)!}f^{(n-1)}(x)(b-x)^{n-1}+\frac{M}{n!}(b-x)^n\right\}$$

이라고 두면 $F(a)=0=F(b)$ 이므로 Rolle의 정리에 의하여 $F'(c)=0$ 인 점 c가 (a, b)내에 존재한다. 실제로 $F'(x)$를 계산하면 $F'(c)=0$ 에서 $M=f^n(c)$ 를 얻는다.

정리 2.2 [Maclaurin] 함수 f가 0을 포함하는 어떤 개구간 I에서 $f^{(n)}(x)$가 존재할 때 $x(\neq 0)\in I$에 대해서

$$f(x)=f(0)+\frac{1}{1!}f'(0)x+\frac{1}{2!}f''(0)x^2+\cdots$$
$$+\frac{1}{(n-1)!}f^{(n-1)}(0)x^{n-1}+\frac{1}{n!}f^{(n)}(c)x^n$$

을 만족하는 점 c가 $0<|c|<|x|$에서 존재한다.

[증명] Taylor 정리에 의해서 $a=0$, $b=|x|$를 두면 얻어진다.

> **주의** (1) Maclaurin의 정리에 의하면, x가 아주 작을 때 $f(x)$를 1차 또는 2차 함수로 근사화 할 수 있다. 예를 들면 $\sin x \fallingdotseq x$이므로 원점 근방에서 $y=\sin x$와 $y=x$의 그래프는 거의 포개어지고 있다.
>
> (2) Taylor의 정리에서 $n=1$이라고 두면 $f(b)=f(a)+f'(c)(b-a)$를 얻는다. 이것은 평균값 정리이다. 곧 Taylor의 정리는 평균값 정리의 확장이다.

정의 2.3 함수 f가 점 a의 어떤 근방 U에서 모든 차수의 도함수를 가지고 $x\in U$일 때, Taylor의 정리

$$f(x)=f(a)+\frac{1}{1!}f'(a)(x-a)+\cdots$$
$$+\frac{1}{(n-1)!}f^{(n-1)}(a)(x-a)^{n-1}+r_n(x),$$

$$r_n(x)=\frac{1}{n!}f^{(n)}(c)(x-a)^n \quad (|c-a|<|x-a|)$$

에서 $r_n(x)$를 **f의 나머지**(remainder)라고 부르고, $f(x)-r_n(x)$를 **f의 Taylor 다항식**(polynomial)이라고 부르며, $\lim_{n\to\infty} r_n(x)=0$일 때,

$$f(x)=\sum_{n=0}^{\infty}\frac{1}{n!}f^{(n)}(a)(x-a)^n$$
$$=f(a)+\frac{1}{1!}f'(a)(x-a)+\cdots+\frac{1}{n!}f^{(n)}(a)(x-a)^n+\cdots$$

와 같이 나타내고, 이것을 **f의 Taylor 급수**(series)라고 부른다. 특히,

$a=0$일 때

$$f(x) = \sum_{n=0}^{\infty} \frac{f^{(n)}(0)}{n!} x^n$$
$$= f(0) + \frac{1}{1!} f'(0)x + \cdots + \frac{1}{n!} f^{(n)}(0)x^n + \cdots$$

를 f의 **Maclaurin 급수**라고 부른다.

예제 2.4 $f(x)=x^3+3x^2+2x+1$을 $x-1$의 정식으로 나타내어라.

풀이 Taylor 정리를 써서

$f'(x)=3x^2+6x+2$, $\quad f'(1)=11$

$f''(x)=6x+6$, $\quad f''(1)=12$

$f'''(x)=6$, $\quad f'''(1)=6$

$f^{(4)}(x)=f^{(5)}(x)=\cdots=0$, 이므로

$$f(x)=f(1)+\frac{1}{1!}f'(1)(x-1)+\frac{1}{2!}f''(1)(x-1)^2$$
$$+\frac{1}{3!}f'''(1)(x-1)^3+0$$
$$=7+11(x-1)+6(x-1)^2+(x-1)^3$$

예제 2.5 $f(x)=\dfrac{1}{1-x}$의 Maclaurin 급수를 구하라.

풀이 $f^{(n)}(x)=\dfrac{n!}{(1-x)^{n+1}}$ 이므로 $f^{(n)}(0)=n!$ 이다.

$$\lim_{n\to\infty} |r_n(x)| = \lim_{n\to\infty} \left| \frac{1}{1-x} - (1+x+\cdots+x^{n-1}) \right|$$
$$= \lim_{n\to\infty} \left| \frac{x^n}{1-x} \right| = 0 \quad (|x| < 1)$$

이므로 다음과 같은 $f(x)$ 의 Maclaurin 급수를 얻는다.

$$\frac{1}{1-x} = \sum_{n=0}^{\infty} x^n = 1 + x + x^2 + \cdots + x^n + \cdots \quad (|x| < 1)$$

> **주의** $f(x)$가 Taylor 급수 또는 Maclaurin 급수로 표시될 필요충분 조건이 $\lim_{n\to\infty} r_n(x) = 0$ 이다.

예제 2.6 e^x 의 Maclaurin 급수를 구하라.

풀이 e^x 는 모든 차수의 도함수를 가진다. $x \neq 0$ 일 때

$$e^x = 1 + x + \frac{1}{2!}x^2 + \frac{1}{3!}x^3 + \cdots + \frac{1}{(n-1)!}x^{n-1} + r_n(x)$$
$$r_n(x) = e^c \frac{1}{n!}x^n, \quad 0 < |c| < |x|$$

를 얻는다.

$$\lim_{n\to\infty} |r_n(x)| = \lim_{n\to\infty} \left| \frac{e^c}{n!}x^n \right| \le e^{|x|} \lim_{n\to\infty} \frac{|x|^n}{n!} = 0$$
$$\therefore\ e^x = 1 + x + \frac{1}{2!}x^2 + + \cdots + \frac{1}{n!}x^n + \cdots \quad (-\infty < x < \infty)$$

$x=0$ 일 때도 위의 e^x 가 Maclaurin 급수가 성립함이 명백하다.

> **주의** e^x 의 Maclaurin 급수에서 $x=1$ 이라고 두면
> $$e = 1 + 1 + \frac{1}{2!} + \frac{1}{3!} + \cdots + \frac{1}{n!} + \cdots = 2.71828$$

예제 2.7 $\cos x$ 의 Maclaurin 급수를 구하라.

풀이 $f^{(n)}(x)=\cos\left(x+\frac{n}{2}\pi\right)$ 이므로

$$f^{(n)}(0)=\begin{cases} 0 & : n=2m+1 \\ (-1)^n & : n=2m \end{cases} \qquad m=0,\ 1,\ 2,\ \cdots$$

$0<|c|<|x|$ 인 c 에 대해서

$$\lim_{n\to\infty}|r_n(x)| = \lim_{n\to\infty}\left|\frac{\cos\left(c+\frac{n}{2}\pi\right)}{n!}x^n\right| \le \lim_{n\to\infty}\frac{|x|^n}{n!}=0$$

이므로

$$\cos x=1-\frac{1}{2!}x^2+\frac{1}{4!}x^4-\frac{1}{6}x^6+\cdots(-1)^m\frac{1}{(2m)!}x^{2m}+\cdots$$

$$(-\infty<x<\infty)$$

몇 개의 중요한 Maclaurin의 급수와 수렴구간을 증명없이 나열하면

$$\sin x=\sum_{n=0}^{\infty}(-1)^n\frac{x^{2n+1}}{(2n+1)!}=x-\frac{x^3}{3!}+\frac{x^5}{5!}-\frac{x^7}{7!}+\cdots \qquad -\infty<x<\infty$$

$$\log(1+x)=\sum_{n=0}^{\infty}(-1)^n\frac{x^{n+1}}{n+1}=x-\frac{x^2}{2}+\frac{x^3}{3}-\frac{x^4}{4}+\cdots \qquad -1<x\le 1$$

$$\tan^{-1}x=\sum_{n=0}^{\infty}\frac{x^{2n+1}}{2n+1}=x-\frac{x^3}{3}+\frac{x^5}{5}-\frac{x^7}{7}+\cdots \qquad -1<x\le 1$$

$$\sinh x=\sum_{n=0}^{\infty}\frac{x^{2n+1}}{(2n+1)!}=x+\frac{x^3}{3!}+\frac{x^5}{5!}+\frac{x^7}{7!}+\cdots \qquad -\infty<x<\infty$$

$$\cosh x=\sum_{n=0}^{\infty}\frac{x^{2n}}{(2n)!}=1+\frac{x^2}{2!}+\frac{x^4}{4!}+\cdots \qquad -\infty<x<\infty$$

§ 3.2 Taylor와 Maclaurin 급수

연습문제 3.2

1. 다음 함수의 Maclaurin 급수를 구하라.

(1) xe^x (2) $\tan x$ (3) $\sinh x$

(4) $\dfrac{1}{1+x}\ (-1<x<1)$ (5) $\sin^2 x$ (6) $\cos^2 x$

2. 다음 함수의 $x=a$ 에서 Taylor 급수를 구하라.

(1) $y=\dfrac{1}{x+2},\ a=2$ (2) $y=\sin\pi x,\ a=\dfrac{1}{2}$

(3) $y=\sinh x,\ a=\log 4$ (4) $y=\ln x,\ a=1$

3. $x^4+4x^3+2x^2-x+1$ 을 $x-2$ 의 다항식으로 고쳐라.

4. 다음 함수의 Maclaurin 다항식 P_4 를 구하라.

(1) e^{-2x} (2) $\sin 2x$ (3) $\tan x$

(4) xe^x (5) $\sec x$ (6) $\ln(3+2x)$

(단, $P_n(x)=f(0)+f'(0)x+\dfrac{f''(0)}{2!}x^2+\cdots+\dfrac{f^{(n)}(0)}{n!}x^n$ 을 f 의 n 째 Maclaurin 다항식이라 부른다.)

§3.3 함수의 극치

정의 3.1 함수 f가 구간 I에서 정의되고 I의 임의의 두 점 x_1, x_2에 대해서 $x_1 < x_2$일 때 $f(x_1) < f(x_2)$이면 f는 I에서 **증가**(increasing)한다고 하며 $x_1 < x_2$일 때 $f(x_1) > f(x_2)$이면 f는 I에서 **감소**(decreasing)한다고 한다.

예제 3.2 $f(x) = x^2$은 $[-5, 0]$에서 감소함수이다. 왜냐하면 $[-5, 0]$ 사이에 있는 임의의 두 점 x_1, x_2 $(x_1 < x_2)$에 대해서

$$x_1 < x_2 \Rightarrow |x_1| > |x_2| \Rightarrow {x_1}^2 > {x_2}^2 \Rightarrow f(x_1) > f(x_2)$$

따라서 f는 감소함수이다.

정리 3.3 (1) 개구간 I의 모든 x에 대해서 $f'(x) > 0$이면 f는 I에서 증가한다.

(2) 개구간 I의 모든 x에 대해서 $f'(x) < 0$이면 f는 I에서 감소한다.

[증명] (1) 구간 I내의 임의의 두 점을 x_1, x_2 $(x_1 < x_2)$이라고 하자. f는 (x_1, x_2)에서 미분가능하고 $[x_1, x_2]$에서 연속이므로 평균값 정리에 의하여 (x_1, x_2) 내에 한 점 c가 존재하여 $\dfrac{f(x_2) - f(x_1)}{x_2 - x_1} = f'(c)$가 성립한다. $x_2 - x_1 > 0$이고 $f'(c) > 0$이므로

$$f(x_2) - f(x_1) = f'(c)(x_2 - x_1) > 0$$

즉 $f(x_2) > f(x_1)$이다. 따라서 f는 I에서 증가한다.

(2) $f'(x) < 0$인 경우는 (1)과 같은 방법으로 증명 할 수있다.

예제 3.4 함수 $f(x)=\frac{1}{3}x^3-3x^2+8x$ 의 증가, 감소하는 구간을 찾아라.

풀이 $f'(x)=x^2-6x+8=(x-2)(x-4)$

$$\therefore\ (x-2)(x-4)<0 \iff 2<x<4$$

따라서 함수 $f(x)$ 는 $(2, 4)$에서 감소하면 $(-\infty, 2)\cup(4, \infty)$에서 증가한다.

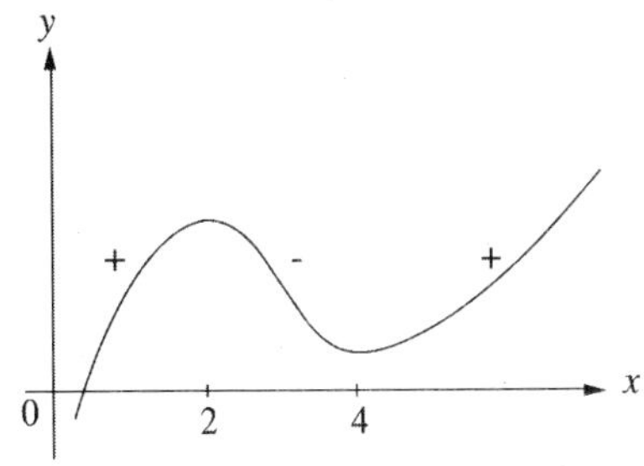

예제 3.5 다음 부등식을 증명하라.

$$x-\frac{x^2}{2} < \log(1+x) \quad (x>0)$$

[증명] $f(x)=\log(1+x)-(x-\frac{x^2}{2})$ 이라고 두면,

$$f'(x)=\frac{1}{1+x}-(1-x)=\frac{x^2}{1+x}>0 \quad (x>0)$$

이므로 f는 $x>0$ 일 때 증가한다. 그런데, $f(0)=0$ 이므로 $x>0$ 일 때 $f(x)>0$ 이다. 따라서 $x-\frac{x^2}{2} < \log(1+x) \quad (x>0)$

정의 3.6 함수 f가 a의 어떤 근방에서 정의되어 있고 그 근방의 임의의 점 x에 대해서 $f(x)\le f(a)$이면, f는 a에서 **극대**(local maximum)가 된다고 하며, $f(a)$를 **극대값**(local maximum value)이라고 한다.
또 f의 **극소**(local minimum)도 같은 방법으로 정의하며, 극대값과 극소값을 **극값**(extreme value)이라고 부른다.

정리 3.7 함수 f가 a에서 미분가능이고, a에서 극값을 가지면 $f'(a)=0$ 이다.

[증명] f가 a에서 극대라고 가정하자. 충분히 작은 $h>0$에 대해서

$$\frac{f(a+h)-f(a)}{h}\le 0\ , \quad \frac{f(a-h)-f(a)}{-h}\ge 0$$

따라서 $h\to 0$ 이면 $0\le f'(a)\le 0$ 이다. $\therefore\ f'(a)=0$.

정리 3.8 함수 f가 a의 근방에서 미분가능이고 $f'(a)=0$ 일 때 $f'(x)$의 부호가 a의 전후에서

(1) 양에서 음으로 변하면 f는 a에서 극대이고

(2) 음에서 양으로 변하면 f는 a에서 극소이다.

[증명] 앞 정리에 의하여 정리의 증명은 명백하다.

주의 (1) 함수 f의 극대값, 극소값은 최대값, 최소값과는 다르며, 극대값이 극소값 보다 크다고도 할 수 없다. 다만 f가 극대값을 취하는 점의 어떤 근방에서 정의되어 있고 이 근방의 점에 있어서의 f의 값보다 크다는 것이다. 극소값에 대해서도 마찬가지이다.

(2) 정리 3.7 에 의하면 f의 극값을 구할 때, f가 미분가능인 점에 대해서는 $f'(x)=0$ 되는 점만 조사하면 되고, 미분가능하지 않은 연속 점에 대해서는 증감의 상태에 의해서 판정한다.

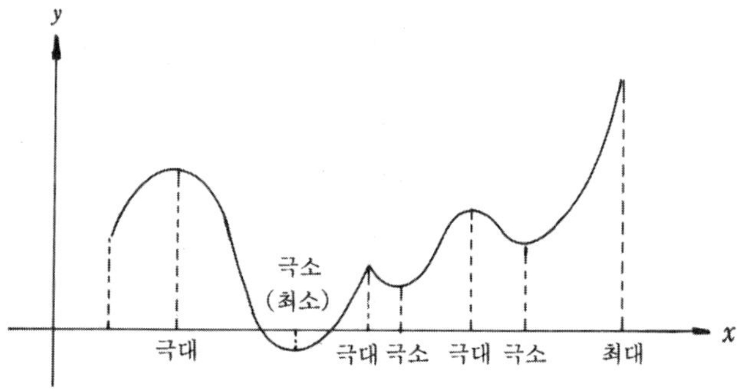

예제 3.9 $f(x)=2x^3+3x^2-12x-4$ 가 구간 $[-3, 3]$에서 정의되었다고 할 때 f의 극값, 최대값 및 최소값을 구하고 $y=f(x)$의 그래프를 그려라.

풀이 $f'(x)=6x^2+6x-12=6(x-1)(x+2)$ 이며 $f'(x)=0$ 에서 $x=1, -2$ 를 얻는다. 따라서 다음과 같은 표를 얻는다.

x	-3		-2		1		3
$f'(x)$		$+$		$-$		$+$	
$f(x)$	5	↗	16	↘	-11	↗	41

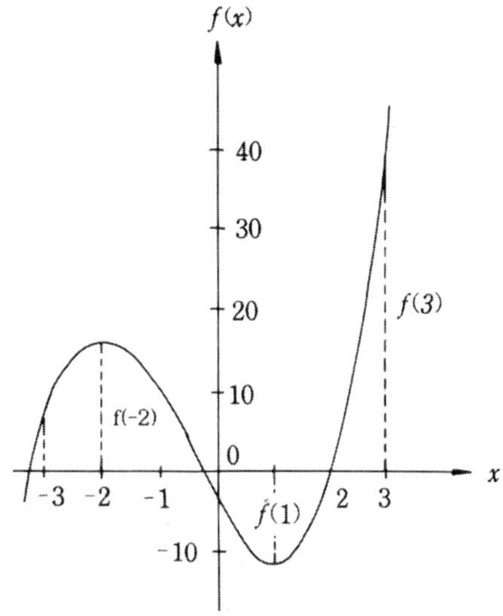

그러므로 f는
$x=-2$ 에서 극대값 $f(-2)=16$
$x=1$ 에서 극소값 $f(1)=-11$
$x=3$ 에서 최대값 $f(3)=41$
$x=1$ 에서 최소값 $f(1)=-11$
을 갖는다.

예제 3.10 $f(x)=\sqrt[3]{(x-1)^2}$ 일 때, f의 극값을 구하고 $y=f(x)$ 의 그래프를 그려라.

풀이 $f'(x)=\dfrac{2}{3}(x-1)^{-1/3}=\dfrac{2}{3\sqrt[3]{x-1}}$

$f'(x)\neq 0$ 이므로 미분가능한 점에 있어서의 f의 극값은 없다.
그런데, $x=1$ 에서 f는 미분가능하지 않으나, 충분히 작은 $h>0$ 에 대해서

$$f'(1-h)=\frac{2}{3\sqrt[3]{-h}}<0$$

$$f'(1+h)=\frac{2}{3\sqrt[3]{h}}>0$$

이므로
$x=1$ 전후에서 $f'(x)$ 의 부호가 음에서 양으로 변한다. 따라서, f는 $x=1$에서 극소값 $f(1)=0$ 을 갖는다.

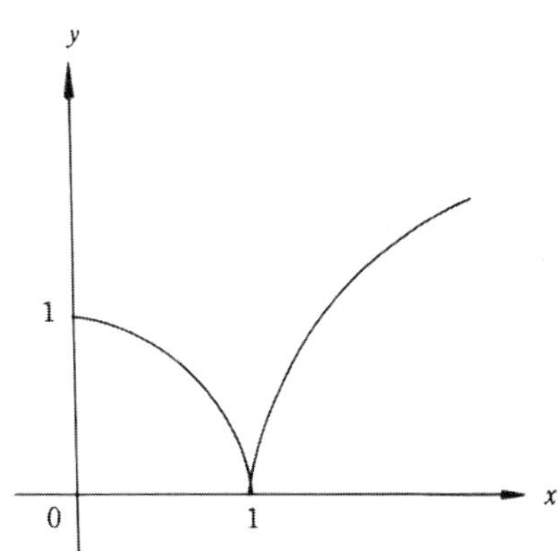

예제 3.11 한 변이 $30cm$인 정사각형의 종이에서 같은 크기의 정사각형을 도려내어 뚜껑없는 상자를 만들고자 한다. 상자의 부피를 최대로 하려면 도려내야 할 한 변의 길이와 상자의 부피를 구하라.

풀이 도려내야할 한 변의 길이를 x $(0<x<15)$, 상자의 부피를 $f(x)$라고 하면

$$f(x)=x(30-2x)^2=4x^3-120x^2+900$$

$$f'(x)=12x^2-240x+900=12(x-5)(x-15)$$

$$f'(x)=0 \text{ 에서 } x=5$$

$$f(5)=2000$$

한 변이 $5cm$인 정사각형을 도려내면 상자의 부피는 최대가 되고 그 때 상자의 부피는 $2000cm^3$이다.

정의 3.12 함수 f의 그래프가 그 위의 한 점 P의 어떤 근방에서 P에 있어서의 접선의 위쪽에 있을 때 이 그래프는 점 P에서 **아래로 볼록**(convex downward)이라 하고 반대로 접선의 아래쪽에 있을 때 이 그래프는 점 P에서 **위로 볼록** (convex upward)이라고 하며 그래프의 한쪽은 접선의 위쪽에 있고 다른 한쪽은 접선의 아래쪽에 있을 때 점 P를 이 그래프의 **변곡점**(inflection point)이라고 한다.

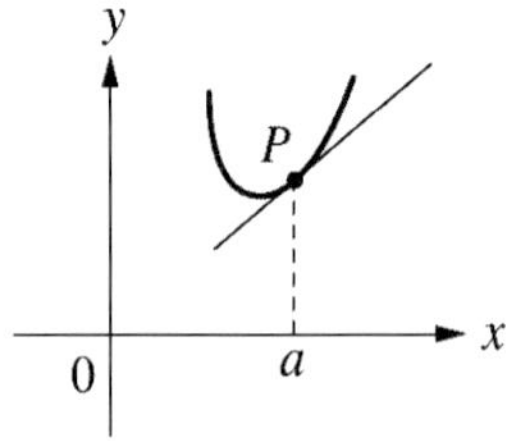

아래로 凸

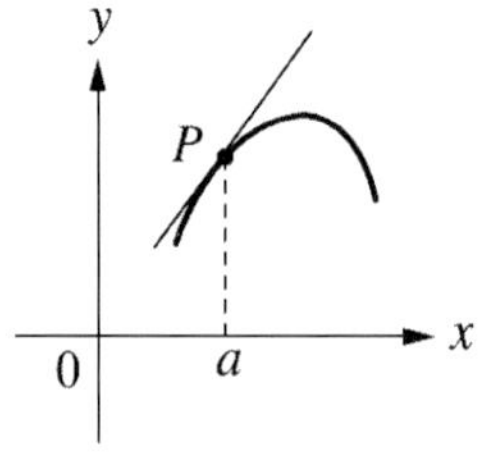

위로 凸

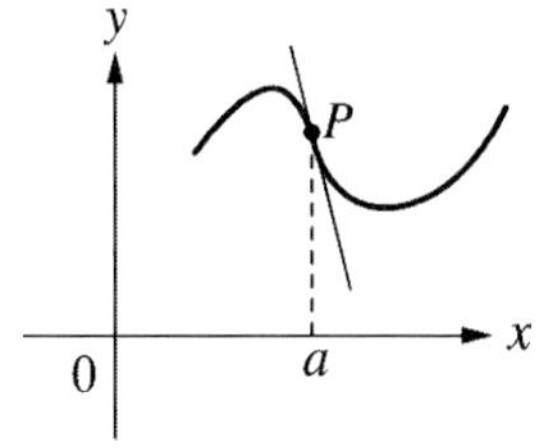

변곡점

정리 3.13 함수 f가 점 a의 근방에서 연속인 f'' 을 가질 때,

(1) $f''(a) > 0$ 이면 f는 $x=a$에서 아래로 볼록

(2) $f''(a) < 0$ 이면 f는 $x=a$에서 위로 볼록

(3) $f''(a) = 0$ 이고 $x=a$ 전후에서 f''의 부호가 변하면 점 $(a, f(a))$ 는 변곡점이다.

[증명] (1) 곡선상의 점 $P(a, f(a))$에 충분히 가까운 점 $Q(a+h, f(a+h))$를 잡고, P에서의 접선 및 P에서 x축에 평행하게 그은 직선이 Q에서 x축에 내린 선분과 만나는 점을 각각 T, R이라고 하면

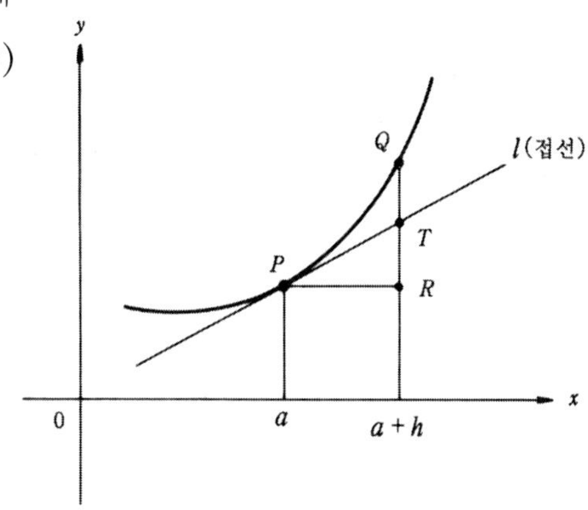

$$\overline{RQ} = f(a+h) - f(a),$$

$$\overline{RT} = hf'(a)$$

$$\therefore\ \overline{RQ} - \overline{RT} = f(a+h) - f(a) - hf'(a)$$

이다. Taylor의 정리에 의해서

$$f(a+h) = f(a) + hf'(a) + \frac{h^2}{2} f''(a+\theta h) \quad (0 < \theta < 1)$$

이므로

$$\overline{RQ} - \overline{RT} = \frac{h^2}{2} f''(a+\theta h)$$

이다. f''이 연속이므로, $f''(a) > 0$ 이면 충분히 작은 $|h|$에 대해서 $f''(a+\theta h) > 0$ 이다. 따라서 $\overline{RQ} > \overline{RT}$ 이다. 곧, $y=f(x)$는 점 P에서 아래로 볼록이다.

(2) 같은 방법으로, $f''(a) < 0$ 이면 $\overline{RQ} < \overline{RT}$ 이다. 따라서 $y=f(x)$ 는 점 P에서 위로 볼록이다.

(3) 변곡점의 정의 및 (1), (2)에 의해서 명백하다.

예제 3.14 $f(x)=\frac{1}{3}x^3-3x^2+8x$ 일 때 $y=f(x)$ 가 위로 볼록, 아래로볼록인 구간을 찾고, 변곡점을 구하라.

풀이 $f'(x)=x^2-6x+8$, $f''(x)=2x-6=2(x-3)$ 이므로, $f''(x)=0$ 에서 $x=3$ 을 얻는다. 그런데 $f''(x)>0$ $(x>3)$, $f''(x)<0$ $(x<3)$ 이므로 $y=f(x)$ 는 $(-\infty, 3)$ 에서 위로 볼록, $(3, \infty)$ 에서 아래로 볼록이고 점 $(3, 6)$ 이 $y=f(x)$ 의 변곡점이다.

정리 3.15 함수 f가 점 a의 근방에서 연속인 f''를 가지고 $f'(a)=0$ 이면

(1) $f''(a)<0$ 일 때 $f(a)$ 는 f의 극대값이고

(2) $f''(a)>0$ 일 때 $f(a)$ 는 f의 극소값이다.

[증명] $f'(a)=0$ 이므로 점 $(a, f(a))$ 에 있어서의 곡선 $y=f(x)$ 의 접선은 x축과 나란하다. 그러므로 $f''(a)<0$ 이면 앞 정리에 의하여 $y=f(x)$ 의 그래프는 점 $(a, f(a))$에 있어서의 접선의 아래쪽에 있다. 따라서 $f(a)$ 는 f의 극대값이 된다.

같은 방법으로 $f''(a)>0$ 이면 $f(a)$ 는 f의 극소값이다.

예제 3.16 $f(x)=3x^4-4x^3$ 일 때 f의 극값을 구하고 변곡점을 구하라.

풀이 $f'(x)=12x^3-12x^2=12x^2(x-1)$

$f''(x)=36x^2-24x=12x(3x-2)$ 이므로 다음표를 얻는다.

x		0		2/3		1	
$f'(x)$	$-$	0	$-$	$-$	$-$	0	$+$
$f''(x)$	$+$	0	$-$	0	$+$	$+$	$+$
$f(x)$	↘	0	↘	-16/27	↘	-1	↗

$x=1$에서 f는 극소

극소값: $f(1)=-1$

변곡점: $(0, 0)$ $\left(\frac{2}{3}, -\frac{16}{27}\right)$

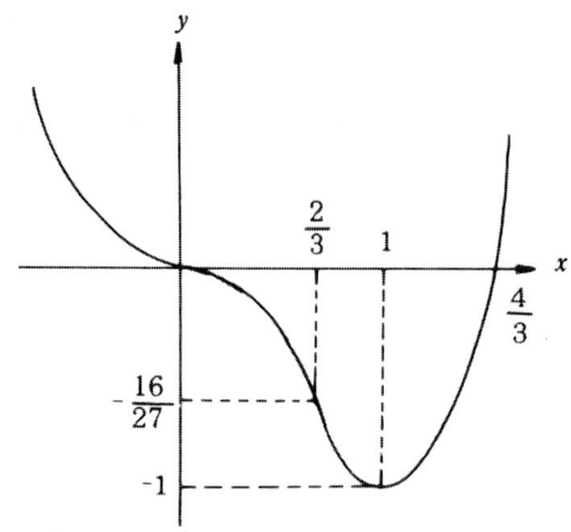

정리 3.17 함수 f가 점 a의 근방에서 연속인 $f^{(n)}$(n은 짝수)을 가지고 $f'(a)=f''(a)=\cdots=f^{(n-1)}(a)=0$, $f^{(n)}(a)\neq 0$일때 $f^{(n)}(a)<0$이면 f는 a에서 극대이고 $f^{(n)}(a)>0$이면 f는 a에서 극소이다.

[증명] Taylor 정리로부터 가정을 적용하면

$$f(a+h)-f(a)=\frac{1}{n!}h^n f^{(n)}(a+\theta h), \quad 0<\theta<1$$

n이 짝수이므로 $h^n>0$이고 충분히 작은 $|h|$에 대해서 $f^{(n)}(a+\theta h)$와 $f^{(n)}(a)$는 같은 부호이므로

$$f^{(n)}(a)>0 \text{ 이면 } f(a+h)-f(a)>0 \text{ 이고}$$
$$f^{(n)}(a)<0 \text{ 이면 } f(a+h)-f(a)<0 \text{ 이다.}$$

즉, 첫째 경우 a의 작은 근방에서 $f(a+h)>f(a)$이므로 $f(a)$는 극소값이고 같은 방법으로 둘째 경우는 $f(a)$가 극대값이다.

정리 3.18 함수 f가 a의 근방에서 연속인 $f^{(n)}$(n은 홀수)을 가지고 $f''(a)=f'''(a)=\cdots=f^{(n-1)}(a)=0$, $f^{(n)}(a)\neq 0$일 때 점 $(a, f(a))$는 변곡점이다.

[증명] Taylor 정리에 가정을 적용하면

$$f(a+h)-f(a)-hf'(a)=\frac{1}{n!}h^n f^{(n)}(a+\theta h) \quad (0<\theta<1) \text{ 이다.}$$

정리 3.13 의 그림에서 $\overline{RQ}=f(a+h)-f(a)$, $\overline{RT}=hf'(a)$ 라 두면

$$\begin{aligned}\overline{RQ}-\overline{RT} &= f(a+h)-f(a)-hf'(a)\\ &= \frac{1}{n!}h^n f^{(n)}(a+\theta h)\end{aligned}$$

이다. n 이홀수이므로 h 의 양, 음에 따라서 $\overline{RQ}-\overline{RT}$ 는 부호가 바뀐다. 즉, 점 $(a, f(a))$는 변곡점이다.

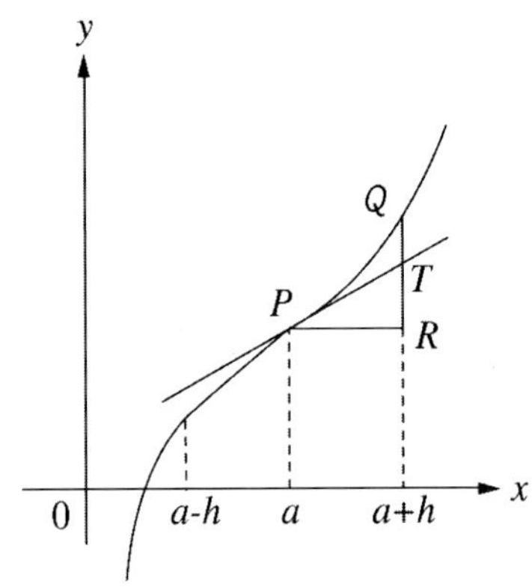

예제 3.19 $f(x)=\cos 2x-4\cos x$ 일 때, f의 극값을 구하라.

풀이 $f'(x)=-2\sin 2x+4\sin x=4\sin x(1-\cos x)$ 이므로

$x=2n\pi, x=(2n+1)\pi$ (n는 정수)일 때 $f'(x)=0$

$f''(x)=-4\cos 2x+4\cos x$ 이므로

$f''(2n\pi)=0$, $f''((2n+1)\pi)=-8<0$

$f^{(3)}(x)=8\sin 2x-4\sin x$ 이므로 $f^{(3)}(2n\pi)=0$

$f^{(4)}(x)=16\cos 2x-4\cos x$ 이므로 $f^{(4)}(2n\pi)=12>0$

따라서 앞 정리에 의하여

$x=2n\pi$ 에서 f는 극소이며 극소값은 $f(2n\pi)=-3$

$x=(2n+1)\pi$ 에서 f는 극대이며 극대값은 $f((2n+1)\pi)=5$ 이다.

예제 3.20 $f(x)=x^5-5x^4+10x^3-10x^2+5x-1$ 일 때 f의 변곡점을 구하라.

풀이 $f'(x)=5x^4-20x^3+30x^2-20x+5$

$$f''(x)=20x^3-60x^2+60x-20=20(x-1)^3$$

에서 $x=1$ 일 때, $f''(x)=0$, 또한

$$f^{(3)}(x)=60(x-1)^2, \qquad f^{(3)}(1)=0$$

$$f^{(4)}(x)=120(x-1), \qquad f^{(4)}(1)=0$$

$$f^{(5)}(x)=120, \qquad f^{(5)}(1)\neq 0$$

이므로 앞 정리에 의해서 $(1, 0)$는 f의 변곡점이다.

함수의 성질을 이해하는데 가장 중요한 것은 그 함수가 나타내는 그래프를 보는 일이다. 지금까지의 여러가지 지식을 토대로 $y=f(x)$의 그래프를 그리는 데 도움이 되는 것을 아래에 열거하기로 한다.

절편	x축의 절편이 a	$f(a)=0$
	y축의 절편이 b	$f(0)=b$
대칭	y축에 관해서 대칭	$f(-x)=f(x)$
	원점에 관해서 대칭	$f(-x)=-f(x)$
점근선	$y=c$	$\lim_{x\to-\infty} f(x)=c$, $\lim_{x\to\infty} f(x)=c$
	$x=c$	$\lim_{x\to c^+} f(x)=\pm\infty$, $\lim_{x\to c^-} f(x)=\pm\infty$
	$y=mx+b$	$\lim_{x\to\infty}\frac{f(x)}{x}=m$, $\lim_{x\to\infty}(f(x)-mx)=b$
증 감	증 가	$f'(x)\geq 0$
	감 소	$f'(x)\leq 0$
극 값	미분가능인 점 — 극 대	$f'(a)=0$ { $f'(x)$: $+\to 0\to -$; $f''(a)<0$ }
	미분가능인 점 — 극 소	$f'(a)=0$ { $f'(x)$: $-\to 0\to +$; $f''(a)>0$ }
	미분불가능인 연속점	
볼록상태	위로 볼록	$f''(x)<0$
	아래로 볼록	$f''(x)>0$
변 곡 점	위로 볼록 → 아래로 볼록	$f''(a)=0$ { $f''(x)$: $-\to 0\to +$
	아래로 볼록 → 위로 볼록	$f''(x)$: $+\to 0\to -$ }

예제 3.21 $f(x)=\dfrac{x}{(x+1)^2}$ 일 때, $y=f(x)$ 의 그래프를 그려라.

(1) $(0,0)$ 를 지난다.

(2) $\lim_{x\to\infty} f(x)=0=\lim_{x\to-\infty} f(x)$

$\lim_{x\to-1} f(x) = -\infty$

이므로 점근선 : $y=0,\ x=-1$.

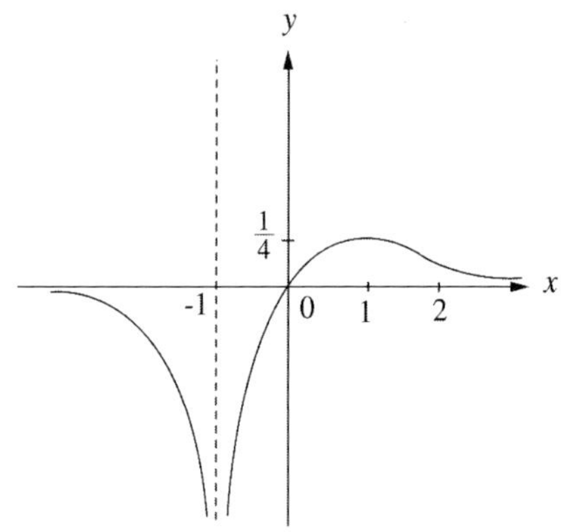

(3) $f'(x)=\dfrac{1-x}{(x+1)^3}$

$f''(x)=\dfrac{2(x-2)}{(x+1)^4}$

이므로 $f'(1)=0,\ f''(2)=0$.

x		-1		1		2	
$f'(x)$	$-$		$+$	0	$-$		$-$
$f''(x)$	$-$		$-$	$-$	$-$	0	$+$
$f(x)$	↘		↗	1/4	↘	2/9	↘

극대점: $(1,\ \frac{1}{4})$, 변곡점: $\left(2,\ \frac{2}{9}\right)$

(4) $x<0\ (>0)$일 때, $f(x)<0\ (>0)$ 이므로 그래프는 제 1,3 사분면에 있다.

§ 3.3 함수의 극치 연습문제 3.3

1. 다음 문제에서 주어진 함수의 극치를 구하라.

(1) $f(x)=2x^2-3x+7$ (2) $f(x)=-2x^3+21x^2-60x-6$

(3) $f(x)=x^3-6x^2-15x$ (4) $f(x)=(x+1)^3$

(5) $f(x)=x+\dfrac{1}{x}$ (6) $f(x)=x^6-48x^2+7$

2. 다음 함수들의 극값, 변곡점, 볼록관계 등을 조사하라.

(1) $f(x)=\dfrac{1}{3}x^3-x^2+2$ (2) $f(x)=\dfrac{x^2-x+1}{x^2+x+1}$

(3) $f(x)=e^{-x}\sin x\ (x\geq 0)$ (4) $f(x)=x^9-3x^3$

(5) $f(x)=x^3-3x^2+3x-3$

3. 다음 함수의 그래프를 그려라.

(1) $f(x)=\dfrac{x^2-1}{x^3}$ (2) $f(x)=\dfrac{2}{1+x^2}$

(3) $f(x)=2x^2-\dfrac{1}{4}x^4$ (4) $f(x)=x^3-3x+2$

4. $f(x)=\dfrac{x^2+2x-2}{2x}$ 일 때 $y=f(x)$ 의 점근선을 구하라.

5. 방정식 $x^3-3x^2-9x+a=0$ 이 3개의 서로 다른 실근을 갖기 위한 실수 a 의 범위를 구하라.

6. 밑면의 반지름이 b 이고 높이가 a 인 직원뿔에 내접하는 최대 부피의 직원기둥의 반지름과 높이를 구하라.

§3.4 미분과 근의 근사값

(1) 미분

$y=f(x)$ 일 때 $f(x)$ 가 미분가능한 구간에서 x 의 증분 Δx 에 대한 y 의 증분을 Δy 라 하면 $\lim_{\Delta x \to 0} \frac{\Delta y}{\Delta x} = f'(x)$ 이므로 $\frac{\Delta y}{\Delta x} = f'(x) + \varepsilon$ 이라 놓으면

$$\Delta y = \Delta x\, f'(x) + \varepsilon \Delta x$$

여기서 $\Delta x \to 0$ 일 때 $\varepsilon \to 0$. 따라서 $\Delta x \to 0$ 일 때는 $\varepsilon \Delta x$ 는 $f'(x)\Delta x$ 보다 더 빨리 0에 수렴한다. 즉 $|\Delta x|$ 가 충분히 작을 때

$$\Delta y \fallingdotseq f'(x)\Delta x$$

라고 볼 수 있다.

정의 4.1 함수 $y=f(x)$ 가 미분가능일 때

$$f'(x)\,\Delta x$$

를 $y=f(x)$ 의 **미분**(differential)이라 하고, dy 또는 $df(x)$ 로 표시한다. 즉

$$dy = df(x) = f'(x)\Delta x$$

만약 $f(x)=x$ 일때는 $f'(x)=1$ 이므로 $dx=\Delta x$ 이다. 즉 함수 x 의 미분 dx 는 독립변수 x 의 증분 Δx 와 같다. 그러므로

$$dy = df(x) = f'(x)\,dx$$

로 쓸 수 있다.

예를 들면 $y=\sin x$ 일 때 $dy=\cos x\,dx$, $d(\tan x)=\sec^2 x\,dx$.

예제 4.2 $y=2x^4$ 의 미분을 구하라.

풀이 $y'=8x^3$ 이므로 $dy=8x^3\,dx$.

미분을 이용하여 함수의 근사값을 구할 수 있다.

미분가능인 함수 $y=f(x)$ 에 대해서 $|\Delta x|$ 가 작을 때는 Δy 와 dy 의 차는 매우 작으므로 함수의 증분 Δy 의 **근사값**(approximation)으로서 dy 를 써도 좋다. 즉

$$\Delta y \fallingdotseq dy$$

그러므로 함수 $f(x)$ 의 증분

$$\Delta f(x)=f(x+\Delta x)-f(x)$$

은 $|\Delta x|$ 가 작으면 근사적으로 $df(x)$ 와 같다. 즉

$$f(x+\Delta x) \fallingdotseq f(x)+f'(x)\Delta x$$

예제 4.3 $\sin 31^\circ$ 의 근사값을 구하라.

풀이 $f(x)=\sin x$ 라 놓으면, $f'(x)=\cos x$. 그리고
$x=\frac{\pi}{6}$, $\Delta x=\frac{\pi}{180}$ $(=1^\circ)$ 라 놓으면

$$\begin{aligned}\sin(x+\Delta x) &\fallingdotseq \sin x+\cos x\,dx\\ &=\sin\frac{\pi}{6}+\frac{\pi}{180}\cdot\cos\frac{\pi}{6}=\frac{1}{2}+\frac{\sqrt{3}}{2}\cdot\frac{\pi}{180}\\ &\fallingdotseq 0.51511\cdots \ (\text{여기서 } \frac{\pi}{180}=0.01745\cdots)\end{aligned}$$

예제 4.4 $\sqrt{98}$ 의 근사값을 구하라.

풀이 $f(x)=\sqrt{x}$ 라 하면 $f'(x)=\frac{1}{2\sqrt{x}}$ 이고, $x=100$ 이라 하면

$$\Delta x=-2$$

또한, $\sqrt{100}=10$ 이므로,

$$\begin{aligned}\sqrt{98} &= \sqrt{100+(-2)}\\ &\fallingdotseq \sqrt{100}+\frac{1}{2\sqrt{100}}(-2)=9.9\end{aligned}$$

(2) 근의 근사값을 구하는 방법

초보적인 과정에서는 방정식의 무리근의 근사값을 구할 때 그래프에 의한 방법과 보간법이 쓰인다.

무리근의 근사값을 구하는 또 하나의 방법으로 Newton의 방법이 있다. 이 방법에 의하면, 무리근의 근사값을 소수점이하 몇자리까지라도 원하는 대로 정확하게 구할 수 있다. 옆의 그림에서 곡선 $y=f(x)$를 생각하자. $x=a_1$을 방정식

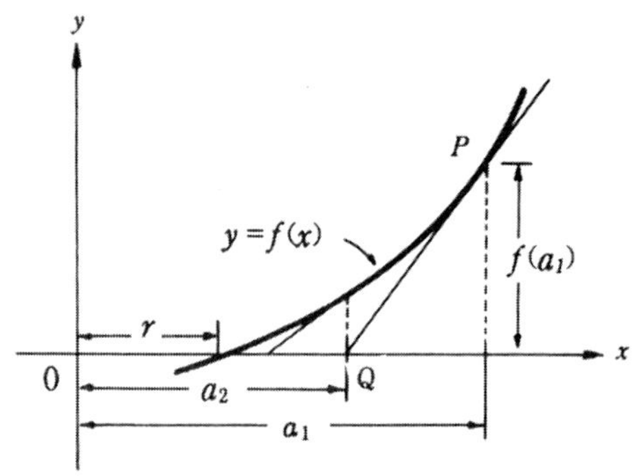

$f(x)=0$의 근 r의 제 1 근사값이라 하자. 점 P에서 곡선의 접선의 방정식은

$$y-f(a_1)=f'(a_1)(x-a_1) \tag{1}$$

이다. a_1이 r에 가까운 값일 때, 이 접선은 보통 x축과 점 Q에서 만나는데 그 점의 가로좌표 a_2는 a_1보다 r에 더 가까운 근사값이 된다. 따라서 (1)에 $x=a_2$, $y=0$을 대입하면, Newton의 공식(Newton's formula)

$$a_2=a_1-\frac{f(a_1)}{f'(a_1)} \tag{2}$$

을 얻는다. 이제 a_2를 제 2 근사값으로 생각하면 (2)를 써서 제 3 근사값

$$a_3=a_2-\frac{f(a_2)}{f'(a_2)}$$

를 얻는다.
이와 같이 공식 (2)를 반복하면

$$a_n=a_{n-1}-\frac{f(a_{n-1})}{f'(a_{n-1})}$$

을 얻을 수 있어서 무리근을 소수점 이하 얼마까지든지 정확하게 구할 수 있다.

주의 제 1 근사값 a_1을 r에 충분히 가깝게 택하지 못하면 Newton의 공식은 불합리한 결과를 초래할 수도 있다. 옆의 그림을 참고하라.

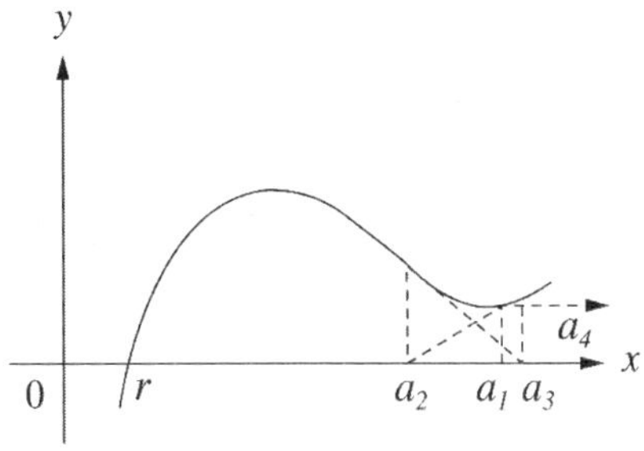

예제 4.5 방정식 $x^2-2=0$ 의 양의 근을 Newton의 방법을 사용하여 소수점 이하 네 자리까지 정확하게 구하라.

풀이 $f(x)=x^2-2$ 라고 하면 $f'(x)=2x$ 이다. 방정식 $x^2-2=0$ 의 근을 양의 근일 경우 1 과 2 사이에 있음을 알 수 있고 또 2 보다는 1 에 더 가까우므로 제 1 근사값을 $a_1=1$ 이라고 하면

$$a_2=a_1-\frac{f(a_1)}{f'(a_1)}=1-\frac{1-2}{2}=1.5$$

$$a_3=1.5-\frac{f(1.5)}{f'(1.5)}=1.5-0.08333=1.41667$$

$$a_4=1.41667-\frac{f(1.41667)}{f'(1.41667)}=1.41667-\frac{0.00695}{2.8334}$$

$$=1.41667-0.00246=1.41421$$

따라서 구하는 근은 1.4142 이다.

예제 4.6 $x^3-4x-8=0$ 의 근을 소수 제 5 위까지 정확히 구하라.

풀이 $y=x^3-4x-8$ 의 그래프를 그려보면 $x^3-4x-8=0$ 은 2 와 3 사이에 단 1개의 근을 가짐을 알 수 있다.

제 1 근사값을 $a_1=2$ 이라고 하면

$$a_2 = a_1 - \frac{f(a_1)}{f'(a_1)} = 2+1=3$$

$$a_3 = 3 - \frac{f(3)}{f'(3)} = 3 - \frac{7}{23} = 2.695652$$

$$a_4 = 2.695652 - \frac{f(2.695652)}{f'(2.695652)} = 2.650401$$

$$a_5 = 2.650401 - \frac{f(2.650401)}{f'(2.650401)} = 2.6494364$$

따라서 구하는 근은 2.64943이다.

§ 3.4 미분과 근의 근사값

연습문제 3.4

1. 미분을 이용하여 다음 근사값을 구하라.
   (1) $(61)^{1/3}$　　(2) $\sqrt[4]{83.7}$

2. 다음 함수의 미분을 구하라.
   (1) $y=4x^3-7x^2+2x-1$
   (2) $y=x\cos x$
   (3) $y=x\sqrt{x-1}$

3. 다음의 방정식을 Newton의 방법에 의해 풀어라.
   (1) $x^5-2x-1=0$, $[1, 2]$ 에서
   (2) $\cos x-\sin x=0$, $[0, 1]$ 에서
   (3) $x^3-5x-1=0$, $[2, 3]$ 에서

4. 다음 방정식의 근의 근사값을 소수 세째자리까지 구하라.
   (1) $x^3+3x-6=0$
   (2) $2x^3-x^2+x+-3=0$

5. 방정식 $x^3-2x-5=0$ 의 제 1, 제 2 근사값을 구하라.

제 4 장 적 분

§ 4.1 원시함수(Primitive function)

일반적으로 연속함수 $f(x)$ 가 이루는 곡선과 x 축 및 직선 $x=a$, $x=x$ 로 둘러싸인 부분의 넓이를 $S(x)$ 라 하면,

$$\frac{d}{dx}S(x) = f(x)$$

가 된다.

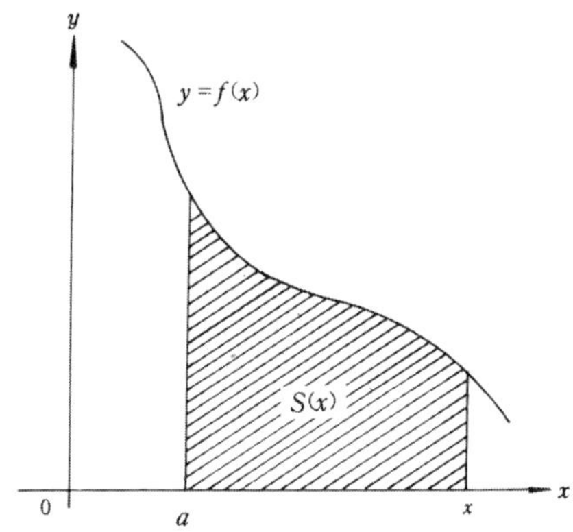

이 사실은 영국의 수학자 Newton(1642-1727)과 독일의 수학자 Leibniz(1646-1716)에 의해서 각각 독립적으로 밝혀졌다.

예를 들면, 함수 $f(x) = 3x+2$ 와 x 축 및 $x=1$, $x=x$ 로 둘러싸인 부분의 넓이를 $S(x)$ 라 하자.
그러면

$$S(x) = 5(x-1) + \frac{1}{2}(x-1)(3x-3)$$
$$= \frac{3}{2}x^2 + 2x - \frac{7}{2}$$

이 된다.

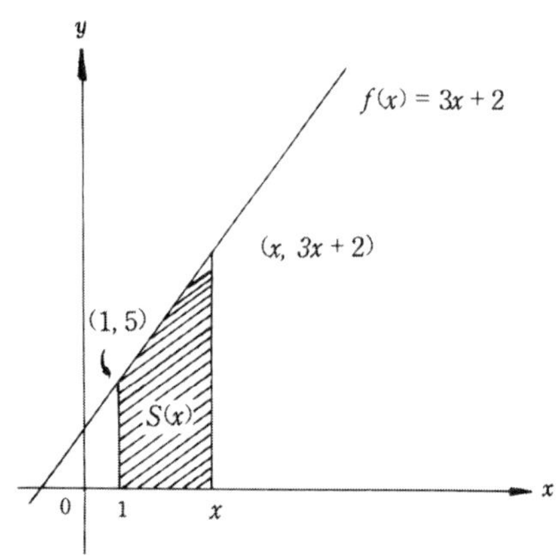

여기에서 $S(x)$ 를 미분하면 주어진 함수 $f(x) = 3x+2$ 가 된다는 사실을 알 수 있다. 따라서 주어진 함수 $f(x)$ 에 대하여 어떤 함수 $F(x)$ 를 미분하면 $f(x)$ 가 되겠는가를 아는 것이 대단히 중요하다.

정의 1.1 함수 $f(x)$ 에 대하여 $\frac{d}{dx}F(x) = f(x)$ 를 만족하는 $F(x)$ 를 $f(x)$ 의 **원시함수**(primitive or antiderivative function) 라 하고 이 원시

함수를 찾는 과정을 적분한다라고 하며 그 연산법을 **적분법**(integration)이라고 한다. 그리고

$$F(x) = \int f(x)\,dx$$

라고 적는다. 이때 $f(x)$ 를 **피적분함수**(integrand), x 를 **적분변수**(integral variable)라 한다.

예제 1.2 $\frac{1}{2}x^2$, $\frac{1}{2}x^2-1$, $\frac{1}{2}x^2-e$ 는 모두 $f(x)=x$ 의 원시함수이다.

주어진 함수 $f(x)$ 의 원시함수 $F(x)$ 는 여러개 있다. 왜냐하면 함수 $F(x)$ 가 함수 $f(x)$ 의 원시함수이면 $F(x)+C$ (C 는 상수) 또한 원시함수임을 알 수 있다. 즉,

$$\frac{d}{dx}(F(x)+C) = \frac{d}{dx}F(x) + \frac{d}{dx}C = f(x)$$

이다.

또, $f(x)$ 의 다른 원시함수들은 $F(x)+C$ 형태 뿐이다 라는 사실을 아래 정리를 통해서 알아보자.

정리 1.3 함수 $f(x)$ 의 원시함수의 하나가 $F(x)$ 이면 $f(x)$ 의 다른 원시함수는 $F(x)+C$ 의 꼴로 표시된다.

[증명] 주어진 구간 I 에서 $G(x)$ 가 $F(x)$ 와 다른 $f(x)$ 의 원시함수라 하자. 즉,

$$\frac{d}{dx}G(x) = f(x) = \frac{d}{dx}F(x), \quad {}^{\forall}x \in I$$

그러면

$$\frac{d}{dx}(G(x)-F(x)) = 0, \quad {}^{\forall}x \in I$$

이 된다. 따라서 함수 $G(x)-F(x)$ 는 상수함수임을 알 수 있다. 즉,

$$G(x) - F(x) = C, \quad {}^{\forall}x \in I \ (C : \text{상수})$$

결과적으로, $G(x) = F(x) + C, \ {}^{\forall}x \in X.$

주의 정리 1.3 에서 영역을 구간으로 제한시키는 것이 필요하다.

$F(x)=\begin{cases} 1 : x>0 \\ -1 : x<0 \end{cases}$ $\quad G(x)=\begin{cases} 2 : x>0 \\ -1 : x<0 \end{cases}$ 라 하면

$F(x)$ 와 $G(x)$ 는 $f(x)=0$, $(x\in\mathbb{R}-\{0\})$ 의 원시함수이다.

그러나 $G(x)\neq F(x)+C$ (C 는 한 고정된 상수)

즉 $G(x)-F(x)=\begin{cases} 1 : x>0 \\ 0 : x<0 \end{cases}$ 이다.

위의 정리와 주의를 종합하면 한 함수의 여러 원시함수들 사이에는 상수만큼의 차이가 난다. 즉,

$$\frac{d}{dx}F(x)=f(x) \Leftrightarrow \int f(x)\,dx=F(x)+C.$$

이와 같은 상수 C를 **적분상수**(integral constant)라고 한다.

예제 1.4 $\displaystyle\int\frac{1}{1+x^2}\,dx=\tan^{-1}x+C$ 임을 보여라.

풀이 미분을 이용하여

$$\frac{d}{dx}(\tan^{-1}x)=\frac{1}{1+x^2}$$

그러므로 $\displaystyle\int\frac{1}{1+x^2}\,dx=\tan^{-1}x+C$

예제 1.4 에서 보는 바와 같이 어떤 적분의 공식이나 성질을 증명하기 위해서는 원시함수를 미분하여 피적분함수를 얻으면 된다.

정리 1.5 (1) $\displaystyle\int kf(x)\,dx=k\int f(x)\,dx$

(2) $\displaystyle\int(f(x)+g(x))\,dx=\int f(x)\,dx+\int g(x)\,dx$

[증명] (1) $\displaystyle\frac{d}{dx}\left(k\int f(x)\,dx\right)=k\left(\frac{d}{dx}\int f(x)\,dx\right)=kf(x)$

$$\therefore \int kf(x)\,dx=k\int f(x)\,dx.$$

(2) $\frac{d}{dx}\left(\int f(x)\,dx + \int g(x)\,dx\right) = \frac{d}{dx}\int f(x)\,dx + \frac{d}{dx}\int g(x)\,dx$

$$= f(x) + g(x)$$

$$\therefore \int (f(x) + g(x))\,dx = \int f(x)\,dx + \int g(x)\,dx$$

예제 1.6 다음을 구하라.

(1) $\int 5\cos x\,dx$　　　　(2) $\int (8x^2 - 2x)\,dx$

풀이 (1) $\int 5\cos x\,dx = 5\int \cos x\,dx = 5\sin x + C$

(2) $\int (8x^2 - 2x)\,dx = \int 8x^2 dx + \int -2x\,dx$

$$= \frac{8}{3}x^3 - x^2 + C$$

위에서 언급한 바와 같이 각 미분공식에 대응되는 적분공식을 만들 수 있다. (다음 페이지 표 참조)

예제 1.7 $\int \left(3x^4 - \frac{1}{x} + \frac{5}{\sqrt{1-x^2}}\right)dx$ 를 구하라.

풀이 $\int \left(3x^4 - \frac{1}{x} + \frac{5}{\sqrt{1-x^2}}\right)dx$

$$= 3\int x^4\,dx - \int \frac{1}{x}\,dx + 5\int \frac{1}{\sqrt{1-x^2}}\,dx$$

$$= \left(3\cdot\frac{1}{4+1}\right)x^{(4+1)} - \log|x| + 5\sin^{-1}x + C$$

$$= \frac{3}{5}x^5 - \log|x| + 5\sin^{-1}x + C$$

미 분 공 식	적 분 공 식
1. $\frac{d}{dx}x=1$	$\int 1\,dx = x + C$
2. $\frac{d}{dx}(\frac{x^{r+1}}{r+1}) = x^r\,(r \neq -1)$	$\int x^r dx = \frac{x^{r+1}}{r+1} + C\ (r \neq -1)$
3. $\frac{d}{dx}\sin x = \cos x$	$\int \cos x\,dx = \sin x + C$
4. $\frac{d}{dx}(-\cos x) = \sin x$	$\int \sin x\,dx = -\cos x + C$
5. $\frac{d}{dx}\tan x = \sec^2 x$	$\int \sec^2 x\,dx = \tan x + C$
6. $\frac{d}{dx}(-\cot x) = \operatorname{cosec}^2 x$	$\int \operatorname{cosec}^2 x\,dx = -\cot x + C$
7. $\frac{d}{dx}\sec x = \sec x \tan x$	$\int \sec x \tan x\,dx = \sec x + C$
8. $\frac{d}{dx}(-\operatorname{cosec} x) = \operatorname{cosec} x \cot x$	$\int \operatorname{cosec} x \cot x\,dx = -\operatorname{cosec} x + C$
9. $\frac{d}{dx}e^x = e^x$	$\int e^x dx = e^x + C$
10. $\frac{d}{dx}\log\lvert x\rvert = \frac{1}{x}$	$\int \frac{1}{x}dx = \log\lvert x\rvert + C$
11. $\frac{d}{dx}\cos^{-1}x = -\frac{1}{\sqrt{1-x^2}}$	$\int -\frac{1}{\sqrt{1-x^2}}dx = \cos^{-1}x + C$
12. $\frac{d}{dx}\sin^{-1}x = \frac{1}{\sqrt{1-x^2}}$	$\int \frac{1}{\sqrt{1-x^2}}dx = \sin^{-1}x + C$
13. $\frac{d}{dx}\tan^{-1}x = \frac{1}{1+x^2}$	$\int \frac{1}{1+x^2}dx = \tan^{-1}x + C$

예제 1.8 $\int\left(\sqrt{x}+e^x-4\cos^2\frac{x}{2}\right)dx$ 를 구하라.

풀이 $\int\left(\sqrt{x}+e^x-4\cos^2\frac{x}{2}\right)dx$

$$= \int x^{\frac{1}{2}}\,dx+\int e^x\,dx-4\int\frac{1+\cos x}{2}\,dx$$

$$= \frac{1}{\left(1+\frac{1}{2}\right)}\,x^{\left(1+\frac{1}{2}\right)}+e^x-2\int dx-2\int\cos x\,dx$$

$$= \frac{2}{3}x\sqrt{x}+e^x-2x-2\sin x+C$$

§ 4.1 원시함수 연습문제 4.1

1. 다음을 적분하라.

(1) $\int(2x+3)\,dx$ (2) $\int(x^2-\sqrt{x})dx$

(3) $\int\frac{3}{\sqrt{x}}\,dx$ (4) $\int 5e^{-2x}\,dx$

(5) $\int(3x-1)^{234}\,dx$ (6) $\int(2-7t)^{2/3}\,dt$

(7) $\int\sqrt{2+5y}\,dy$ (8) $\int\frac{1}{(3x+2)^2}\,dx$

2. 다음을 적분하라.

(1) $\int(x^3+3)^2\,dx$ (2) $\int(1+3x)x^2\,dx$

(3) $\int x^2\sqrt{x}\,dx$ (4) $\int\frac{1+\sqrt{x}}{x}\,dx$

3. $F(1)=2$ 를 만족하는 $f(x)=\sqrt[3]{x}$ 의 원시함수 $F(x)$ 를 구하라.

4. $f'(x)+\sin x=0$ 과 $f(0)=2$ 를 만족하는 함수 $f(x)$ 를 구하라.

§ 4.2 치환적분(Integration by substitution)

주어진 함수를 적분하는 것은 일반적으로 쉽지 않다. 함수에 따라서는 특별한 방법을 써서 적분하는 것이 편리할 때가 있다. 여기에 그 중에 한 방법을 소개한다.

$\int f(x)\,dx$ 를 구함에 있어서 $x=\varphi(t)$ 라고 두면, $dx=\varphi'(t)\,dt$ 이므로

$$\boxed{\int f(x)\,dx=\int f(\varphi(t))\varphi'(t)\,dt}$$

여기에서 $x=\varphi(t)$ 를 적당히 잘 선택하면 피적분함수를 적분하기 편리한 모양으로 바꿀 수 있다. 이와같은 적분법을 **치환적분법**(integration by substitution) 이라고 한다.

예제 2.1 $\int (ax+b)^n\,dx\ \ (a\neq 0)$ 를 구하라.

풀이 $ax+b=t$ 라고 두면, $\dfrac{dt}{dx}=\dfrac{d}{dx}(ax+b)=a$ 즉, $a\,dx=dt.$

그러므로 $\int (ax+b)^n dx=\int t^n\dfrac{1}{a}\,dt=\dfrac{1}{a}\int t^n\,dt$

$n\neq -1$ 이면

$$\int (ax+b)^n dx=\frac{1}{a}\cdot\frac{t^{n+1}}{n+1}+C$$
$$=\frac{(ax+b)^{n+1}}{a(n+1)}+C$$

$n=-1$ 이면

$$\int (ax+b)^{-1} dx=\frac{1}{a}\int t^{-1}dt$$
$$=\frac{1}{a}\log|t|+C$$
$$=\frac{1}{a}\log|ax+b|+C$$

예제 2.2 $\int 2x(x^2+1)^{20}\,dx$ 를 구하라.

풀이 $t = x^2 + 1$ 로 두면, $\dfrac{dt}{dx} = 2x$. 즉, $dt = 2x\,dx$

따라서

$$\begin{aligned}\int 2x(x^2+1)^{20}\,dx &= \int t^{20}\,dt \\ &= \frac{1}{21}t^{21} + C \\ &= \frac{1}{21}(x^2+1)^{21} + C\end{aligned}$$

예제 2.3 $\int \sin^2 x \cos x\,dx$ 를 구하라.

풀이 $t = \sin x$ 로 두면, $\dfrac{dt}{dx} = \cos x$. 즉, $dt = \cos x\,dx$

따라서

$$\begin{aligned}\int \sin^2 x \cos x\,dx &= \int t^2\,dt \\ &= \frac{1}{3}t^3 + C \\ &= \frac{1}{3}\sin^3 x + C\end{aligned}$$

예제 2.4 $\int \dfrac{1}{2\sqrt{x}}\cos\sqrt{x}\,dx$를 구하라.

풀이 $t = \sqrt{x}$ 로 두면, $\dfrac{dt}{dx} = \dfrac{1}{2\sqrt{x}}$. 즉, $dt = \dfrac{1}{2\sqrt{x}}\,dx$

따라서 $$\begin{aligned}\int \frac{1}{2\sqrt{x}}\cos\sqrt{x}\,dx &= \int \cos t\,dt \\ &= \sin t + C \\ &= \sin\sqrt{x} + C\end{aligned}$$

예제 2.5 $\int \sqrt{a^2 - x^2}\, dx \quad (a > 0)$ 를 구하라.

풀이 $x = a\sin t \; (-\frac{\pi}{2} \le t \le \frac{\pi}{2})$ 라고 두면 $dx = a\cos t dt$ 가 된다.

그러므로

$$\begin{aligned}\int \sqrt{a^2 - x^2}\, dx &= \int \sqrt{a^2 - a^2 \sin^2 t}\; a\cos t dt \\ &= \int \sqrt{a^2(1 - \sin^2 t)}\; a\cos t dt \\ &= \int \sqrt{a^2 \cos^2 t}\; a\cos t dt = \int a^2 \cos^2 t\, dt \\ &= a^2 \int \left(\frac{\cos 2t + 1}{2}\right) dt = \frac{a^2}{2}\left(\frac{\sin 2t}{2} + t\right) + C \\ &= \frac{a^2}{2}(\sin t \cos t + t) + C\end{aligned}$$

위 치환에서, $\sin t = \frac{x}{a}$ 이므로 $t = \sin^{-1}\frac{x}{a}$ 이고 ,

$$\cos t = \frac{1}{a}\sqrt{a^2 - x^2}$$

그러므로 $\int \sqrt{a^2 - x^2}\, dx = \frac{1}{2}\left(x\sqrt{a^2 - x^2} + a^2 \sin^{-1}\frac{x}{a}\right) + C$

예제 2.6 $\int \frac{x^2 - x}{(x-2)^3}\, dx$ 를 구하라.

풀이 $x - 2 = t$ 라 두면, $x = t + 2,\ dx = dt,$

$$\begin{aligned}\int \frac{x^2 - x}{(x-2)^3}\, dx &= \int \frac{(t+2)^2 - (t+2)}{t^3}\, dt = \int \left(\frac{1}{t} + \frac{3}{t^2} + \frac{2}{t^3}\right) dt \\ &= \log|t| - \frac{3}{t} - \frac{1}{t^2} \\ &= \log|x-2| - \frac{3}{x-2} - \frac{1}{(x-2)^2} + C\end{aligned}$$

§ 4.2 치환적분 연습문제 4.2

1. 치환에 의하여 다음을 적분하라.

(1) $\int 3\,(1+3x)^5\,dx$ (2) $\int \frac{x}{\sqrt{1+x^2}}\,dx$

(3) $\int \sin 2x\,dx$ (4) $\int e^{3x}\,dx$

(5) $\int \frac{1}{\sqrt{1-9x^2}}\,dx$ (6) $\int \tan x \sec^2 x\,dx$

(7) $\int \frac{(\log x)^4}{x}\,dx$ (8) $\int \frac{\sin(\log x)}{x}\,dx$

(9) $\int \sqrt[3]{1+x^2}\,x\,dx$ (10) $\int \frac{e^{\sqrt{t}}}{\sqrt{t}}\,dt$

(11) $\int \sin 3x\,dx$ (12) $\int (x-3)^{5/2}\,dx$

(13) $\int \frac{2x+3}{x^2+3x+2}\,dx$ (14) $\int e^{2x}\,dx$

2. 치환에 의하여 다음을 적분하라.

(1) $\int x^4 \sin x^5\,dx$ (2) $\int \frac{x}{1+x^4}\,dx$

(3) $\int \frac{x}{1+x}\,dx$ (4) $\int \frac{\log 3x}{x}\,dx$

(5) $\int \frac{x^2}{ax+b}\,dx \ (a \neq 0)$ (6) $\int \frac{x^2}{(ax+b)^2}\,dx \ (a \neq 0)$

(7) $\int \sec^2(4x+1)\,dx$ (8) $\int \sin^6 x \cos x\,dx$

(9) $\int \sqrt[3]{1+x^2}\,x\,dx$ (10) $\int \frac{e^{\sqrt{t}}}{\sqrt{t}}\,dt$

(11) $\int \sin 3x\,dx$ (12) $\int (x-3)^{5/2}\,dx$

(13) $\int \frac{6}{|x|\sqrt{x^2-1}}\,dx$ (14) $\int \frac{x^3}{1+x^4}\,dx$

(15) $\int \frac{\sin x}{1+\cos x}\,dx$

§4.3 부분적분(Integration by parts)

미분편에서 다룬 두 함수의 곱에 대한 미분법을 이용하여 두 함수 $f(x)$, $g(x)$ 의 곱 $f(x)g(x)$ 의 적분법을 알아보자.

$$\frac{d}{dx}(f(x)g(x)) = f'(x)g(x) + f(x)g'(x)$$

이므로, 양변을 적분하면

$$f(x)g(x) = \int f'(x)g(x)\,dx + \int f(x)g'(x)\,dx$$

그러므로, $\int f'(x)g(x)\,dx = f(x)g(x) - \int f(x)g'(x)\,dx$

따라서 다음 공식을 얻을 수 있고 이를 이용한 적분법을 **부분적분법** (Integration by parts)이라 한다.

$$\boxed{\int f'(x)g(x)\,dx = f(x)g(x) - \int f(x)g'(x)\,dx}$$

특히 $f(x) = x$ 이면

$$\int g(x)\,dx = xg(x) - \int xg'(x)\,dx$$

예제 3.1 $\int x\cos x\,dx$ 를 구하라.

풀이 $f(x) = x$, $g'(x) = \cos x$ 라 두면 $f'(x) = 1$, $g(x) = \sin x$ 이므로

$$\int x\cos x\,dx = x\sin x - \int \sin x\,dx = x\sin x + \cos x + C$$

예제 3.2 $\int \log x\,dx$ 를 구하라.

풀이 $f'(x) = 1$, $g(x) = \log x$ 라 두면 $f(x) = x$, $g'(x) = \frac{1}{x}$ 이므로

$$\int \log x dx = x\log x - \int x\frac{1}{x}\,dx = x\log x - x + C$$
$$= x(\log x - 1) + C$$

예제 3.3 $\int \tan^{-1}x\,dx$ 를 구하라.

풀이 $f(x) = \tan^{-1}x,\ g'(x) = 1$ 라두면 $f'(x) = \dfrac{1}{1+x^2},\ \ g(x) = x$

그러므로 $\displaystyle\int \tan^{-1}x\,dx = x\tan^{-1}x - \int \frac{x}{1+x^2}\,dx$

한편, $\displaystyle\int \frac{x}{1+x^2}\,dx = \frac{1}{2}\int \frac{2x}{1+x^2}\,dx = \frac{1}{2}\log(1+x^2)$

그러므로 $\displaystyle\int \tan^{-1}x\,dx = x\tan^{-1}x - \frac{1}{2}\log(1+x^2) + C$

예제 3.4 $\int e^{ax}\cos bx\,dx$ 를 구하라.

풀이 $I = \int e^{ax}\cos bx\,dx$ 라 두고 $f'(x) = e^{ax},\ g(x) = \cos bx$ 라 두면

$$f(x) = \frac{1}{a}e^{ax},\quad g'(x) = -b\sin bx \text{ 이므로}$$

$$I = \int e^{ax}\cos bx\,dx = \frac{1}{a}e^{ax}\cos bx + \frac{b}{a}\int e^{ax}\sin bx\,dx$$

한편, $\int e^{ax}\sin bx\,dx$ 에 다시 부분적분을 쓰기 위해 $f'(x) = e^{ax}$,

$g(x) = \sin bx$ 라 두면, $f(x) = \dfrac{1}{a}e^{ax},\ g'(x) = b\cos bx.$

그러므로, $\displaystyle\int e^{ax}\sin bx\,dx = \frac{1}{a}e^{ax}\sin bx - \frac{b}{a}\int e^{ax}\cos bx\,dx$

$$\therefore\ I = \frac{1}{a}e^{ax}\cos bx + \frac{b}{a}\left(\frac{1}{a}e^{ax}\sin bx - \frac{b}{a}\int e^{ax}\cos bx\,dx\right)$$
$$= \frac{1}{a}e^{ax}\cos bx + \frac{b}{a^2}e^{ax}\sin bx - \frac{b^2}{a^2}I$$

위 식에서,

$$\left(\frac{a^2+b^2}{a^2}\right)I = \frac{1}{a}e^{ax}\cos bx + \frac{b}{a^2}e^{ax}\sin bx$$

$$\therefore \quad I = \frac{1}{a^2+b^2}(a\cos bx + b\sin bx)e^{ax} + C$$

예제 3.5 $I_n = \int \sin^n x\,dx$ ($n \geq 2$ 인 자연수)라 두면

$$I_n = -\frac{1}{n}\sin^{n-1}x\cos x + \frac{n-1}{n}I_{n-2}$$ 이 됨을 증명하라.

풀이 $I_n = \int \sin^{n-1}x\sin x\,dx$ 에 부분적분법을 쓰기 위하여

$f(x) = \sin^{n-1}x, \quad g'(x) = \sin x$ 라 두면,

$f'(x) = (n-1)\sin^{n-2}x\cos x, \quad g(x) = -\cos x$

$$\begin{aligned} I_n &= \sin^{n-1}x(-\cos x) - \int (n-1)\sin^{n-2}x\cos x(-\cos x)\,dx \\ &= -\sin^{n-1}x\cos x + (n-1)\int \sin^{n-2}x(1-\sin^2 x)\,dx \\ &= -\sin^{n-1}x\cos x + (n-1)\int \sin^{n-2}x\,dx - (n-1)\int \sin^n x\,dx \\ &= -\sin^{n-1}x\cos x + (n-1)I_{n-2} - (n-1)I_n \end{aligned}$$

그러므로 $I_n = -\frac{1}{n}\sin^{n-1}x\cos x + \frac{n-1}{n}I_{n-2}$

> **주의** 위 식에서 $I_0 = x$, $I_1 = -\cos x$ 로 두면 언제나 적분할 수 있다. 이러한 식을 **점화식**(reduction formula)이라고 한다

위의 공식에서 $x = \frac{\pi}{2} - y$ 라고 두면 다음 공식을 얻을 수 있다.

$$\int \cos^n y\,dy = \frac{1}{n}\cos^{n-1}y\sin y + \frac{n-1}{n}\int \cos^{n-2}y\,dy$$

예제 3.6 점화식을 이용하여 $\int \cos^4 x\,dx$ 를 구하라.

풀이

$$\begin{aligned}\int \cos^4 x\,dx &= \frac{1}{4}\cos^3 x\sin x + \frac{3}{4}\int \cos^2 x\,dx \\ &= \frac{1}{4}\cos^3 x\sin x + \frac{3}{4}\left\{\frac{1}{2}\cos x\sin x + \frac{1}{2}x\right\} \\ &= \frac{1}{8}(2\cos^3 x\sin x + 3\cos x\sin x + 3x) + C\end{aligned}$$

§ 4.3 부분적분 연습문제 4.3

1. 부분적분법을 이용하여 다음의 적분을 구하라.

(1) $\int xe^{2x}dx$ (2) $\int x\sin 2x\,dx$

(3) $\int x\log 3x\,dx$ (4) $\int x^2\log x\,dx$

(5) $\int x(3x+5)^{10}dx$ (6) $\int e^x\sin x\,dx$

(7) $\int \frac{\log(1+x^2)}{x^2}dx$

2. $\int x^n e^x dx = x^n e^x - n\int x^{n-1}e^x dx$ 을 증명하라.

3. $\int \sec^n x\,dx = \frac{1}{n-1}\sec^{n-2}x\tan x + \frac{n-2}{n-1}\int \sec^{n-2}x\,dx$ 가 성립함을 증명하라.

4. 점화식을 이용하여 다음 적분을 구하라.

(1) $\int \sin^4 x\cos^2 x\,dx$ (2) $\int \sin^3 x\,dx$

(3) $\int \cos^3 x\,dx$ (4) $\int \cos^4 x\,dx$

§4.4 정적분(Definite integral)

평면상에서 삼각형, 사각형, 원 등 비교적 간단한 영역에 대한 "넓이"란 용어는 지금까지 자유롭게 사용되어 왔다. 그러나 복잡한 영역의 경우 그 넓이를 어떻게 정의하여야 하는가 또는 그 정의에 의한 넓이는 과연 존재하는가 하는 문제를 생각해야만 한다. 비교적 조건이 좋은 영역, 예를 들면 폐구간 $[a, b]$와 그 위에서 연속인 함수의 그래프사이에서 이루어지는 영역 같은 것은 그 값이 존재하게 된다. 그러한 영역 위에서 넓이를 정의하고 이 때 정의된 넓이는 우리가 상식적으로 생각하는 삼각형, 사각형 또는 원의 넓이인 경우는 그 값이 일치함을 알 수 있다. 또한 그 넓이는 부정적분과 밀접한 관계가 있음을 알 수 있다.

함수 f를 폐구간 $[a, b]$에서 유계라고 가정하고 $[a, b]$를 $n-1$ 개의 분점

$$\Delta:\ a = x_0 < x_1 < \cdots < x_{n-1} < x_n = b$$

에 의해서 분할한다.

$$M_i = \sup\{f(x) \mid x_{i-1} \le x \le x_i\}$$

$$m_i = \inf\{f(x) \mid x_{i-1} \le x \le x_i\} \quad (i = 1, 2, \cdots, n)$$

이라고 둔다(M_i, m_i 의 존재는 Weierstrass 의 공리에 의해서 보장된다). 또,

$$M = \sup\{f(x) \mid a \le x \le b\},$$

$$m = \inf\{f(x) \mid a \le x \le b\}$$

이라고 두면 $m \le m_i \le M_i \le M$ $(i = 1, 2, \cdots, n)$ 이다. 다시,

$$\delta_i = x_i - x_{i-1}, \qquad \delta = \max\{\delta_1, \delta_2, \cdots, \delta_n\}$$

이라고 두고, 분할(Δ)에 대해서

$$S_\Delta = \sum_{i=1}^{n} M_i \delta_i\ , \qquad s_\Delta = \sum_{i=1}^{n} m_i \delta_i$$

라고 두면 $m(b-a) \le s_\Delta \le S_\Delta \le M(b-a)$ 이다(그림 참조).

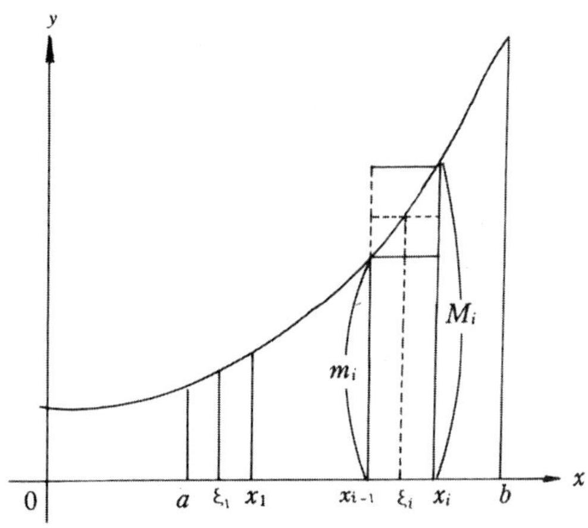

분할(Δ)을 세분하여 가면, $\{s_\Delta\}$ 및 $\{S_\Delta\}$ 는 각각 유계인 증가 및 감소수열이 된다. 그러므로 $\lim_{\delta\to0} s_\Delta = s$ $\lim_{\delta\to0} S_\Delta = S$ 가 존재하고, $s \le S$ 이다. 우리가 의미있게 생각하는 것은 s 와 S 가 일치하는 경우이다(즉, $s = S = I$). 이 경우에는 분할(Δ) 내의 각 소구간 $[x_{i-1}, x_i]$ 내의 임의의 점 ξ_i 를 잡으면

$$m_i \le f(\xi_i) \le M_i \quad (x_{i-1} \le \xi_i \le x_i)$$

그러므로 $s_\Delta = \sum_{i=1}^{n} m_i\delta_i \le \sum_{i=1}^{n} f(\xi_i)\delta_i \le \sum_{i=1}^{n} M_i\delta_i = S_\Delta$

한편, $I = s = \lim_{\delta\to0} s_\Delta \le \lim_{\delta\to0} \sum_{i=1}^{n} f(\xi_i)\delta_i \le \lim_{\delta\to0} S_\Delta = S = I$

결과적으로, $I = \lim_{\delta\to0} \sum_{i=1}^{n} f(\xi_i)\delta_i$

정의 4.1 위 경우 $s = S$ 일 때, 함수 $f(x)$ 는 $[a, b]$에서 **적분가능**이라 하고 극한값 I를 $x = a$ 에서 $x = b$ 까지의 **정적분**(definite integral)이라고 하며,

$$I = \int_a^b f(x)\,dx$$

와 같이 적는다. 또, a를 이 정적분의 **하단**(lower limit), b를 그 **상단**(upper limit)이라고 부른다.

정의 4.2 (1) $\int_a^a f(x)\,dx = 0$ 로 약속한다.

(2) $f(x)$ 가 $[b, a]$에서 적분가능이면,

$$\int_a^b f(x)\,dx = -\int_b^a f(x)\,dx$$ 로 약속한다.

정의 4.3 $[a, b]$와 그 위에서 음이 아닌 연속함수 f의 그래프 사이의 넓이를 $\int_a^b f(x)\,dx$ 로 정의한다.

> **주의** 함수 f가 $[a, b]$에서 적분가능일 때, $[a, b]$를 소구간 $[x_{k-1}, x_k]$로 분할하는 방법과 $x_{k-1} \le \xi_i \le x_k$ 인 ξ_i 를 잡는 방법에 관계없이 정적분의 값이 존재하므로, 정적분의 값을 실제로 계산할 때는 편리하게 $[a, b]$를 n 등분하여
>
> $\Delta x = \dfrac{b-a}{n}$, $\xi_k = x_k = a + k\Delta x$ 라고 두면
>
> $$\int_a^b f(x)\,dx = \lim_{n\to\infty} \sum_{k=1}^{n} f(a + k\Delta x)\Delta x$$
>
> 와 같이 된다. 또, $\xi_k = a + (k-1)\Delta x$ 라고 두면
>
> $$\int_a^b f(x)\,dx = \lim_{n\to\infty} \sum_{k=0}^{n-1} f(a + k\Delta x)\Delta x$$ 가 된다.

예제 4.4 다음 극한값을 정적분으로 표시하라.

풀이 $$\lim_{n\to\infty} \frac{1}{n}\left(1 + \sqrt{1+\frac{1}{n}} + \sqrt{1+\frac{2}{n}} + \cdots + \sqrt{1+\frac{n-1}{n}}\right)$$

$$= \lim_{n\to\infty} \sum_{k=0}^{n-1} \sqrt{1+\frac{k}{n}} \cdot \frac{1}{n}$$

이므로 $a = 0$, $b = 1$, $\Delta x = \dfrac{b-a}{n}$ 로 잡으면 $\dfrac{k}{n} = a + k\Delta x$ 이다.

그러므로

$$\lim_{n\to\infty}\frac{1}{n}\left(1+\sqrt{1+\frac{1}{n}}+\sqrt{1+\frac{2}{n}}+\cdots+\sqrt{1+\frac{n-1}{n}}\right)$$

$$=\lim_{n\to\infty}\sum_{k=0}^{n-1}\sqrt{1+k\Delta x}\cdot\Delta x$$

$f(x)=\sqrt{1+x}$ 라 두면,

$$f(a+k\Delta x)=\sqrt{1+(a+k\Delta x)}=\sqrt{1+k\Delta x}$$

$$\therefore\ \lim_{n\to\infty}\sum_{k=0}^{n-1}\sqrt{1+k\Delta x}\cdot\Delta x$$

$$=\lim_{n\to\infty}\sum_{k=0}^{n-1}f(a+k\Delta x)\Delta x=\int_0^1\sqrt{1+x}\,dx$$

예제 4.5 정적분의 정의에 의해서 $\int_0^1 x\,dx$, $\int_0^1 x^2\,dx$ 를 구하라.

풀이 $\Delta x=\frac{1-0}{n}=\frac{1}{n}$, $\xi_k=0+k\cdot\Delta x=\frac{k}{n}$

$f(x)=x$ 라고 두면

$$\sum_{k=1}^{n}f(\xi_k)\Delta x=\sum_{k=1}^{n}\frac{k}{n}\frac{1}{n}=\frac{1}{2}\left(1+\frac{1}{n}\right)$$

그러므로

$$\int_0^1 x\,dx=\lim_{n\to\infty}\sum_{k=1}^{n}f(\xi_k)\Delta x=\lim_{n\to\infty}\frac{1}{2}\left(1+\frac{1}{n}\right)=\frac{1}{2}$$

$f(x)=x^2$ 라고 두면

$$\sum_{k=1}^{n}f(\xi_k)\Delta x=\sum_{k=1}^{n}\left(\frac{k}{n}\right)^2\frac{1}{n}=\frac{1}{6}\left(1+\frac{1}{n}\right)\left(2+\frac{1}{n}\right)$$

그러므로

$$\int_0^1 x^2\,dx=\lim_{n\to\infty}\sum_{k=1}^{n}f(\xi_k)\Delta x$$

$$=\lim_{n\to\infty}\frac{1}{6}\left(1+\frac{1}{n}\right)\left(2+\frac{1}{n}\right)=\frac{1}{3}$$

정리 4.6 폐구간에서 연속인 함수는 그 구간에서 적분가능이다.

[증명] 함수 f가 폐구간 $[a, b]$에서 연속이라고 하자. n개의 소구간으로 등분한 분할 (Δ_n)을

$$a = x_0 < x_1 < \cdots < x_{n-1} < x_n = b$$

라 두면

$$\delta_1 = \delta_2 = \cdots = \delta_n = \delta = \frac{b-a}{n}$$

그러므로, $0 \le S - s = \lim_{n\to\infty} \sum_{i=1}^{n} (M_i - m_i)\frac{b-a}{n}$

이다. f가 폐구간 $[a, b]$에서 연속이므로 임의로 주어진 $\varepsilon > 0$에 대하여 n을 충분히 크게 하면 $0 \le M_i - m_i < \varepsilon$이 되게 할 수 있다(연속성을 이용하여 증명할 수 있으나 여기서는 생략한다). 따라서 충분히 큰 n에 대해서

$$0 \le S_{\Delta_n} - s_{\Delta_n} = (M_i - m_i)\frac{b-a}{n} < \varepsilon(b-a)$$

$$S - s = \lim_{n\to\infty}(S_{\Delta_n} - s_{\Delta_n}) = \lim_{n\to\infty} \sum_{i=1}^{n} (M_i - m_i)\frac{b-a}{n} = 0$$

정리 4.7 폐구간 $[a, b]$에서 유계이고 증가(또는 감소)하는 함수 f는 그 구간에서 적분가능이다.

[증명] 함수 f가 $[a, b]$에서 유계이고 증가 한다고 하면

$$M_i = f(x_i), \quad m_i = f(x_{i-1})$$

이다. 따라서

$$S_\Delta - s_\Delta = \sum_{i=1}^{n} (f(x_i) - f(x_{i-1}))(x_i - x_{i-1}) \le (f(b) - f(a))\delta$$

한편, $0 \le \lim_{\delta\to 0}(S_\Delta - s_\Delta) = \lim_{\delta\to 0}\left(\sum_{i=1}^{n} (f(x_i) - f(x_{i-1}))(x_i - x_{i-1})\right)$

$$= \lim_{\delta\to 0}\left(\sum_{i=1}^{n}(M_i - m_i)\delta\right)$$

$$\le \lim_{\delta\to 0}((f(b) - f(a))\delta) = 0$$

그러므로 $\lim_{\delta\to 0}(S_\Delta - s_\Delta) = 0.$

즉 $s = S$이므로 f는 구간 $[a, b]$에서 적분가능이다.

주의

(1) $f(x) = \begin{cases} \dfrac{x}{|x|} & : x \neq 0 \\ 0 & : x = 0 \end{cases}$ 에 의하여 정의되는 함수는 $x=0$ 에서 불연속이나, $[-1,1]$ 에서 단조증가하여 유계이므로 $[-1,1]$에서 적분가능하다.

(2) $f(x) = \begin{cases} 0 & : x = \text{유리수} \\ 1 & : x = \text{무리수} \end{cases}$ 는 유계이다. 그러나 구간 $[0, 1]$의 각 세구간에서 $m_i = 0$, $M_i = 1$ 이므로 $s = 0 \neq 1 = S$ 가 되어 $f(x) = \begin{cases} 0 & : x = \text{유리수} \\ 1 & : x = \text{무리수} \end{cases}$ 는 $[0,1]$에서 적분가능 하지 않다.

정리 4.8 $[a, b]$에서 유계인 함수 f가 $[a, b]$ 내의 유한개의 점을 제외하고 연속이면 f는 $[a, b]$에서 적분가능이다.

[증명] p개의 점 $\alpha_1, \alpha_2, \cdots, \alpha_p$를 $[a, b]$ 내의 f의 불연속점이라고 하자. 임의로 주어진 $\varepsilon > 0$에 대해서, $[a, b]$의 분할 (Δ_n)의 소구간 중 불연속점을 품지 않는 $[x_{i-1}, x_i]$에서는 f가 연속이므로, 충분히 큰 n에 대하여

$$0 \leq M_i - m_i < \varepsilon$$

불연속을 품는 구간 $[x_{i-1}, x_i]$에 대해서는

$$0 \leq M_i - m_i \leq M - m$$

그러므로

$$0 \leq S_{\Delta_n} - s_{\Delta_n} = \sum_{i=1}^{n} (M_i - m_i)\left(\frac{b-a}{n}\right)$$

$$< \varepsilon(b-a) + p(M-m)\left(\frac{b-a}{n}\right)$$

그러므로, ε을 충분히 작게 하면 충분히 큰 n에 대하여

$$0 \leq S_{\Delta_n} - s_{\Delta_n} < \varepsilon$$

그러므로 $S - s = \lim_{n \to \infty}(S_{\Delta_n} - s_{\Delta_n}) = 0$

정리 4.9 함수 f, g가 $[a, b]$에서 적분가능이면 $f+g$, kf(k: 상수) 또한 적분가능이고,

(1) $\int_a^b (f+g)(x)\,dx = \int_a^b f(x)\,dx + \int_a^b g(x)\,dx$

(2) $\int_a^b (kf(x))\,dx = k\int_a^b f(x)\,dx$

[증명] (1) $$\int_a^b (f+g)(x)dx = \lim_{\delta\to 0} \sum_{i=1}^{n} (f+g)(\xi_i)\delta_i$$

$$= \lim_{\delta\to 0} \sum_{i=1}^{n} (f(\xi_i)\delta_i + g(\xi_i)\delta_i)$$

$$= \lim_{\delta\to 0} \sum_{i=1}^{n} f(\xi_i)\delta_i + \lim_{\delta\to 0} \sum_{i=1}^{n} g(\xi_i)\delta_i$$

$$= \int_a^b f(x)\,dx + \int_a^b g(x)\,dx$$

(2) $$\int_a^b kf(x)\,dx = \lim_{\delta\to 0} \sum_{i=1}^{n} kf(\xi_i)\delta_i = k\lim_{\delta\to 0} \sum_{i=1}^{n} f(\xi_i)\delta_i$$

$$= k\int_a^b f(x)\,dx$$

정리 4.10 f가 적분가능인 구간 내에서

$$\int_a^b f(x)\,dx = \int_a^c f(x)\,dx + \int_c^b f(x)\,dx$$

[증명] $a < c < b$일 때, $[a, b]$의 분할에서 c를 한 분할 x_k로 잡으면

$$\int_a^b f(x)\,dx = \lim_{\delta\to 0} \sum_{i=1}^{n} f(\xi_i)\,\delta_i = \lim_{\delta\to 0} \left(\sum_{i=1}^{k} f(\xi_i) + \sum_{i=k+1}^{n} f(\xi_i) \right) \delta_i$$

$$= \lim_{\delta\to 0} \sum_{i=1}^{k} f(\xi_i)\delta_i + \lim_{\delta\to 0} \sum_{i=k+1}^{n} f(\xi_i)\delta_i$$

$$= \int_a^c f(x)\,dx + \int_c^b f(x)\,dx$$

$a < b < c$일 때, 위의 사실로부터

$$\int_a^c f(x)\,dx = \int_a^b f(x)\,dx + \int_b^c f(x)\,dx$$

그러므로

$$\int_a^b f(x)\,dx = \int_a^c f(x)\,dx - \int_b^c f(x)\,dx = \int_a^c f(x)\,dx + \int_c^b f(x)\,dx$$

$c < a < b$ 일 때도 같은 방법으로 증명할 수 있다.

정리 4.11 함수 f, g 가 $[a, b]$에서 적분가능이고 $g(x) \le f(x)$ 이면

$$\int_a^b g(x)\,dx \le \int_a^b f(x)\,dx$$

[증명] $(f-g)(x) = f(x) - g(x) \ge 0$ 이므로 정의에 의하여

$$\int_a^b (f-g)(x)\,dx = \int_a^b (f(x) - g(x))\,dx \ge 0$$

가 된다. 따라서 정리 4.9에 의해서

$$\int_a^b f(x)\,dx - \int_a^b g(x)\,dx \ge 0$$

그러므로 $$\int_a^b g(x)\,dx \le \int_a^b f(x)\,dx$$

정리 4.12 함수 f가 $[a, b]$에서 적분가능이면 $|f|$ 도 적분가능이고

$$\left| \int_a^b f(x)dx \right| \le \int_a^b |f(x)|\,dx$$

[증명] 함수 f 가 $[a, b]$에서 적분가능이므로

$$\lim_{\delta\to 0} \sum_{i=1}^{n} (M_i - m_i)\delta_i = 0$$

이다. 분할의 소구간 $[x_{i-1}, x_i]$에 있어서 $|f|$ 의 상한 및 하한을 각각 M_i', m_i' 이라고 하면

$$0 \le M_i' - m_i' \le M_i - m_i$$

$$0 \le \lim_{\delta\to 0} \sum_{i=1}^{n} (M_i' - m_i')\delta_i \le \lim_{\delta\to 0} \sum_{i=1}^{n} (M_i - m_i)\delta_i = 0$$

그러므로 $$\lim_{\delta\to 0} \sum_{i=1}^{n} (M_i' - m_i')\delta_i = 0$$

곧, $|f|$는 적분가능이다. 또한, $-|f(x)| \le f(x) \le |f(x)|$ 이기 때문에 정리 4.11 에 의하여

$$-\int_a^b |f(x)|\,dx \le \int_a^b f(x)\,dx \le \int_a^b |f(x)|\,dx$$

그러므로 $$\left|\int_a^b f(x)\,dx\right| \le \int_a^b |f(x)|\,dx$$

정리 4.13 [정적분의 평균값 정리] 함수 f가 구간 $[a, b]$에서 연속이면

$$\int_a^b f(x)\,dx = (b-a)f(\xi)$$

인 ξ 가 (a, b) 내에 존재한다.

[증명] f가 $[a, b]$에서 연속이므로 f는 $[a, b]$에서 적분가능이고 $[a, b]$에 있어서 f의 상한 및 하한 M, m이 존재한다. 즉, $m \le f(x) \le M$ 이므로

$$\int_a^b m\,dx \le \int_a^b f(x)\,dx \le \int_a^b M\,dx$$

따라서 $$(b-a)m \le \int_a^b f(x)\,dx \le (b-a)M$$

그러므로 $$m \le \frac{1}{b-a}\int_a^b f(x)\,dx \le M$$

f가 $[a, b]$에서 연속이므로 중간값의 정리에 의하여

$$\frac{1}{b-a}\int_a^b f(x)\,dx = f(\xi)$$

인 ξ가 (a, b) 안에 있다.

주의 적분의 평균값의 정리의 의미는 $[a, b]$에서 $f(x) \ge 0$ 일 때, 곡선 $y = f(x)$, 직선 $x = a$, $x = b$ 및 x축에 의해서 둘러싸인 도형의 넓이가 아래 그림과 같이 가로가 $b-a$ 세로가 $f(\xi)$ 인 직사각형의 넓이와 같게 되는 점 ξ가 존재한다는 것이다. 즉, $f(\xi)$ 가 $[a, b]$ 내에서 곡선 $y = f(x)$, 직선 $x = a$, $x = b$ 및 x축에 의해서 둘러싸인 도형의 평균높이가 된다는 뜻이다.

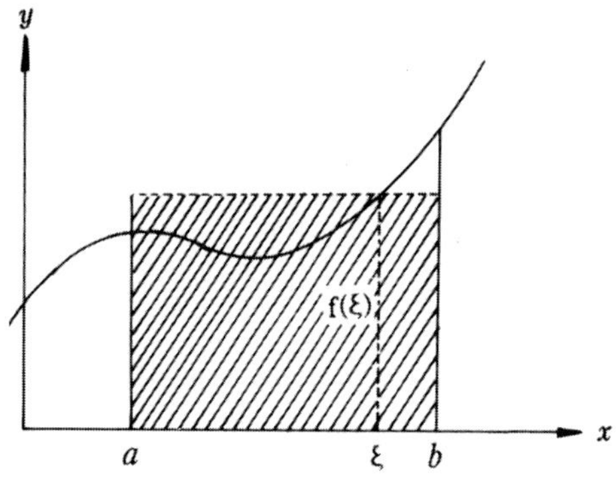

정의에 의해서 다음의 정리가 성립함을 알수 있다. 여기서 증명은 생략한다.

정리 4.14 (1) 함수 f, g가 $[a, b]$에서 적분가능이면 fg 또한 $[a, b]$에서 적분가능이다.

(2) 함수 f, g가 $[a, b]$에서 적분가능이고, $[a, b]$에서 g의 하한이 양수이면 $\dfrac{f}{g}$ 또한 $[a, b]$에서 적분가능이다.

예제 4.15 함수 f, g가 $[a, b]$상에서 연속이고 $g(x) \geq 0$(또는 $g(x) \leq 0$)일 때,

$$\int_a^b f(x)\, g(x)\, dx = f(\xi) \int_a^b g(x)\, dx$$

인 ξ가 (a, b) 안에 있다.

풀이 $f(x)$가 $[a, b]$상에서 연속이므로 최대값 M과 최소값 m을 가진다. 여기서 $g(x) \geq 0$를 가정하면 $mg(x) \leq f(x)\, g(x) \leq Mg(x)$이다. 정리 4.11 에 의하여,

$$m \int_a^b g(x)\, dx \leq \int_a^b f(x)\, g(x)\, dx \leq M \int_a^b g(x)\, dx$$

$\int_a^b g(x)\, dx \geq 0$ 이기 때문에,

$$m \leq \frac{\int_a^b f(x)\, g(x)\, dx}{\int_a^b g(x)\, dx} \leq M$$

f가 연속이므로, 중간값의 정리에 의하여

$$\frac{\int_a^b f(x)\, g(x)\, dx}{\int_a^b g(x)\, dx} = f(\xi)$$

인 ξ가 (a, b) 안에 존재한다. 즉,

$$\int_a^b f(x)\, g(x)\, dx = f(\xi) \int_a^b g(x)\, dx$$

정리 4.16 함수 f가 $[a, b]$에서 연속이고

$$F(x) = \int_a^x f(t)\, dt \quad {}^{\forall} x \in [a, b]$$

로 정의하면, $F(x)$는 $[a, b]$에서 연속이고 미분가능하며

$$\frac{d}{dx} F(x) = f(x)$$

이다.

[증명] $F(x)$는 $[a, b]$안의 모든 x에 대해 값을 갖는다. $f(x)$가 $[a, b]$ 에서 연속이므로 $|f(x)|$도 연속이다. 따라서 $[a, b]$에서 $|f(x)|$는 최대값을 갖는데 이를 M이라 두자.

$$|F(x+h) - F(x)| = \left| \int_x^{x+h} f(t)\, dt \right| \leq \int_x^{x+h} |f(t)|\, dt \leq Mh$$

그러므로 $\lim_{h \to 0} F(x+h) = F(x)$

또,

$$\begin{aligned} \frac{d}{dx} F(x) &= \lim_{h \to 0} \frac{1}{h} (F(x+h) - F(x)) \\ &= \lim_{h \to 0} \frac{1}{h} \left(\int_a^{x+h} f(t)\, dt - \int_a^x f(t)\, dt \right) \\ &= \lim_{h \to 0} \frac{1}{h} \int_x^{x+h} f(t)\, dt \end{aligned}$$

정적분의 평균값 정리를 이용하면,

$$\frac{d}{dx}F(x) = \lim_{h\to 0}\frac{1}{h}f(\xi)\,h$$

인 ξ가 $(x, x+h)$ 내에 존재한다. 따라서,

$$\begin{aligned}\frac{d}{dx}F(x) &= \lim_{h\to 0}f(\xi) \quad (\xi\in(x,\ x+h))\\ &= f(x)\end{aligned}$$

정의 4.17 함수 f가 적분가능인 구간내에서

$$F(x) = \int_a^x f(t)\,dt \ (a \text{ 는 고정된 점})$$

에 의해서 정의되는 함수 F를 f의 **부정적분**(indefinite integral)이라고 부른다.

주의 부정적분은 원시함수의 일종이고, 연속함수의 원시함수는 항상 존재한다.

정리 4.18 [미분적분학의 기본정리] $f(x)$ 가 $[a,\ b]$에서 연속이고, $F(x)$ 가 $f(x)$ 의 원시함수이면

$$\int_a^b f(x)\,dx = F(b) - F(a)$$

이다. 앞으로 $F(a)-F(b)$ 를 $[F(x)]_a^b$ 로 쓰기로 한다.

[증명] 앞의 정리 4.16 에 의하여 원시함수 $G(x) = \int_a^x f(t)\,dt$ 가 존재한다. 그러므로 $F(x) = G(x) + C$ 이다. (단, C는 상수)

따라서

$$F(b)-F(a) = (G(b)+C)-(G(a)+C) = G(b)-G(a)$$

그러므로,

$$\begin{aligned}F(b)-F(a) = G(a)-G(b) &= \int_a^b f(t)\,dt - \int_a^a f(t)\,dt\\ &= \int_a^b f(x)\,dx\end{aligned}$$

위 정리에서는 주어진 함수의 원시함수를 구함으로써 그 함수의 정적분을 구할 수 있다는 것을 보여준다.

> **주의** 여기서 함수 f의 연속성이 중요하다. 예를 들면,
> $-\frac{1}{x}$는 $\frac{1}{x^2}$의 한 원시함수이다. $\int_{-1}^{1}\frac{1}{x^2}\,dx=\left[-\frac{1}{x}\right]_{-1}^{1}=-2$ 는 오류이다.
> 이것은 $\frac{1}{x^2}$이 $[-1,1]$에서 연속이 아니기 때문이다.

예제 4.19 $\int_0^4 (x^2-3x\sqrt{x})\,dx$ 를 구하라.

풀이 $\int_0^4 (x^2-3x\sqrt{x})\,dx=\int_0^4 x^2\,dx-3\int_0^4 x^{\frac{3}{2}}\,dx$

$$=\left[\frac{1}{3}x^3\right]_0^4-3\left[\frac{2}{5}x^{\frac{5}{2}}\right]_0^4=\frac{64}{3}-\frac{192}{5}=-\frac{256}{15}$$

예제 4.20 폐구간 $[0,\pi/2]$와 그 위의 그래프 $f(x)=\cos x$ 사이의 넓이를 구하라.

풀이 $\sin x$는 $\cos x$의 원시함수이므로

$$\int_0^{\frac{\pi}{2}}\cos x\,dx=[\sin x]_0^{\frac{\pi}{2}}=\sin\frac{\pi}{2}-\sin 0=1$$

예제 4.21 $\int_1^{-2}|x|\,dx$ 를 구하라.

풀이 $\int_1^{-2}|x|\,dx=-\int_{-2}^{1}|x|\,dx=-\left(\int_{-2}^{0}|x|\,dx+\int_0^1|x|\,dx\right)$

$$=-\left(\int_{-2}^{0}(-x)\,dx+\int_0^1 x\,dx\right)$$

$$=\left[\frac{1}{2}x^2\right]_{-2}^{0}-\left[\frac{1}{2}x^2\right]_0^1=-2-\frac{1}{2}=-\frac{5}{2}$$

예제 4.22 $\int_0^2 3x^2\sqrt{x^3+1}\,dx$ 를 구하라.

풀이 먼저 치환적분법을 이용하여 $\int 3x^2\sqrt{x^3+1}\,dx$ 를 구한다.

즉, $t=x^3+1$ 로 두면, $dt=3x^2dx$ 이다.

$$\int 3x^2\sqrt{x^3+1}\,dx = \int \sqrt{t}\,dt = \frac{2}{3}t^{\frac{3}{2}} + C$$

$$= \frac{2}{3}(x^3+1)^{\frac{3}{2}} + C$$

따라서 $\int_0^2 3x^2\sqrt{x^3+1}\,dx = \left[\frac{2}{3}(x^3+1)^{\frac{3}{2}}\right]_0^2 = \frac{52}{3}$

예제 4.22 에서 $x=\varphi(t)$ 로 두고 t에 관한 부정적분을 구한 다음 다시 x에 관한 부정적분으로 바꾸어 구하는 번거로움이 있다. 다음 정리는 이와같은 번거로움을 덜어줄 것이다.

정리 4.23 $f(x)$ 는 $[a, b]$에서 연속이고 $x=\varphi(t)$ 는 $[t_1, t_2]$에서 연속되는 도함수를 가지고 $\varphi(t_1)=a$, $\varphi(t_2)=b$ 라면

$$\int_a^b f(x)\,dx = \int_{t_1}^{t_2} f(\varphi(t))\,\varphi'(t)\,dt$$

[증명] $\int f(x)\,dx = F(x)$ 라면

$$\frac{d}{dt}F(\varphi(t)) = \left\{\frac{d}{dx}F(\varphi(t))\right\}\varphi'(t) = f(\varphi(t))\,\varphi'(t)$$

그러므로 $\int f(\varphi(t))\varphi'(t)\,dt = F(\varphi(t))$

그런데 $\varphi(t_1)=a$, $\varphi(t_2)=b$ 이므로

$$\int_a^b f(x)\,dx = F(b)-F(a) = F(\varphi(t_2)) - F(\varphi(t_1))$$

$$= [F(\varphi(t))]_{t_1}^{t_2} = \int_{t_1}^{t_2} f(\varphi(t))\varphi'(t)\,dt$$

예제 4.24 $\int_0^4 x\sqrt{x^2+9}\,dx$ 를 구하라.

풀이 $t=\sqrt{x^2+9}$ 라 하면 $x^2+9=t^2$, $x\,dx=t\,dt$ 이고 한편, $x=0$ 일 때 $t=3$, $x=4$ 일 때 $t=5$ 이다. 따라서

$$\int_0^4 x\sqrt{x^2+9}\,dx=\int_3^5 t^2\,dt=\left[\frac{1}{3}t^3\right]_3^5=\frac{98}{3}$$

예제 4.25 $\int_0^{\pi/4}\cos(\pi-x)\,dx$ 를 구하라.

풀이 $t=\pi-x$ 로 두면 $dt=-dx$가 되고 한편, $x=0$ 일때 $t=\pi$, $x=\frac{\pi}{4}$ 일때 $t=\frac{3}{4}\pi$ 따라서,

$$\int_0^{\pi/4}\cos(\pi-x)\,dx=\int_\pi^{3\pi/4}-\cos t\,dt$$

$$=\int_{3\pi/4}^{\pi}\cos t\,dt=[\sin t]_{3\pi/4}^{\pi}=-\frac{\sqrt{2}}{2}$$

§ 4.4 정적분

연습문제 4.4

1. 다음을 구하라.

(1) $\int_4^9 2x\sqrt{x}\,dx$

(2) $\int_2^3(\log x)^2\,dx$

(3) $\int_{-\pi/4}^{\pi/4}\frac{\sin 2x}{\cos x}\,dx$

(4) $\int_1^e\frac{\log x}{x^2}\,dx$

(5) $\int_{-1}^1\frac{x^2}{\sqrt{x^3+9}}\,dx$

(6) $\int_1^2 x^2e^{-x}\,dx$

(7) $\int_{-1}^2 x\sqrt{8-x^2}\,dx$

(8) $\int_0^1\sin^{-1}x\,dx$

(9) $\int_1^5|x-2|\,dx$

2. 곡선 $y=x^2+1$ 의 $[1,3]$ 위에서 이루어지는 영역의 넓이를 구하라.

제 5 장 여러가지 적분

§5.1 삼각함수의 적분

$\int \sin^m x \cos^n x\,dx$, $\int \tan^m x \sec^n x\,dx$ 그리고 $\int \sin mx \cos nx\,dx$ 와 같은 형의 적분을 삼각함수의 적분이라 한다.

m, n 이 음이 아닌 정수들일 때, $\int \sin^m x \cos^n x\,dx$ 형의 적분들은 m과 n 의 값에 따라 여러가지 방법으로 계산되어진다.

$\int \sin^m x\,dx\ (n=0)$ 와 $\int \cos^n x\,dx\ (m=0)$ 의 경우는 점화식에 의하여 (제4장 예제 3.5) 얻어질 수 있다.

예제 1.1 다음을 구하라.

(1) $\int \sin^2 x\,dx$　　　　(2) $\int \cos^2 x\,dx$

풀이 제4장 예제 3.5 에서 보여준 점화식에 의하여 $n=2$ 라 놓으면,

$$\int \sin^2 x\,dx = -\frac{1}{2}\sin x \cos x + \frac{1}{2}x + C = \frac{1}{2}x - \frac{1}{4}\sin 2x + C,$$

$$\int \cos^2 x\,dx = \frac{1}{2}\cos x \sin x + \frac{1}{2}x + C = \frac{1}{2}x + \frac{1}{4}\sin 2x + C$$

다른 풀이로서, $\cos 2x = 2\cos^2 x - 1$ 과 $\cos 2x = 1 - 2\sin^2 x$ 로 부터 항등식

$$\sin^2 x = \frac{1}{2}(1 - \cos 2x)$$

$$\cos^2 x = \frac{1}{2}(1 + \cos 2x)$$

을 이용하여 다음을 얻는다.

$$\int \sin^2 x\,dx = \frac{1}{2}\int (1-\cos 2x)\,dx = \frac{1}{2}x - \frac{1}{4}\sin 2x + C$$

$$\int \cos^2 x\,dx = \frac{1}{2}\int (1+\cos 2x)\,dx = \frac{1}{2}x + \frac{1}{4}\sin 2x + C$$

예제 1.2 다음을 구하라.

(1) $\int \sin^4 x\,dx$ (2) $\int \cos^4 x\,dx$

풀이 (2) 반각의 공식으로 부터,

$$\int \cos^4 x\,dx = \int (\cos^2 x)^2\,dx = \int \{\frac{1}{2}(1+\cos 2x)\}^2\,dx$$
$$= \frac{1}{4}\int (1+2\cos 2x+\cos^2 2x)\,dx$$

또한, $\cos^2 2x = \frac{1}{2}(1+\cos 4x) = \frac{1}{2}+\frac{1}{2}\cos 4x$ 이므로,

$$\int \cos^4 x\,dx = \frac{1}{4}\int (\frac{3}{2}+2\cos 2x+\frac{1}{2}\cos 4x)\,dx$$
$$= \frac{3}{8}x + \frac{1}{4}\sin 2x + \frac{1}{32}\sin 4x + C$$

같은 방법으로, (1) 을 계산할 수 있다.

예제 1.3 다음을 구하라.

(1) $\int \sin^3 x\,dx$ (2) $\int \cos^3 x\,dx$

풀이 (1) $\int \sin^3 x\,dx = \int \sin^2 x \sin x\,dx$

$$= \int (1-\cos^2 x)\sin x\,dx$$
$$= \int \sin x\,dx - \int \cos^2 x \sin x\,dx$$
$$= -\cos x + \frac{1}{3}\cos^3 x + C$$

(2) $$\begin{aligned}\int \cos^3 x\,dx &= \int \cos^2 x \cos x\,dx \\ &= \int (1-\sin^2 x)\cos x\,dx \\ &= \int \cos x\,dx - \int \sin^2 x \cos x\,dx \\ &= \sin x - \frac{1}{3}\sin^3 x + C\end{aligned}$$

m, n 이 둘다 양의 정수들일 때, 적분 $\int \sin^m x \cos^n x\,dx$ 은 다음과 같이 세가지 경우로 나누어 계산되어진다.

(1) n 이 홀수이면 $u=\sin x$ 로 치환하여 적분한다.

(2) m 이 홀수이면 $u=\cos x$ 로 치환하여 적분한다.

(3) m과 n이 모두 짝수이면 $\sin^2 x+\cos^2 x=1$ 을 사용하여 적분한다.

예제 1.4 $\int \sin^4 x \cos^5 x\,dx$를 구하라.

풀이 $n=5$ 가 홀수이므로, 위 (1) 에 의하여 $u=\sin x$ 로 치환하면 $du=\cos x\,dx$ 이므로

$$\begin{aligned}\int \sin^4 x \cos^5 x\,dx &= \int \sin^4 x \cos^4 x \cos x\,dx \\ &= \int \sin^4 x\,(1-\sin^2 x)^2 \cos x\,dx \\ &= \int u^4(1-u^2)^2\,du \\ &= \int (u^4-2u^6+u^8)\,du \\ &= \frac{1}{5}u^5 - \frac{2}{7}u^7 + \frac{1}{9}u^9 + C \\ &= \frac{1}{5}\sin^5 x - \frac{2}{7}\sin^7 x + \frac{1}{9}\sin^9 x + C\end{aligned}$$

예제 1.5 $\int \sin^3 x \cos^2 x\,dx$ 를 구하라.

풀이 $m=3$ 이 홀수이므로, 위 (2)에 의하여 $u=\cos x$ 로 치환하면 $du=-\sin x\,dx$ 이므로

$$\begin{aligned}\int \sin^3 x \cos^2 x\,dx &= \int \sin^2 x \cos^2 x \sin x\,dx \\ &= \int (1-\cos^2 x)\cos^2 x \sin x\,dx \\ &= -\int (1-u^2)u^2\,du \\ &= \int (u^4-u^2)\,du \\ &= \frac{1}{5}u^5-\frac{1}{3}u^3+C \\ &= \frac{1}{5}\cos^5 x-\frac{1}{3}\cos^3 x+C\end{aligned}$$

예제 1.6 $\mathrm{I}=\int \sin^4 x \cos^4 x\,dx$ 를 구하라.

풀이 $m=n=4$ 이므로,

$$\begin{aligned}\mathrm{I}=\int \sin^4 x \cos^4 x\,dx &= \int (\sin^2 x)^2(\cos^2 x)^2\,dx \\ &= \int \left\{\frac{1}{2}(1-\cos 2x)\right\}^2\left\{\frac{1}{2}(1+\cos 2x)\right\}^2 dx \\ &= \frac{1}{16}\int (1-\cos^2 2x)^2\,dx \\ &= \frac{1}{16}\int \sin^4 2x\,dx\end{aligned}$$

여기서, $u=2x$, $du=2\,dx$ 와 예제 1.2 를 사용하면

$$\mathrm{I} = \frac{1}{32}\int \sin^4 u\,du = \frac{1}{32}\left(\frac{3}{8}u - \frac{1}{4}\sin 2u + \frac{1}{32}\sin 4u\right) + C$$
$$= \frac{3}{128}x - \frac{1}{128}\sin 4x + \frac{1}{1024}\sin 8x + C$$

적분 $\int \sin mx \cos nx\,dx$, $\int \sin mx \sin nx\,dx$, $\int \cos mx \cos nx\,dx$ 형을 생각하자. 우선 다음과 같은 삼각함수의 기본공식을 이용하여 위 적분 계산을 할 수 있다.

(a) $\sin x \cos y = \frac{1}{2}\{\sin(x-y) + \sin(x+y)\}$

(b) $\sin x \sin y = \frac{1}{2}\{\cos(x-y) - \cos(x+y)\}$

(c) $\cos x \cos y = \frac{1}{2}\{\cos(x-y) + \cos(x+y)\}$

예제 1.7 $\int \sin 5x \cos 3x\,dx$ 를 구하라.

풀이 $\sin 5x \cos 3x = \frac{1}{2}(\sin 2x + \sin 8x)$ 이므로

$$\int \sin 5x \cos 3x\,dx = -\frac{1}{4}\cos 2x - \frac{1}{16}\cos 8x + C$$

적분 $\int \sin mx \sin nx\,dx$ 와 $\int \cos mx \cos nx\,dx$ 도 이와같은 방법으로 알 수 있다.

이제, 적분 $\int \tan^m x \sec^n x\,dx$ 형의 계산방법을 생각해 보자. 단, m 과 n 은 음이 아닌 정수들이다. 이러한 적분형태들 중 가장 간단한 것은

$$\int \tan x\,dx \quad (m=1,\ n=0) \text{ 와}$$

$$\int \sec x\,dx \quad (m=0,\ n=1) \text{ 이다.}$$

이것들을 각각 계산해 보면,

$$\begin{aligned}\int \tan x\,dx &= \int \frac{\sin x}{\cos x}\,dx \\ &= -\int \frac{-\sin x}{\cos x}\,dx \\ &= -\log|\cos x| + C\end{aligned}$$

$$\begin{aligned}\int \sec x\,dx &= \int \sec x\left(\frac{\sec x+\tan x}{\sec x+\tan x}\right)dx \\ &= \int \frac{\sec^2 x+\sec x\tan x}{\sec x+\tan x}\,dx \\ &= \int \frac{du}{u} \quad \begin{cases} u=\sec x+\tan x \\ du=(\sec^2 x+\sec x\tan x)\,dx \end{cases} \\ &= \log|u| + C \\ &= \log|\sec x+\tan x| + C\end{aligned}$$

일반적으로,

$$\int \sec^n x\,dx = \frac{\sec^{n-2}x\tan x}{n-1} + \frac{n-2}{n-1}\int \sec^{n-2}x\,dx \qquad (*)$$

위의 식 (*)은 점화식을 이용하여 계산되어질 수 있다.

다음은 $1+\tan^2 x = \sec^2 x$ 로부터 얻는다.

$$\begin{aligned}\int \tan^m x\,dx &= \int \tan^{m-2}x\tan^2 x\,dx \\ &= \int \tan^{m-2}x(\sec^2 x-1)\,dx \\ &= \int \tan^{m-2}x\sec^2 x\,dx - \int \tan^{m-2}x\,dx \\ &= \frac{\tan^{m-1}x}{m-1} - \int \tan^{m-2}x\,dx \qquad (**)\end{aligned}$$

예제 1.8 $\int \sec^3 x\,dx$ 를 구하라.

풀이 위 식 (*)에 의하여 $n=3$ 이라 놓으면,

$$\begin{aligned}\int \sec^3 x\,dx &= \frac{\sec x \tan x}{2} + \frac{1}{2}\int \sec x\,dx \\ &= \frac{1}{2}\sec x \tan x + \frac{1}{2}\log|\sec x + \tan x| + C\end{aligned}$$

예제 1.9 $\int \tan^5 x\,dx$ 를 구하라.

풀이 위 식 (**)를 두 번 사용할 것이다.

$$\begin{aligned}\int \tan^5 x\,dx &= \frac{\tan^4 x}{4} - \int \tan^3 x\,dx \\ &= \frac{\tan^4 x}{4} - \left\{\frac{\tan^2 x}{2} - \int \tan x\,dx\right\} \\ &= \frac{1}{4}\tan^4 x - \frac{1}{2}\tan^2 x - \log|\cos x| + C\end{aligned}$$

m, n 이 양의 정수들일 때, 적분 $\int \tan^m x \sec^n x\,dx$ 형은 다음과 같이 세가지 경우로 나누어 계산되어진다:

(1) m, n 이 짝수이면 $u=\tan x$ 로 치환하고 $\sec^2 x = \tan^2 x + 1$ 을 사용하여 적분한다.

(2) m, n 이 홀수이면 $u=\sec x$ 로 치환하고 $\tan^2 x = \sec^2 x - 1$ 을 사용하여 적분한다.

(3) m 이 짝수이고 n 이 홀수이면 $\sec x$ 만의 멱들에 대한 점화식으로 $\tan^2 x = \sec^2 x - 1$ 을 사용하여 적분한다.

예제 1.10 $\int \tan^2 x \sec^4 x\,dx$ 를 구하라.

풀이 $n=4$ 는 짝수이므로, $u=\tan x$, $du=\sec^2 x\,dx$ 라 놓으면,

$$\begin{aligned}\int \tan^2 x \sec^4 x\,dx &= \int \tan^2 x \sec^2 x \sec^2 x\,dx \\ &= \int \tan^2 x(\tan^2 x + 1)\sec^2 x\,dx \\ &= \int u^2(u^2+1)\,du \\ &= \frac{1}{5}u^5 + \frac{1}{3}u^3 + C \\ &= \frac{1}{5}\tan^5 x + \frac{1}{3}\tan^3 x + C\end{aligned}$$

예제 1.11 $\int \tan^3 x \sec^3 x\,dx$ 를 구하라.

풀이 $n=3$ 은 홀수이므로 $u=\sec x$, $du=\sec x\tan x\,dx$ 라 놓으면,

$$\begin{aligned}\int \tan^3 x \sec^3 x\,dx &= \int \tan^2 x \sec^2 x(\sec x \tan x)\,dx \\ &= \int (\sec^2 x - 1)\sec^2 x(\sec x\tan x)\,dx \\ &= \int (u^2-1)u^2\,du = \frac{1}{5}u^5 - \frac{1}{3}u^3 + C \\ &= \frac{1}{5}\sec^5 x - \frac{1}{3}\sec^3 x + C\end{aligned}$$

예제 1.12 $\int \tan^2 x \sec x\,dx$ 를 구하라.

풀이 $m=2$, $n=1$ 이므로

$$\begin{aligned}\int \tan^2 x \sec x\,dx &= \int (\sec^2 x - 1)\sec x\,dx \\ &= \int \sec^3 x\,dx - \int \sec x\,dx \\ &= \frac{1}{2}\sec x\tan x + \frac{1}{2}\log|\sec x + \tan x| \\ &\quad - \log|\sec x + \tan x| + C \quad (\text{예제 1.8 참조}) \\ &= \frac{1}{2}\sec x\tan x - \frac{1}{2}\log|\sec x + \tan x| + C\end{aligned}$$

주의 $1+\cot^2 x=\operatorname{cosec}^2 x$ 로써 적분 $\int \cot^m x \operatorname{cosec}^n x dx$ 형에 관하여도 적용될 수 있다.

삼각함수로 구성된 분수형의 적분법

분모에 삼각함수가 있는 경우에는 $\tan\frac{x}{2}=t$로 치환하면 다음식을 얻는다.

$$x=2\tan^{-1}t \Rightarrow dx=\frac{2}{1+t^2}dt$$

$$\tan\frac{x}{2}=t \Rightarrow \sin\frac{x}{2}=\frac{t}{\sqrt{1+t^2}}$$

$$\cos\frac{x}{2}=\frac{1}{\sqrt{1+t^2}}$$

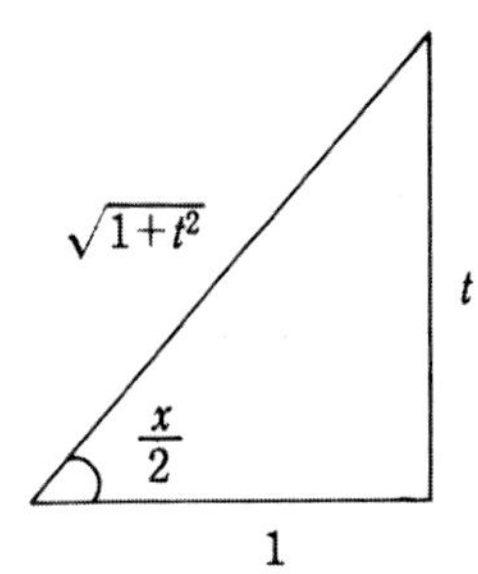

$$\therefore\ \sin x=2\sin\frac{x}{2}\cos\frac{x}{2}=\frac{2t}{1+t^2}$$

$$\cos x=\cos^2\frac{x}{2}-\sin^2\frac{x}{2}=\frac{1-t^2}{1+t^2},\quad \tan x=\frac{\sin x}{\cos x}=\frac{2t}{1-t^2}$$

따라서 삼각함수로 구성된 분수형의 적분은 t에 대한 다항식의 분수형의 적분이 되어 쉽게 계산할 구 있다.

예제 1.13 $\int\frac{1}{1+\sin x}dx$ 를 구하라.

풀이 $\tan\frac{x}{2}=t$ 라 두면 $\sin x=\frac{2t}{1+t^2}$, $dx=\frac{2}{1+t^2}dt$ 이므로

$$\int\frac{1}{1+\sin x}dx=\int\frac{1}{1+\frac{2t}{1+t^2}}\frac{2}{1+t^2}dt=\int\frac{2}{(1+t)^2}dt$$

$$=-\frac{2}{1+t}=-\frac{2}{1+\tan\frac{x}{2}}+C$$

삼각함수를 이용한 치환 적분법

(1) $\sqrt{a^2-x^2}$ 의 적분은 $x=a\sin\theta$ 로 치환하여 적분한다.

단, $-\frac{\pi}{2} \le \theta \le \frac{\pi}{2}$

(2) $\sqrt{a^2+x^2}$ 의 적분은 $x=a\tan\theta$ 로 치환하여 적분한다.

단, $-\frac{\pi}{2} < \theta < \frac{\pi}{2}$

(3) $\sqrt{x^2-a^2}$ 의 적분은 $x=a\sec\theta$ 로 치환하여 적분한다.

단, $0 \le \theta < \frac{\pi}{2}$ 또는 $\pi \le \theta < \frac{3\pi}{2}$

예제 1.14 $\int \frac{1}{x^2\sqrt{4-x^2}}\,dx$ 를 구하라.

풀이 $x=2\sin\theta\left(-\frac{\pi}{2} \le \theta \le \frac{\pi}{2}\right)$로 치환하면 $dx=2\cos\theta\,d\theta$ 이므로

$$\begin{aligned}\int \frac{1}{x^2\sqrt{4-x^2}}\,dx &= \int \frac{2\cos\theta}{(2\sin\theta)^2\sqrt{4-4\sin^2\theta}}\,d\theta \\ &= \int \frac{2\cos\theta}{(2\sin\theta)^2(2\cos\theta)}\,d\theta \\ &= \frac{1}{4}\int \frac{1}{\sin^2\theta}\,d\theta \\ &= \frac{1}{4}\int \csc^2\theta\,d\theta \\ &= -\frac{1}{4}\cot\theta + C\end{aligned}$$

한편 $\sin\theta=\frac{x}{2}$ 이므로 위의 그림에서 $\cot\theta = \frac{\sqrt{4-x^2}}{x}$ 임을 알 수 있다.

$$\therefore \int \frac{1}{x^2\sqrt{4-x^2}}\,dx = -\frac{1}{4}\,\frac{\sqrt{4-x^2}}{x} + C$$

예제 1.15 $\int \frac{1}{\sqrt{x^2+a^2}}\,dx$ 를 구하라. (단, $a>0$)

풀이 $x=a\tan\theta\left(-\frac{\pi}{2}<\theta<\frac{\pi}{2}\right)$로 치환하여 $dx=a\sec^2\theta d\theta$ 이므로

$$\int \frac{1}{\sqrt{x^2+a^2}}\,dx = \int \frac{a\sec^2\theta}{\sqrt{a^2\tan^2\theta+a^2}}\,d\theta$$

$$= \int \frac{a\sec^2\theta}{a\sec\theta}\,d\theta = \int \sec\theta d\theta$$

한편

$$\int \sec\theta d\theta = \int \sec\theta\left(\frac{\sec\theta+\tan\theta}{\sec\theta+\tan\theta}\right)d\theta$$

$$= \int \frac{\sec^2\theta+\sec\theta\tan\theta}{\sec\theta+\tan\theta}\,d\theta$$

$$= \log|\sec\theta+\tan\theta|+C$$

그리고 $\tan\theta=\frac{x}{a}$ 이므로 $\sec\theta=\frac{\sqrt{x^2+a^2}}{a}$ 이다.

$$\therefore \int \frac{1}{\sqrt{x^2+a^2}}\,dx = \log\left|\frac{\sqrt{x^2+a^2}}{a}+\frac{x}{a}\right|+C$$

$$= \log\left|\sqrt{x^2+a^2}+x\right| - \log a + C$$

주의 §2.3의 정리 3.17에서 우리는 이미 다음 사실을 공부 하였다.

$$\int \frac{1}{\sqrt{1+x^2}}\,dx = \sinh^{-1}x = \log(x+\sqrt{x^2+1})+C$$

이는 위의 예제 1.15 에서 $a=1$을 대입하면 답이 일치함을 알 수 있다.

예제 1.16 $\int \frac{\sqrt{x^2-25}}{x}\,dx$ 를 구하라.

풀이 $x=5\sec\theta$로 치환하면 $(0 \le \theta < \frac{\pi}{2}$ 또는 $\pi \le \theta < \frac{3\pi}{2})$
$dx = 5\sec\theta\tan\theta\, d\theta$ 이므로

$$\int \frac{\sqrt{x^2-25}}{x}\,dx = \int \frac{\sqrt{25\sec^2\theta - 25}}{5\sec\theta} 5\sec\theta\tan\theta\, d\theta$$

$$= \int \frac{5\tan\theta}{5\sec\theta} 5\sec\theta\tan\theta d\theta$$

$$= 5\int \tan^2\theta\, d\theta$$

$$= 5\int (\sec^2\theta - 1)\, d\theta$$

$$= 5\tan\theta - 5\theta + C$$

한편 $\sec\theta = \frac{x}{5}$ 이므로 $\tan\theta = \frac{\sqrt{x^2-25}}{5}$, $\theta = \sec^{-1}\left(\frac{x}{5}\right)$이다.

$$\therefore \int \frac{\sqrt{x^2-25}}{x}\,dx = \sqrt{x^2-25} - 5\sec^{-1}\left(\frac{x}{5}\right) + C$$

예제 1.17 $\int_{-a}^{a}\sqrt{a^2-x^2}\,dx \ (a > 0)$를 구하라.

풀이 다음 그림에서 보면 위의 적분값은 반지름 a인 반원의 면적과 같으므로 그 답은 $\frac{1}{2}\pi a^2$임을 쉽게 알 수 있다.

한편, $x = a\sin\theta$로 치환 하면 $dx = a\cos\theta\, d\theta$가 되어

$$\int_{-a}^{a}\sqrt{a^2-x^2}\,dx = \int_{-\frac{\pi}{2}}^{\frac{\pi}{2}} a^2\cos^2\theta\, d\theta$$

$$= \frac{a^2}{2}\int_{-\frac{\pi}{2}}^{\frac{\pi}{2}} (1+\cos 2\theta)\, d\theta$$

$$= \frac{1}{2}\pi a^2$$

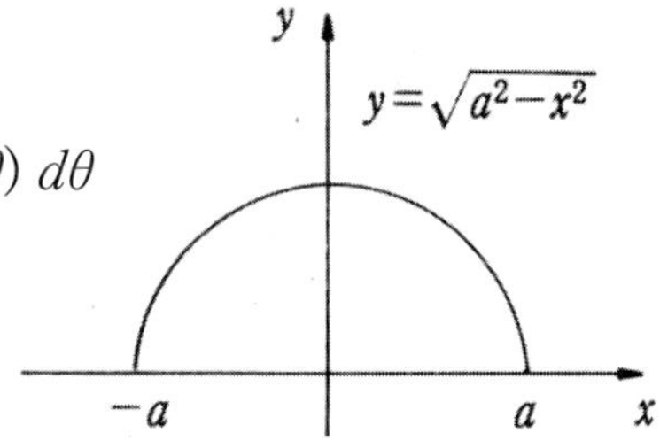

§ 5.1 삼각함수의 적분

연습문제 5.1

1. 다음 적분을 구하라.

(1) $\int \sec^2(3x+1)\,dx$　　(2) $\int \tan 5x\,dx$

(3) $\int \tan^2 x \sec^2 x\,dx$　　(4) $\int \tan^5 x \sec^4 x\,dx$

(5) $\int \tan^3 4x \sec^4 4x\,dx$　　(6) $\int \tan^4\theta \sec^4\theta\,d\theta$

(7) $\int \sec^5 x \tan^3 x\,dx$　　(8) $\int \tan^5\theta \sec\theta\,d\theta$

(9) $\int \tan^4 x \sec x\,dx$　　(10) $\int \tan^2\frac{x}{2} \sec^3\frac{x}{2}\,dx$

(11) $\int \tan 2t \sec^3 2t\,dt$　　(12) $\int \tan x \sec^5 x\,dx$

2. 다음 적분을 구하라.

(1) $\int \sec^4 x\,dx$　　(2) $\int \sec^5 x\,dx$

(3) $\int \sec^6(\pi x)\,dx$　　(4) $\int \tan^3 4x\,dx$

(5) $\int \tan^4 x\,dx$　　(6) $\int \tan^7\theta\,d\theta$

(7) $\int x\tan^2(x^2)\sec^2(x^2)\,dx$　　(8) $\int \tan^2(1-2x)\sec(1-2x)\,dx$

(9) $\int \cot^3 x\,\mathrm{cosec}^3 x\,dx$　　(10) $\int \cot^2 3t \sec 3t\,dt$

(11) $\int \frac{1}{1+\cos x}\,dx$　　(12) $\int \frac{1}{\sqrt{a^2-x^2}}\,dx \ (a > 0)$

§5.2 유리함수의 적분

유리함수 $\dfrac{P(x)}{Q(x)}$ ($P(x), Q(x)$는 다항식)에 대한 적분은 다음 몇 가지로 나누어 생각할 수 있다.

(1) 분모 $Q(x)$의 차수가 $P(x)$의 차수보다 클 경우는 $Q(x)$를 인수분해하여 부분분수 분해법에 의하여 (유리함수를) 분수식의 합으로 분해해서 적분할 수 있다.
(2) 분자 $P(x)$의 차수가 $Q(x)$의 차수보다 작지 않을 때는 유리함수가 다항식과 진분수함수의 합 즉, $\dfrac{P(x)}{Q(x)} = T(x) + \dfrac{R(x)}{Q(x)}$로 변환시킬 수 있다.
(3) 분모 $Q(x)$가 인수분해되지 않는 이차함수일 때는 arctangent형태로 나타낼 수 있다.

예제 2.1 $\displaystyle\int \frac{dx}{x^2+x-2}$를 구하라.

풀이 $\dfrac{1}{x^2+x-2} = \dfrac{1}{(x-1)(x+2)} = \dfrac{A}{x-1} + \dfrac{B}{x+2}$와 같이 부분분수식으로 두고 계수비교법을 사용하면

$1=A(x+2)+B(x-1)$에서 $A=\dfrac{1}{3}$, $B=-\dfrac{1}{3}$을 얻는다.

따라서, $\dfrac{1}{(x-1)(x+2)} = \dfrac{1}{3}\dfrac{1}{x-1} - \dfrac{1}{3}\dfrac{1}{x+2}$

$$\begin{aligned}
\therefore \int \frac{dx}{x^2+x-2} &= \frac{1}{3}\int \frac{dx}{x-1} - \frac{1}{3}\int \frac{dx}{x+2} \\
&= \frac{1}{3}\log|x-1| - \frac{1}{3}\log|x+2| + C \\
&= \frac{1}{3}\log\left|\frac{x-1}{x+2}\right| + C
\end{aligned}$$

예제 2.2 $\displaystyle\int \frac{x^2+x-2}{3x^3-x^2+3x-1}\,dx$ 를 구하라.

풀이 $3x^3-x^2+3x-1=(3x-1)(x^2+1)$ 이므로

$$\frac{x^2+x-2}{3x^3-x^2+3x-1}=\frac{x^2+x-2}{(3x-1)(x^2+1)}=\frac{A}{3x-1}+\frac{Bx+C}{x^2+1} \text{ 라 두면}$$

$$x^2-x-2=A(x^2+1)+(Bx+C)(3x-1)$$

양변의 계수를 비교하면

$$A+3B=1,\ \ -B+3C=1,\ \ A-C=-2$$

연립방정식에서 $A=-\frac{7}{5}$, $B=\frac{4}{5}$, $C=\frac{3}{5}$ 를 얻는다.

$$\begin{aligned}\therefore \int \frac{x^2+x-2}{3x^3-x^2+3x-1}\,dx &\\ &=-\frac{7}{5}\int \frac{dx}{3x-1}+\frac{4}{5}\int \frac{x}{x^2+1}\,dx+\frac{3}{5}\int \frac{dx}{x^2+1}\\ &=-\frac{7}{15}\log|3x-1|+\frac{2}{5}\log(x^2+1)+\frac{3}{5}\tan^{-1}x+C\end{aligned}$$

예제 2.3 $\displaystyle\int \frac{3x^4+3x^3-5x^2+x-1}{x^2+x-2}\,dx$ 를 구하라.

풀이 분자의 차수가 높으므로 나누면

$$\begin{array}{r} 3x^2+1 \\ x^2+x-2\ \overline{)\,3x^4+3x^3-5x^2+x-1} \\ \underline{3x^4+3x^3-6x^2} \\ x^2+x-1 \\ \underline{x^2+x-2} \\ 1 \end{array}$$

$$\therefore \frac{3x^4+3x^3-5x^2+x-1}{x^2+x-2}=(3x^2+1)+\frac{1}{x^2+x-2}$$

$$\begin{aligned}\therefore \int \frac{3x^4+3x^3-5x^2+x-1}{x^2+x-2}\,dx &=\int (3x^2+1)\,dx+\int \frac{1}{x^2+x-2}\,dx\\ &=x^3+x+\frac{1}{3}\log\left|\frac{x-1}{x+2}\right|+C\end{aligned}$$

예제 2.4 $\int \frac{e^t}{e^{2t}+3e^t+2}\,dt$를 구하라.

풀이 $e^t = x$라 놓으면 $dx = e^t dt$이므로

$$\int \frac{e^t}{e^{2t}+3e^t+2}\,dt = \int \frac{dx}{x^2+3x+2}$$ 이다.

여기서 부분분수로 분해하면

$$\frac{1}{x^2+3x+2} = \frac{1}{x+1} - \frac{1}{x+2}$$

$$\therefore \int \frac{dx}{x^2+3x+2} = \int \frac{1}{x+1}\,dx - \int \frac{1}{x+2}\,dx$$

$$= \log|x+1| - \log|x+2|$$

$$= \log\left|\frac{x+1}{x+2}\right| + C$$

$x = e^t$를 다시 대입하면

$$\int \frac{e^t dt}{e^{2t}+3e^t+2} = \log\frac{e^t+1}{e^t+2} + C$$

§5.2 유리함수의 적분 연습문제 5.2

1. 다음 적분을 구하라.

(1) $\int \frac{5x-4}{x^2-4x}\,dx$

(2) $\int \frac{x}{x^2-4x+8}\,dx$

(3) $\int \frac{x^2-1}{x(x^2+1)^2}\,dx$

(4) $\int \frac{2x^2+4x-8}{x^3-4x}\,dx$

(5) $\int \frac{e^x}{e^{2x}-4}\,dx$

(6) $\int \frac{2x^2-1}{4x^3-x^2+4x-1}\,dx$

(7) $\int \frac{1}{x^2-4x+13}\,dx$

(8) $\int \frac{\cos x}{\sin^2 x-6\sin x+12}\,dx$

(9) $\int \frac{1}{4\sin x-3\cos x}\,dx$

(10) $\int \frac{x^3+2}{x-1}\,dx$

§5.3 무리함수의 적분

무리함수의 적분은 변수변환을 하여 유리함수의 적분으로 바꾸어 적분하여야 한다.

f는 임의의 유리함수라고 표시한다.

(1) $f\left(x, \sqrt[n]{\dfrac{ax+b}{cx+d}}\right)$, $(ad-bc\neq 0)$**의 적분법**

$$\sqrt[n]{\frac{ax+b}{cx+d}}=t \text{로 두면 } x=\frac{dt^n-b}{a-ct^n},\quad dx=\frac{n(ad-bc)t^{n-1}}{(a-ct^n)^2}dt$$

$$\therefore \int f\left(x, \sqrt[n]{\frac{ax+b}{cx+d}}\right)dx=\int f\left(\frac{dt^n-b}{a-ct^n},\ t\right)\frac{n(ad-bc)t^{n-1}}{(a-ct^n)^2}dt$$

특히 $\int f(x, \sqrt[n]{ax+b}, \sqrt[m]{ax+b})dx$ 일 때에는 n, m의 최소공배수 l을 구하여 $\sqrt[l]{ax+b}=t$로 놓으면 유리함수의 적분으로 된다.

(2) $f(x, \sqrt{ax^2+bx+c})$, $(a\neq 0)$ **의 적분법**

(i) $a>0$ 일 때,

$\sqrt{ax^2+bx+c}=t-\sqrt{a}x$ 라 두면

$$x=\frac{t^2-c}{b+2\sqrt{a}t},\quad dx=\frac{2(\sqrt{a}t^2+bt+c\sqrt{a})}{(b+2\sqrt{a}t)^2}dt$$

$$\therefore \int f(x, \sqrt{ax^2+bx+c})dx$$

$$=\int f\left(\frac{t^2-c}{b+2\sqrt{a}t},\ t-\sqrt{a}\frac{t^2-c}{b+2\sqrt{a}t}\right)\frac{2(\sqrt{a}t^2+bt+c\sqrt{a})}{(b+2\sqrt{a}t)^2}dt$$

(ii) $a<0$ 일 때,

$b^2-4ac<0$ 이면 $\sqrt{ax^2+bx+c}$ 는 허수가 되므로, $b^2-4ac>0$인 경우만 생각한다. ax^2+bx+c 의 두 근을 $\alpha, \beta\,(\alpha<\beta)$라 하면 $\sqrt{ax^2+bx+c}=\sqrt{a(x-\alpha)(x-\beta)}=\sqrt{-a}\sqrt{(x-\alpha)(\beta-x)}$ 이므로

$x-\alpha=t^2(\beta-x)$ 라고 두면

$$x=\frac{\alpha+\beta t^2}{1+t^2},\quad dx=\frac{2(\beta-\alpha)t}{(1+t^2)^2}dt$$

$$\therefore \quad \int f(x, \sqrt{ax^2+bx+c})\,dx$$

$$=\int f\left(\frac{\alpha+\beta t^2}{1+t^2},\ \sqrt{-a}\,t\left(\beta-\frac{\alpha+\beta t^2}{1+t^2}\right)\right)\frac{2(\beta-\alpha)^t}{(1+t^2)^2}dt$$

(3) $x^m(ax^n+b)^{\frac{p}{q}}$ (m, n, p, q 는 **정수,** $q>0$) **의 적분법**

(i) $\dfrac{m+1}{n}$ 이 정수일 때 $\sqrt[q]{ax^n+b}=t$ 라고 두면

$$x=\left(\frac{t^q-b}{a}\right)^{\frac{1}{n}},\quad dx=\frac{1}{n}\left(\frac{t^q-b}{a}\right)^{\frac{1}{n}-1}\frac{q}{a}t^{q-1}dt$$

$$\therefore \quad \int x^m(ax^n+b)^{\frac{p}{q}}dx=\frac{q}{na}\int\left(\frac{t^q-b}{a}\right)^{\frac{m+1}{n}-1}t^{p+q-1}dt$$

(ii) $\dfrac{m+1}{n}+\dfrac{p}{q}$ 가 정수일 때 $\sqrt[q]{a+bx^{-n}}=t$ 라 두면

$$x=\left(\frac{t^q-a}{b}\right)^{-\frac{1}{n}},\quad dx=-\frac{1}{n}\left(\frac{t^q-a}{b}\right)^{-\frac{1}{n}-1}\frac{q}{b}t^{q-1}dt$$

$$\therefore \quad \int x^m(ax^n+b)^{\frac{p}{q}}dx$$

$$=-\frac{q}{n}b^{\frac{n}{m}+\frac{p}{q}+\frac{1}{n}}\int t^{p+q-1}(t^q-a)^{-\left(\frac{m+1}{n}+\frac{p}{q}+1\right)}dt$$

예제 3.1 $\displaystyle\int\frac{1}{x+\sqrt{x-1}}dx$ 를 구하라.

풀이 $\sqrt{x-1}=t$ 라고 두면 $x=t^2+1,\ dx=2tdt$

$$\therefore \int\frac{1}{x+\sqrt{x-1}}dx=\int\frac{2t}{t^2+t+1}dt$$

$$=\int\frac{2t+1}{t^2+t+1}dt-\int\frac{1}{t^2+t+1}dt$$

$$= \log(t^2+t+1) - \frac{2}{\sqrt{3}} \tan^{-1}\frac{2t+1}{\sqrt{3}} + C$$

$$= \log(x+\sqrt{x-1}) - \frac{2}{\sqrt{3}} \tan^{-1}\frac{2\sqrt{x-1}+1}{\sqrt{3}} + C$$

예제 3.2 $\int \frac{dx}{2+2\sqrt{x}}$ 를 구하라.

풀이 $\sqrt{x}=t$ 라고 두면 $x=t^2$, $dx=2tdt$ 이므로

$$\int \frac{dx}{2+2\sqrt{x}} = \int \frac{2t}{2+2t}dt = \int\left(1-\frac{1}{1+t}\right)dt$$

$$= t - \log|1+t| + C = \sqrt{x} - \log(1+\sqrt{x}) + C$$

예제 3.3 $\int \frac{dx}{\sqrt{x^2+a}}$ 를 구하라.

풀이 $\sqrt{x^2+a}=t-x$ 라고 두면

$$x = \frac{t^2-a}{2t}, \quad dx = \frac{1}{2}\left(1+\frac{a}{t^2}\right)dt$$

$$\therefore \int \frac{dx}{\sqrt{x^2+a}} = \int \frac{2t}{t^2+a}\frac{1}{2}\left(1+\frac{a}{t^2}\right)dt$$

$$= \int \frac{1}{t}dt = \log|t| + C = \log|x+\sqrt{x^2+a}| + C$$

예제 3.4 $\int \frac{dx}{\sqrt{x}(1+\sqrt[3]{x})}$ 를 구하라.

풀이 $\sqrt[6]{x}=t$ 라고 두면 $\sqrt{x}=t^3$, $\sqrt[3]{x}=t^2$, $dx=6t^5dt$

$$\therefore \int \frac{dx}{\sqrt{x}(1+\sqrt[3]{x})} = \int \frac{6t^5}{t^3(1+t^2)}dt = 6\int \frac{t^2}{t^2+1}dt$$

$$= 6\int\left(1-\frac{1}{t^2+1}\right)dt$$

$$= 6(t-\tan^{-1}t) + C = 6(\sqrt[6]{x}-\tan^{-1}\sqrt[6]{x}) + C$$

예제 3.5 $\int \frac{dx}{\sqrt[3]{(1+x^3)^4}}$ 를 구하라.

풀이 $\frac{m+1}{n}+\frac{p}{q}=\frac{1}{3}-\frac{4}{3}=-1$ 가 정수이므로

$\sqrt[3]{1+x^{-3}}=t$ 라 두면

$$x=\frac{1}{\sqrt[3]{t^3-1}}, \quad dx=-\frac{t^2}{\sqrt[3]{(t^3-1)^4}}\,dt$$

$$\sqrt[3]{1+x^3}=\sqrt[3]{x^3(x^{-3}+1)}=xt=\frac{t}{\sqrt[3]{t^3-1}}$$

$$\therefore \int \frac{dx}{\sqrt[3]{(1+x^3)^4}}=\int \frac{\sqrt[3]{(t^3-1)^4}}{t^4}\frac{-t^2}{\sqrt[3]{(t^3-1)^4}}\,dt$$

$$=-\int \frac{1}{t^2}\,dt=\frac{1}{t}+C=\frac{1}{\sqrt[3]{1+x^{-3}}}+C$$

$$=\frac{x}{\sqrt[3]{1+x^3}}+C$$

§5.3 무리함수의 적분 연습문제 5.3

1. 다음 적분을 구하라.

(1) $\int \frac{dx}{\sqrt{x}+\sqrt[3]{x}}$

(2) $\int \frac{x^3}{\sqrt{1+x^2}}\,dx$

(3) $\int \frac{1+\sqrt{x}}{1-\sqrt{x}}\,dx$

(4) $\int \frac{x\sqrt{x}}{x+1}\,dx$

(5) $\int \frac{\cos x}{\sqrt{2-\sin^2 x}}\,dx$

(6) $\int \frac{1}{(9x^2-1)^{3/2}}\,dx$

(7) $\int \frac{x+1}{\sqrt{x+1}+1}\,dx$

(8) $\int \frac{x^{1/6}+1}{x^{7/6}+x^{5/4}}\,dx$

§5.4 이상적분

지금까지의 정적분은 적분구간이 유한이고, 피적분함수가 적분구간내에서 유계임을 가정하였다. 그런데, 피적분함수 또는 적분구간이 유계가 아닌 경우까지 정적분의 정의를 확장할 필요가 있다. 여기에는 적분한계가 유계가 아닌 경우 및 피적분함수가 유한구간내의 유한개의 점에서 유계가 아닌 경우까지 정적분의 정의를 확장하고자 한다. 이러한 경우의 정적분을 **이상적분**(improper integral)이라고 한다.

1. 적분구간이 유한이 아닌 경우:

   함수 f가 $[a, \infty)$에서 연속일 때,

$$\exists \lim_{b\to\infty}\int_a^b f(x)\,dx \Rightarrow \int_a^\infty f(x)\,dx \equiv \lim_{b\to\infty}\int_a^b f(x)\,dx$$

2. 피적분함수가 유한구간내의 유한개 점에서 유계가 아닌 경우:

   (i) 함수 f가 $(a, b]$에서 연속일 때, $\varepsilon > 0$에 대해서

$$\exists \lim_{\varepsilon\to 0}\int_{a+\varepsilon}^b f(x)\,dx \Rightarrow \int_a^b f(x)\,dx \equiv \lim_{\varepsilon\to 0}\int_{a+\varepsilon}^b f(x)\,dx$$

   (ii) 함수 f가 $[a, b)$에서 연속일 때, $\varepsilon > 0$에 대해서

$$\exists \lim_{\varepsilon\to 0}\int_a^{b-\varepsilon} f(x)\,dx \Rightarrow \int_a^b f(x)\,dx \equiv \lim_{\varepsilon\to 0}\int_a^{b-\varepsilon} f(x)\,dx$$

   (iii) 함수 f가 (a, b)에서 연속일 때, ε, $\varepsilon' > 0$에 대해서

$$\exists \lim_{\varepsilon,\varepsilon'\to 0}\int_{a+\varepsilon}^{b-\varepsilon'} f(x)\,dx \Rightarrow \int_a^b f(x)\,dx \equiv \lim_{\varepsilon,\varepsilon'\to 0}\int_{a+\varepsilon}^{b-\varepsilon'} f(x)\,dx$$

   (iv) 함수 f가 $[a, c)\cup(c, b]$ 에서 연속일 때, ε, $\varepsilon'>0$에 대해서

$$\exists \lim_{\varepsilon\to 0}\int_a^{c-\varepsilon} f(x)\,dx,\quad \lim_{\varepsilon'\to 0}\int_{c+\varepsilon'}^b f(x)\,dx$$

$$\Rightarrow \int_a^b f(x)\,dx \equiv \lim_{\varepsilon\to 0}\int_a^{c-\varepsilon} f(x)\,dx + \lim_{\varepsilon'\to 0}\int_{c+\varepsilon'}^b f(x)\,dx$$

예제 4.1 $\int_1^4 \frac{dx}{(x-2)^{2/3}}$ 를 구하라.

풀이 $\int_1^4 \frac{dx}{(x-2)^{2/3}} = \int_1^2 \frac{dx}{(x-2)^{2/3}} + \int_2^4 \frac{dx}{(x-2)^{2/3}}$ 이고

$$\int_1^2 \frac{dx}{(x-2)^{2/3}} = \lim_{\varepsilon \to 0} \int_1^{2-\varepsilon} \frac{dx}{(x-2)^{2/3}} = \lim_{\varepsilon \to 0} \left[3(x-2)^{\frac{1}{3}} \right]_1^{2-\varepsilon} = 3$$

$$\int_2^4 \frac{dx}{(x-2)^{2/3}} = \lim_{\varepsilon \to 0} \int_{2+\varepsilon}^4 \frac{dx}{(x-2)^{2/3}} = 3\sqrt[3]{2}$$

$$\therefore \int_1^4 \frac{dx}{(x-2)^{2/3}} = 3 + 3\sqrt[3]{2}$$

예제 4.2 $\int_0^1 \frac{dx}{\sqrt{1-x}}$ 를 구하라.

풀이 $\int_0^1 \frac{dx}{\sqrt{1-x}} = \lim_{\varepsilon \to 0} \int_0^{1-\varepsilon} \frac{dx}{\sqrt{1-x}}$

$$= \lim_{\varepsilon \to 0} \left[-2\sqrt{1-x} \right]_0^{1-\varepsilon} = 2$$

예제 4.3 $\int_{-1}^1 \frac{1}{x} dx$ 를 구하라.

풀이 $\int_{-1}^1 \frac{1}{x} dx = \lim_{\varepsilon \to 0^+} \int_{-1}^{-\varepsilon} \frac{1}{x} dx + \lim_{\varepsilon' \to 0^-} \int_{\varepsilon'}^1 \frac{1}{x} dx$

$$= \lim_{\varepsilon \to 0^+} [\log|x|]_{-1}^{-\varepsilon} + \lim_{\varepsilon' \to 0^-} [\log|x|]_{\varepsilon'}^1$$

$$= \lim_{\varepsilon \to 0^+} \log \varepsilon + \lim_{\varepsilon' \to 0^-} (-\log \varepsilon) = -\infty + \infty$$

∴ 값은 존재하지 않는다.

주의 정적분값을 계산할 때 이상적분을 하여야 하는 경우인데도 불구하고 일반적인 정적분으로 값을 계산하면 큰 오류를 범할 수 있다. 예를 들면,

$$\int_0^2 \frac{dx}{(x-1)^2} = \int_0^1 \frac{dx}{(x-1)^2} + \int_1^2 \frac{dx}{(x-1)^2} \text{ 이고}$$

$$\int_0^1 \frac{dx}{(x-1)^2} = \lim_{\varepsilon\to 0}\int_0^{1-\varepsilon} \frac{dx}{(x-1)^2} = \lim_{\varepsilon\to 0}\left[-\frac{1}{x-1}\right]_0^{1-\varepsilon} = \infty$$

이므로 $\int_0^2 \frac{dx}{(x-1)^2}$ 의 값은 존재하지 않는다. 그러나 이 계산을 이상적분을 하지 않고 일반적인 정적분으로 계산하면

$\int_0^2 \frac{dx}{(x-1)^2} = \left[-\frac{1}{x-1}\right]_0^2 = -1-1=-2$ 라는 오류를 범하므로 조심하여야 한다.

§ 5.4 이상적분

연습문제 5.4

1. 다음의 이상적분을 구하라.

(1) $\int_0^\infty e^{-x}dx$

(2) $\int_{-\infty}^\infty \frac{x}{(x^2+3)^2}\,dx$

(3) $\int_0^{\frac{\pi}{2}} \frac{\cos\theta}{\sqrt{1-\sin\theta}}\,d\theta$

(4) $\int_4^\infty \frac{dx}{x^2-1}$

(5) $\int_{-1}^8 x^{-\frac{1}{3}}\,dx$

(6) $\int_0^\infty \frac{\log x}{(1+x)^2}\,dx$

(7) $\int_0^{\frac{\pi}{2}} \log\sin x\,dx$

(8) $\int_{-\infty}^0 a^x dx \quad (a>1)$

(9) $\int_0^\pi \theta\log\theta\,d\theta$

(10) $\int_a^b \frac{dx}{\sqrt{(x-a)(b-x)}} \quad (b>a)$

제 6 장 정적분의 응용

§ 6.1 극좌표와 그래프

평면 위에 있는 점의 위치를 좌표를 이용해서 나타내는 방법은 여러 가지가 있는데, 지금까지 사용해 온 바 있는 직교좌표계와는 달리 새로운 좌표 표시방법을 소개하고자 한다.

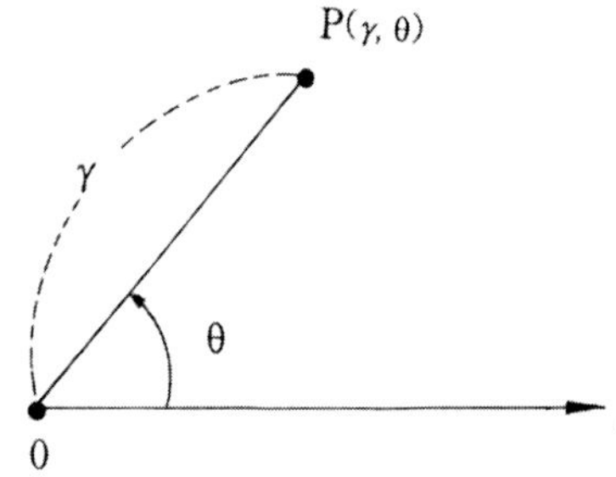

정의 1.1 원점 O로부터 기선(또는 시초선) l을 잡는다. 평면 위의 임의의 점을 P라 할 때, O에서 P까지의 방향을 준 거리를 r, 기선에서 $\overrightarrow{OP}$까지의 방향을 준 각을 θ라 하면, 점 P의 위치를 좌표 $P(r, \theta)$와 같이 나타낸 것을 **극좌표**라고 부른다.
이 때 점 O를 **극**(pole), 직선 l을 **극축**(polar axis)이라고 한다.

● 방향을 준 각이라는 것은 기선으로부터 시계 반대방향의 각을 양, 시계방향의 각을 음으로 표시한다는 뜻이다.

예를 들면, $P(2, \pi/6)$와 $Q(2, -\pi/6)$는 다음 그림과 같이 나타낸다.

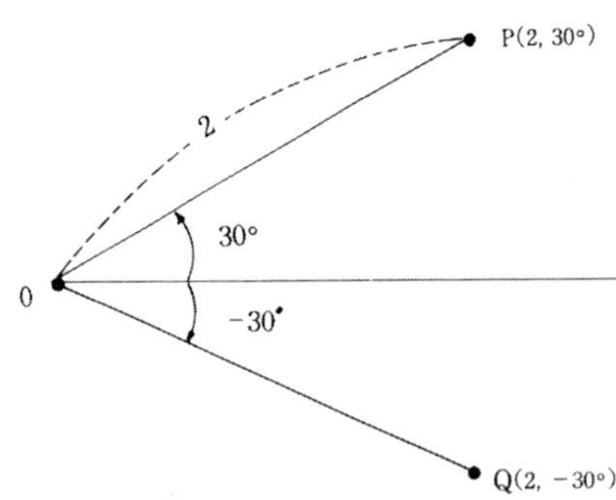

● O에서 P까지의 방향을 준 거리 r이란 뜻은

$r \geq 0$일 때 : 기선 l을 양의 방향으로 30° 회전시킨 직선 l' 위에 극 O에서 양의 방향으로 r만큼 떨어진 곳을 점 $P(r, \theta)$로 나타내고,

$r < 0$ 일 때 : 위의 직선 l' 위에 극 O에서 음의 방향으로 $|r|$만큼 떨어진 곳을 점 $Q(r, \theta)$로 나타낸다.

예를 들면, $P(2, \pi/6)$ 와 $Q(-2, \pi/6)$ 는 다음과 같이 나타낸다.

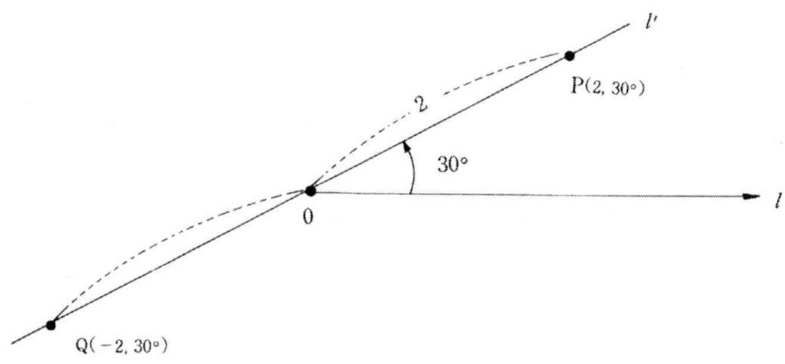

예제 1.2 극좌표로 표시된 다음 점을 평면 위에 나타내어라.

$$(3, \frac{\pi}{3}),\ (-2, \frac{2\pi}{3}),\ (-2, \frac{\pi}{4}),\ (2, \frac{3\pi}{4})$$

풀이

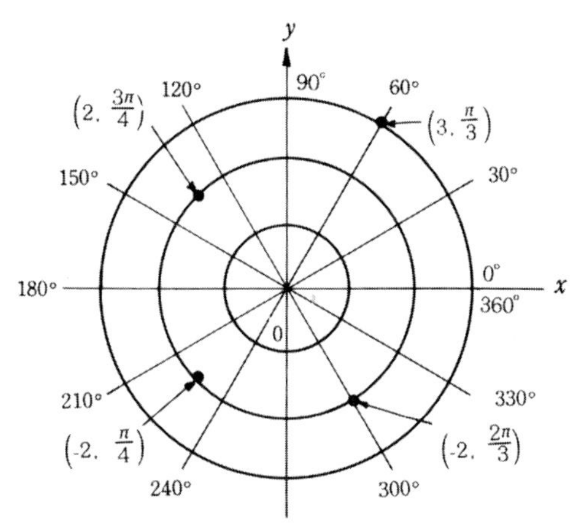

극좌표계에서는 앞의 그림과 같이 동심원과 극을 지나는 직선이 그려져 있는 방안지를 사용하면 편리하다.

또한 극좌표계에서는 직교좌표계와 달리한 점의 극좌표가 유일하게 표시되진 않는다. 예를 들어 오른쪽 점 P의 극좌표는

$$(3, \frac{2\pi}{3}),\ (3, \frac{8\pi}{3}),\ (3, -\frac{4\pi}{3}),\ (-3, -\frac{\pi}{3}),\ (-3, \frac{5\pi}{3}),\ \cdots$$

등으로 표시할 수 있다.

일반적으로 P가 극좌표 (r, θ)를 갖는다면, 모든 정수 n에 대하여 P는 $(r, \theta \pm 2n\pi)$, $(-r, \theta \pm (2n-1)\pi)$를 역시 극좌표로 갖는다.

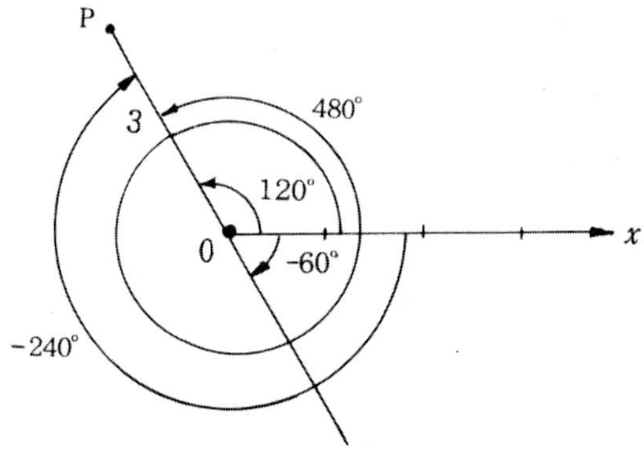

그러므로 점 $P(r, \theta)$ 와 x축, y축, 원점에 관하여 각각 대칭인 점 Q, R, S는 다음 그림과 같이 극좌표로 나타낸다.

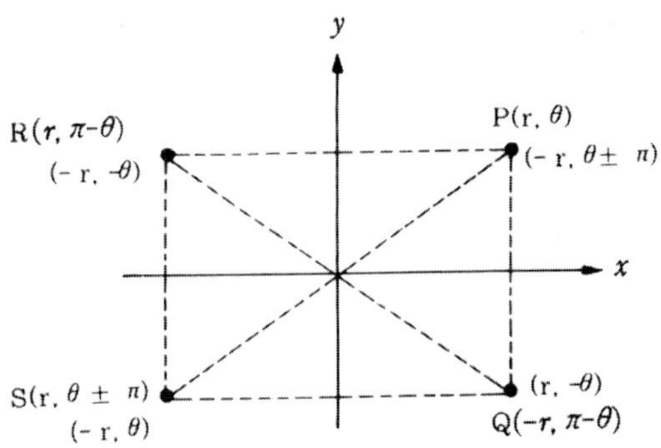

예제 1.3 다음의 극좌표에 대하여 아래 물음에 답하여라.

$$P_1(3, \frac{\pi}{3}),\ P_2(3, -\frac{\pi}{3}),\ P_3(-3, \frac{\pi}{3}),\ P_4(-3, -\frac{\pi}{3}),$$

$$P_5(3, -\frac{5\pi}{3}),\ P_6(3, \frac{5\pi}{3}),\ P_7(3, \frac{4\pi}{3}),\ P_8(3, \frac{2\pi}{3})$$

(1) 같은 점을 나타내는 것끼리 묶어라

(2) 점 P_1 과 x축, y축, 원점에 각각 대칭인 점을 말하여라

풀이 (1) $P_1 = P_5,\ P_2 = P_6,\ P_3 = P_7,\ P_4 = P_8$

(2) x축 대칭 : P_2, P_6, y축 대칭 : P_4, P_8, 원점 대칭 : P_3, P_7

직교좌표계와 극좌표계 사이의 관계를 알아보자.

오른쪽 그림에서 점 P는 직교좌표 $P(x, y)$ 또는 극좌표 $P(r, \theta)$로 나타낸다. 따라서 이들 직교좌표와 극좌표 사이에는 다음 관계가 있음을 알 수 있다.

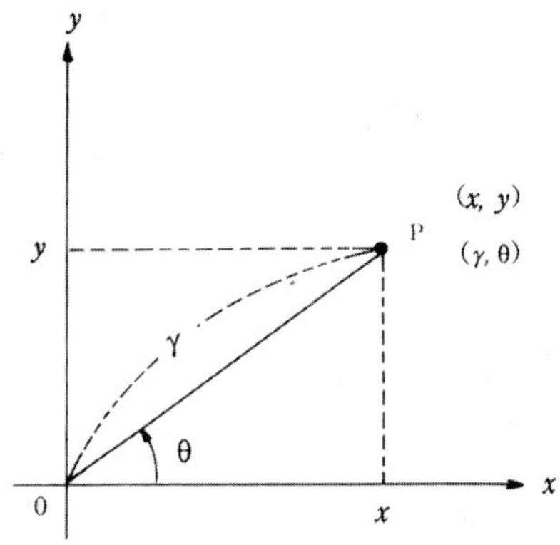

$$\begin{cases} x = r\cos\theta \\ y = r\sin\theta \end{cases} \qquad \begin{cases} x^2 + y^2 = r^2 \\ \tan\theta = \dfrac{y}{x} \end{cases}$$

이 관계식을 **극좌표변환**이라고 한다.

예제 1.4 다음 중 점 A, B는 극좌표로 바꾸고, 점 C, D는 직교좌표로 바꾸어라.

(1) $A(\sqrt{3}, 1)$ (2) $B(-1, 1)$ (3) $C(4, \frac{\pi}{6})$ (4) $D(-2, -\frac{\pi}{3})$

풀이 (1) $r = \sqrt{(\sqrt{3})^2 + 1^2} = 2$, $\tan\theta = \dfrac{1}{\sqrt{3}}$ $\quad \therefore \theta = \dfrac{\pi}{6}$

즉 $A(2, \frac{\pi}{6})$

(2) $r = \sqrt{(-1)^2 + 1^2} = \sqrt{2}$, $\tan\theta = \dfrac{1}{-1} = -1$ $\quad \therefore \theta = \dfrac{3\pi}{4}$

즉 $B(\sqrt{2}, \frac{3\pi}{4})$

(3) $x = 4\cos\frac{\pi}{6} = 2\sqrt{3}$, $y = 4\sin\frac{\pi}{6} = 2$ 이므로 $C(2\sqrt{3}, 2)$

(4) $x = (-2)\cos(-\frac{\pi}{3}) = -1$, $y = (-2)\sin(-\frac{\pi}{3}) = \sqrt{3}$ 이므로 $D(-1, \sqrt{3})$

극좌표를 사용하여 나타낸 곡선의 방정식을 극방정식이라고 한다. 어떤 곡선을 직교좌표 (x, y)로 나타낸 직교좌표방정식과 극좌표 (r, θ)로 나타낸 극방정식 사이의 관계는 다음과 같다.

$$\begin{cases} x = r\cos\theta \\ y = r\sin\theta \end{cases}$$

$$\boxed{f(x, y) = 0} \quad \begin{matrix} \longrightarrow \\ \longleftarrow \end{matrix} \quad \boxed{f(r\cos\theta,\ r\sin\theta) = 0}$$

$$\begin{cases} r^2 = x^2 + y^2 \\ \tan\theta = \dfrac{y}{x} \end{cases}$$

예제 1.5 직교좌표방정식 $x^2 + y^2 - 2x = 0$ 을 극방정식으로 고쳐라.

풀이 $x = r\cos\theta,\ y = r\sin\theta$ 를 준식에 대입하면,

$$r^2 - 2r\cos\theta = 0$$

$$r(r - 2\cos\theta) = 0$$

여기서 $r = 0$ 은 극을 나타내고, 이것은 $r - 2\cos\theta = 0$ 에 포함된다.

($\because\ \theta = \dfrac{\pi}{2}$ 일 때 $r = 0$ 이다.)

따라서 구하는 극방정식은 $r = 2\cos\theta$ 이다.

예제 1.6 극방정식 $r\cos(\theta - \frac{\pi}{3}) = 3$ 을 직교좌표방정식으로 고쳐라.

풀이

$$3 = r\cos(\theta - \frac{\pi}{3}) = r(\cos\theta\cos\frac{\pi}{3} + \sin\theta\sin\frac{\pi}{3})$$

$$= \frac{1}{2}\ r\cos\theta + \frac{\sqrt{3}}{2}\ r\sin\theta = \frac{1}{2}x + \frac{\sqrt{3}}{2}y$$

따라서 구하는 직교좌표방정식은 $x + \sqrt{3}\,y = 6$ 이다.

이제 극방정식으로 표시된 곡선의 개형을 평면 위에 그리는 방법에 대하여 알아보자.

예제 1.7 다음 극방정식의 그래프를 그려라.

(1) $r=2(1+\cos\theta)$ (2) $r^2=\sin\theta$

풀이 (1)

$\theta°$	$0°$	$30°$	$60°$	$90°$	$120°$	$150°$	$180°$	$\cdots$
r	4	$2+\sqrt{3}$	3	2	1	$2-\sqrt{3}$	0	$\cdots$

(r,θ) 대신에 $(r,-\theta)$를 대입해도 같은 값을 가지므로, 이 그래프는 기선에 대하여 대칭이다. 따라서 그래프는 아래 왼쪽 그림과 같다.

(2)

θ	0	$\frac{\pi}{6}$	$\frac{\pi}{3}$	$\frac{\pi}{2}$	$\frac{2\pi}{3}$	$\frac{5\pi}{6}$	π	$\cdots$
r	0	$\pm\frac{\sqrt{2}}{2}$	$\pm\sqrt{\frac{\sqrt{3}}{2}}$	± 1	$\pm\sqrt{\frac{\sqrt{3}}{2}}$	$\pm\frac{\sqrt{2}}{2}$	0	$\cdots$

(r,θ) 대신에 $(-r,\theta)$, $(r,\pi-\theta)$, $(-r,\pi-\theta)$를 대입해도 같은 값을 가지므로, 이 그래프는 원점, y축, x축에 대하여 모두 대칭이다. 따라서 그래프는 아래 오른쪽 그림과 같다.

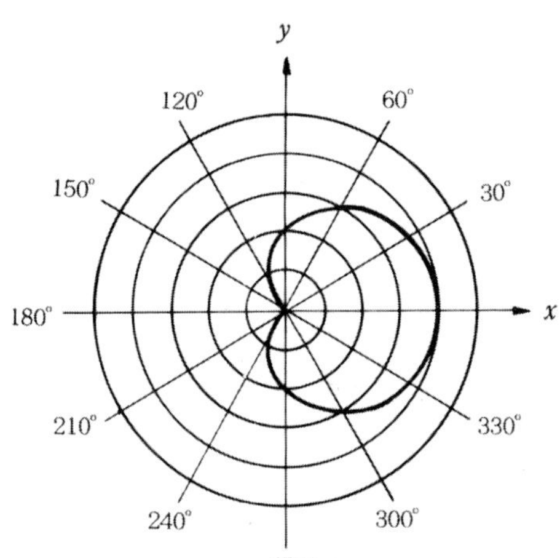

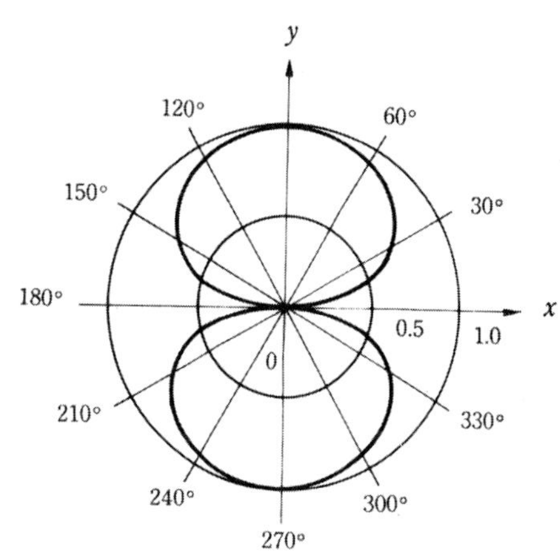

§ 6.1 극좌표와 그래프 **연습문제 6.1**

1. 다음 직교좌표방정식을 극방정식으로 고쳐라.

(1) $x=3$
(2) $3x+y\sqrt{3}=0$
(3) $y^2=2x$
(4) $x^2+y^2+2x-4y=0$
(5) $x^2-y^2=1$
(6) $y=x^3+1$
(7) $x^2+xy+y^3=3$
(8) $y^2=2x+1$

2. 다음 극방정식을 직교좌표방정식으로 고쳐라.

(1) $r^2\sin 2\theta=2$
(2) $r^2=\cos 2\theta$
(3) $r(2-\cos\theta)=0$
(4) $r=a\cos 3\theta$
(5) $r=1-\cos\theta$
(6) $r=4\tan\theta\sec\theta$
(7) $r+\sin\theta=2\cos\theta$
(8) $r=\dfrac{4}{2\cos\theta-\sin\theta}$

3. 다음 극방정식의 그래프를 그려라.

(1) $r=2\cos\theta$
(2) $r=2\sin\theta$
(3) $r=2-2\cos\theta$
(4) $r=2+2\sin\theta$
(5) $r=2\operatorname{cosec}\theta$
(6) $r=1+\cos\dfrac{\theta}{2}$
(7) $r=a\theta$
(8) $r^2=2a^2\cos 2\theta$
(9) $r^2=4\sin 2\theta$
(10) $r(1+2\cos\theta)=4$

§6.2 넓 이

직교좌표평면 위에서, 넓이에 관한 다음 정리들은 고등학교에서 이미 배운바 있으므로, 그 내용만 소개하고 증명은 생략한다.

정리 2.1 (1) 함수 $f(\geq 0)$ 가 $[a, b]$에서 연속일 때, 곡선 $y=f(x)$, 직선 $x=a$, $x=b$ 및 x축으로 둘러싸인 부분의 넓이는

$$S=\int_a^b f(x)\,dx$$

(2) 함수 $g(\geq 0)$ 가 $[c, d]$에서 연속일 때, 곡선 $x=g(y)$, 직선 $y=c$, $y=d$ 및 y축으로 둘러싸인 부분의 넓이는

$$S=\int_c^d g(y)\,dy$$

예제 2.2 타원 $\dfrac{x^2}{a^2}+\dfrac{y^2}{b^2}=1$ $(a>b>0)$ 의 넓이를 구하라.

풀이 오른쪽 그림에서 타원의 넓이는 빗금친 부분의 4배이다.

$$S=4\int_0^a \frac{b}{a}\sqrt{a^2-x^2}\,dx$$

$x=a\sin\theta$ 로 두면

$dx=a\cos\theta d\theta$, $\sqrt{a^2-x^2}=a\cos\theta$

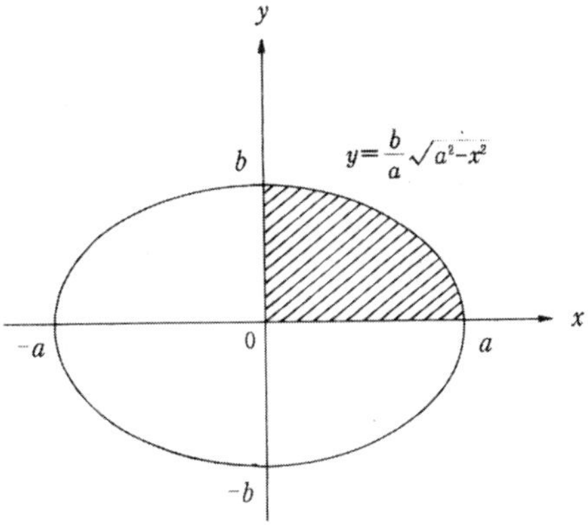

$$\therefore\ S=4\int_0^{\frac{\pi}{2}} \frac{b}{a} a\cos\theta a\cos\theta\,d\theta$$

$$=4ab\int_0^{\frac{\pi}{2}} \frac{1+\cos 2\theta}{2}\,d\theta=\pi ab$$

정리 2.3 (1) 함수 f, g가 $[a, b]$에서 연속이고 $f(x) \geq g(x)$ 일 때, 곡선 $y=f(x)$, $y=g(x)$ 및 직선 $x=a$, $x=b$로써 둘러싸인 부분의 넓이는

$$S=\int_a^b \{f(x)-g(x)\}\,dx$$

(2) f, g가 $[c, d]$에서 연속이고, $f(y) \geq g(y)$ 일 때, 곡선 $x=f(y)$, $x=g(y)$ 및 직선 $y=c$, $y=d$로써 둘러싸인 부분의 넓이는

$$S=\int_c^d \{f(y)-g(y)\}\,dy$$

예제 2.4 곡선 $y^2=x$ 와 직선 $x-y-2=0$ 으로 둘러싸인 부분의 넓이를 위의 (1), (2)의 방법으로 각각 구하라.

풀이 (1)의 방법

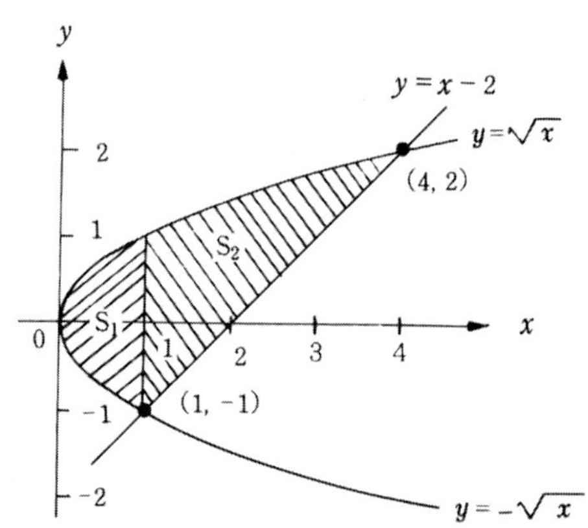

$S_1 : 0 \leq x \leq 1, \quad -\sqrt{x} \leq y \leq \sqrt{x}$

$S_2 : 1 \leq x \leq 4, \quad x-2 \leq y \leq \sqrt{x}$

$$\therefore\ S_1=\int_0^1 2\sqrt{x}\,dx=\frac{4}{3}$$

$$S_2=\int_1^4 (\sqrt{x}-x+2)\,dx$$

$$=\left[\frac{2}{3}x^{\frac{3}{2}}-\frac{x^2}{2}+2x\right]_1^4=\frac{19}{6}$$

따라서 구하는 넓이 $S=S_1+S_2=\dfrac{9}{2}$

(2)의 방법 $S: -1 \leq y \leq 2, \ y^2 \leq x \leq y+2$

$$\therefore\ S=\int_{-1}^2 (y+2-y^2)\,dy$$

$$=\left[2y+\frac{y^2}{2}-\frac{y^3}{3}\right]_{-1}^2=\frac{9}{2}$$

정리 2.5 곡선의 방정식이 매개변수 t에 의하여

$$x=u(t),\ y=v(t)\quad (\alpha \le t \le \beta,\ y \ge 0)$$

와 같이 주어질 때, 곡선과 직선 $x=a=u(\alpha)$, $x=b=u(\beta)$ 및 x축으로 둘러싸인 부분의 넓이는

$$S=\int_{\alpha}^{\beta} v(t)u'(t)\,dt \quad (\text{단, } u', v \text{는 연속})$$

[증명] $x=u(t)$ 이므로 $u'(t)\,dt=dx$ 이다.

$$\therefore\ S=\int_a^b y\,dx=\int_{\alpha}^{\beta} v(t)u'(t)\,dt$$

예제 2.6 매개변수로 표시된 cycloid

$$\begin{cases} x=a(t-\sin t) \\ y=a(1-\cos t) \end{cases} \quad (a>0,\ 0\le t\le 2\pi)$$

와 x축으로 둘러싸인 부분의 넓이를 구하라.

풀이 $t=0$ 일 때 $x=0$, $y=0$ 이고, $t=2\pi$ 일 때 $x=2\pi a$, $y=0$ 이며, $0<t<2\pi$ 일 때 $y>0$ 이다. $dx=a(1-\cos t)\,dt$ 이므로

$$S=\int_0^{2\pi a} y\,dx=\int_0^{2\pi} a(1-\cos t)\,a(1-\cos t)\,dt$$

$$=a^2\int_0^{2\pi}\left(\frac{3}{2}-2\cos t+\frac{1}{2}\cos 2t\right)dt$$

$$=a^2\left[\frac{3}{2}t-2\sin t+\frac{1}{4}\sin 2t\right]_0^{2\pi}=3\pi a^2$$

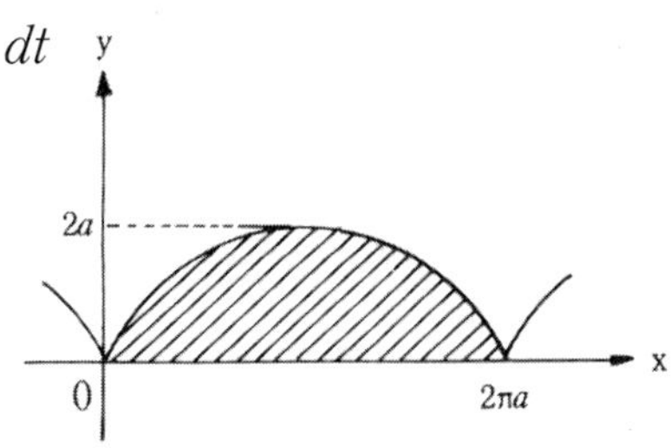

정리 2.7 곡선의 방정식이 극방정식 $r=f(\theta)$ $(\alpha\le\theta\le\beta)$로 주어지고, f가 $[\alpha,\beta]$에서 연속이고 $f\ge 0$ 일 때, 곡선과 두 직선 $\theta=\alpha$, $\theta=\beta$로 둘러싸인 부분의 넓이는

$$S=\frac{1}{2}\int_{\alpha}^{\beta} r^2\,d\theta$$

[증명] 곡선 $r=f(\theta)$ 및 직선 $\theta=\alpha$, $\theta=t$로 둘러싸인 부분의 넓이를 $F(t)$ 라고 하고, $[t, t+h]$에서 r의 상한, 하한을 각각 M, m이라고 하면,

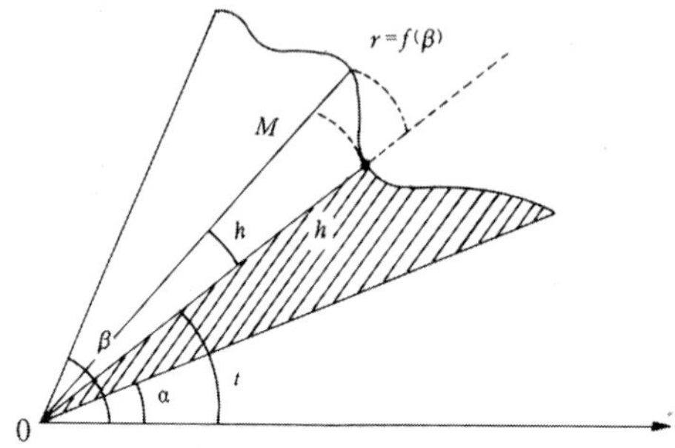

부채꼴의 넓이 관계에서

$$\frac{1}{2}m^2h \leq F(t+h)-F(t) \leq \frac{1}{2}M^2h$$
$$\frac{1}{2}m^2 \leq \frac{F(t+h)-F(t)}{h} \leq \frac{1}{2}M^2$$

여기서 $h\to 0$ 이면 $M, m\to r$ 이므로

$$F'(t)=\frac{1}{2}r^2$$

$F(\alpha)=0$, $F(\beta)=S$ 이고 f가 연속이므로

$$S=F(\beta)-F(\alpha)=\int_\alpha^\beta F'(t)\,dt=\frac{1}{2}\int_\alpha^\beta r^2\,d\theta$$

예제 2.8 곡선 $r=2\sin 3\theta$로 둘러싸인 부분의 넓이를 구하라.

풀이 오른쪽 그림에서 빗금친 부분의 넓이 S는

$$S=3\cdot\frac{1}{2}\int_0^{\frac{\pi}{3}} r^2\,d\theta$$
$$=\frac{3}{2}\int_0^{\frac{\pi}{3}} 4\sin^2 3\theta\,d\theta$$
$$=3\int_0^{\frac{\pi}{3}}(1-\cos 6\theta)\,d\theta$$
$$=3\left[\theta-\frac{\sin 6\theta}{6}\right]_0^{\frac{\pi}{3}}=\pi$$

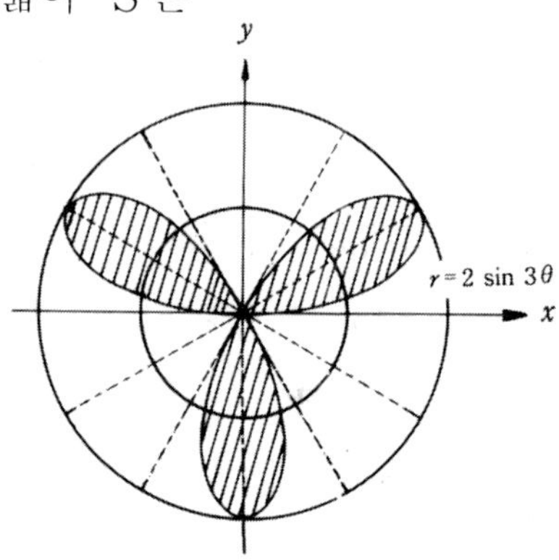

예제 2.9 곡선 $x^3+y^3-3axy=0\ (a>0)$ 으로 둘러싸인 부분의 넓이를 구하라.

풀이 이 곡선을 극방정식으로 나타내면, $x=r\cos\theta$, $y=r\sin\theta$ 로부터

$$r=\frac{3a\cos\theta\sin\theta}{\cos^3\theta+\sin^3\theta}$$

따라서 곡선의 그래프는 아래 그림과 같고, 구하는 넓이는

$$\mathrm{S}=\frac{1}{2}\int_0^{\frac{\pi}{2}}\mathrm{r}^2\mathrm{d}\theta=\frac{9a^2}{2}\int_0^{\frac{\pi}{2}}\frac{\tan^2\theta}{(1+\tan^3\theta)^2}\sec^2\theta d\theta$$

$\tan\theta=t$ 로 두면

$$\begin{aligned}\mathrm{S}&=\frac{9}{2}a^2\int_0^{\infty}\frac{t^2}{(1+t^3)^2}dt\\&=\frac{9}{2}a^2\lim_{N\to\infty}\left[-\frac{1}{3}\ \frac{1}{1+t^3}\right]_0^N\\&=\frac{3}{2}a^2\end{aligned}$$

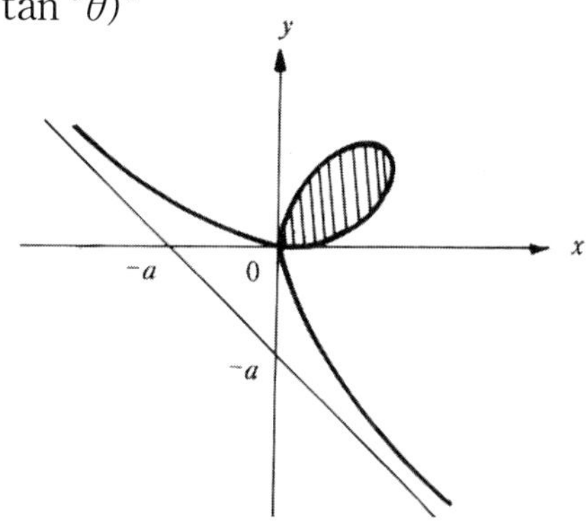

예제 2.10 곡선 $r=5\cos\theta$ 의 내부와 곡선 $r=2+\cos\theta$ 의 외부의 공통부분의 넓이를 구하라.

풀이 두 곡선의 그래프는 오른쪽 그림과 같고, 또 $\theta=\pm\frac{\pi}{3}$ 에서 두 곡선이 만난다.
따라서 구하는 넓이는 빗금친 부분이고, 이 중 기선의 윗부분을 S_1 이라 하면,

$$S_1:\ 0\le\theta\le\frac{\pi}{3},\ \ 2+\cos\theta\le r\le 5\cos\theta$$

이므로

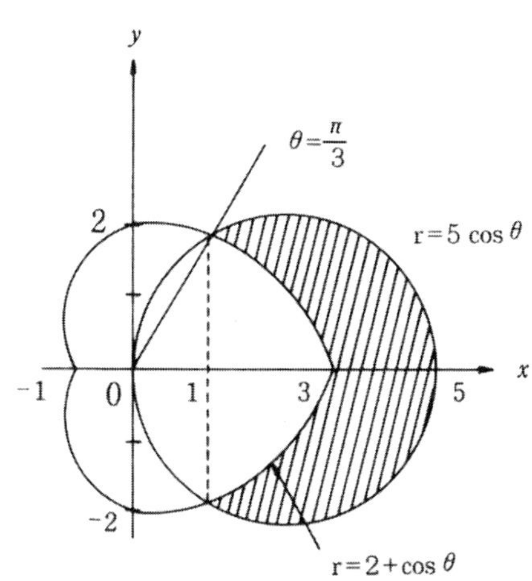

$$S=2S_1=\int_0^{\frac{\pi}{3}}\{25\cos^2\theta-(4+4\cos\theta+\cos^2\theta)\}\,d\theta$$
$$=\int_0^{\frac{\pi}{3}}(8+12\cos 2\theta-4\cos\theta)\,d\theta=\frac{8\pi+3\sqrt{3}}{3}$$

§ 6.2 넓이

연습문제 6.2

1. 다음 직선 및 곡선으로 둘러싸인 부분의 넓이를 구하라.
   (1) $xy=4,\ x+y=5$ (2) $y=x^3,\ y=-x,\ y=8$
   (3) $y=\log x,\ y=0,\ x=2$ (4) $x=y^3-y,\ x=0$
   (5) $y=\sec^2 x,\ y=2,\ x=\pm\frac{\pi}{4}$ (6) $x=\sin y,\ x=0,\ y=\frac{\pi}{4},\ y=\frac{3\pi}{4}$
   (7) $y=6x-x^2,\ y=x^2-2x$ (8) $y^2=x^2-x^4$
   (9) $x=e^t,\ y=t^2+2,\ y=0,\ x=1,\ x=e$

2. 다음 곡선의 내부의 넓이를 구하라.
   (1) $x=4\cos^3\theta,\ \ y=4\sin^3\theta$ (2) $x=a\cos t,\ \ y=b\sin t\ (ab>0)$
   (3) $x=2\cos\theta-\cos 2\theta-1,\ \ y=2\sin\theta-\sin 2\theta$
   (4) $r=3+2\cos\theta$ (5) $r^2=\sin\theta$
   (6) $r=2\sin 2\theta$ (7) $r^2=\cos 2\theta$

3. 다음 영역의 넓이를 구하라.
   (1) $r=1+2\cos\theta$의 작은 환
   (2) $r^2=8\cos 2\theta$의 내부이고 $r=2$의 외부인 영역
   (3) $r=3\cos\theta$와 $r=2-\cos\theta$의 내부
   (4) $r=2$의 외부이고 $r=4\cos\theta$의 내부인 영역

4. 곡선 $y=\sin x\log(\sin x)\ \ (0<x<\pi)$와 x축 사이에 있는 부분의 넓이는 $2(1-\log 2)$임을 보여라.

§6.3 부 피

정리 3.1 어떤 입체를 평면 $x=t$로 잘라서 그 단면의 넓이를 $S(t)$라 할 때, 주어진 입체의 두 평면 $x=a$, $x=b$ 사이에 있는 부분의 부피 V는 S가 연속일 때 다음과 같다.

$$V=\int_a^b S(t)\,dt$$

[증명] 두 평면 $x=a$, $x=t$ 사이에 있는 입체의 부피를 $V(t)$라고 두고, $S(t)$의 $[t, t+h]$ 위에서의 상한 및 하한을 각각 M, m이라고 하면

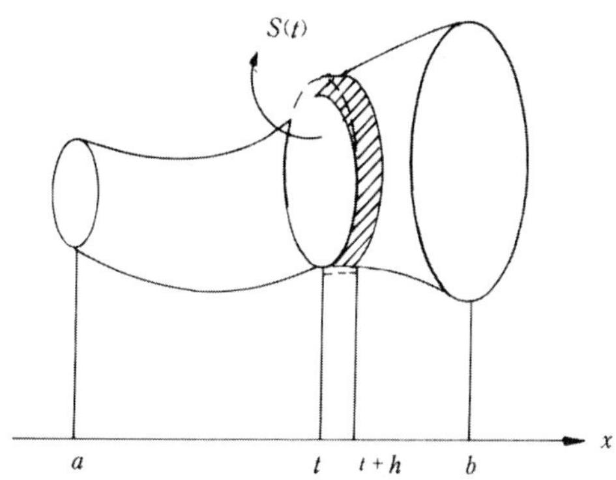

$$mh\le V(t+h)-V(t)\le Mh$$
$$m\le \frac{V(t+h)-V(t)}{h}\le M$$

이다. $S(t)$가 연속이므로 $h\to 0$ 이면 $V'(t)=S(t)$이다.
$V(a)=0$, $V(b)=V$이므로

$$V=\int_a^b S(t)\,dt$$

예제 3.2 밑면의 반지름의 길이가 a인 직원기둥을, 밑면의 지름을 지나고 밑면과 $\frac{\pi}{4}$를 이루는 평면으로 잘라서 생기는 입체의 부피를 구하라.

풀이

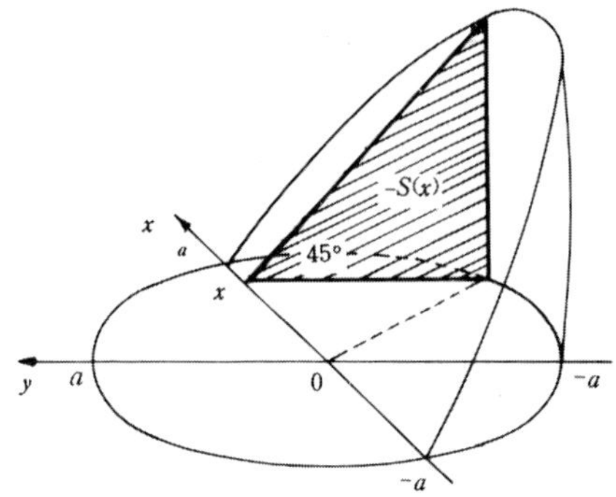

위의 그림에서

$$S(x)=\frac{1}{2}\sqrt{a^2-x^2}\,\sqrt{a^2-x^2}\tan\frac{\pi}{4}=\frac{1}{2}(a^2-x^2)$$

$$\therefore\ V=2\int_0^a\frac{1}{2}(a^2-x^2)\,dx$$

$$=\left[a^2x-\frac{1}{3}x^3\right]_o^a=\frac{2}{3}a^3$$

정리 3.1을 이용하면 다음 정리를 쉽게 얻을 수 있다.

정리 3.3 f가 $[a, b]$에서 연속일 때, 곡선 $y=f(x)$, 직선 $x=a$, $x=b$ 및 x축으로 둘러싸인 부분을 x축으로 회전시켜서 생기는 회전체의 부피는

$$V=\pi\int_a^b\{f(x)\}^2\,dx$$

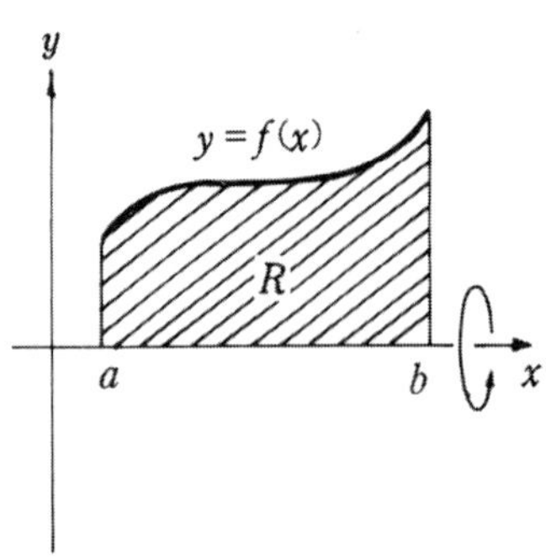

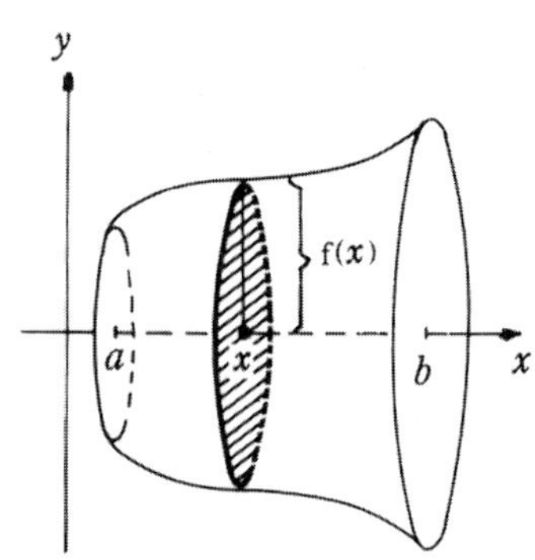

예제 3.4 반지름이 길이 r인 구의 부피를 구하라.

풀이 반지름의 길이 r인 구는 x축 위의 구간 $[-r, r]$와 곡선 $y=\sqrt{r^2-x^2}$ 으로 둘러싸인 부분을 x축으로 회전시켜서 생기는 회전체이다.

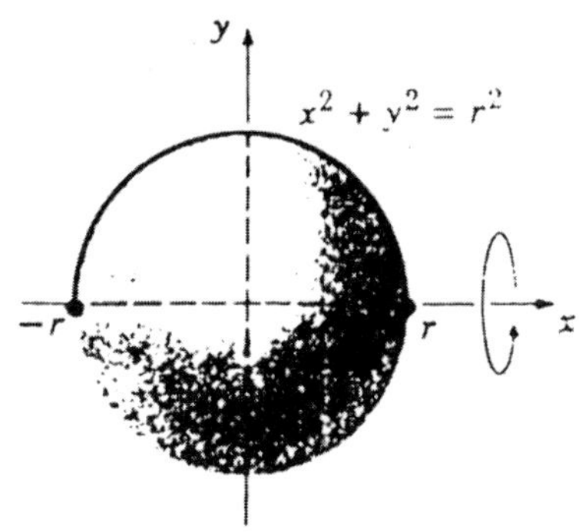

$$\therefore\ V=\pi\int_{-r}^{r} y^2\,dx=\pi\int_{-r}^{r}(r^2-x^2)\,dx$$

$$=\pi\left[r^2x-\frac{x^3}{3}\right]_{-r}^{r}=\frac{4}{3}\pi r^3$$

정리 3.5 곡선의 방정식이 매개변수

$$\begin{cases} x=u(t) \\ y=v(t) \end{cases} \qquad (\alpha\le t\le\beta)$$

로 주어질 때, $a=u(\alpha), b=u(\beta)$ 이면, 이 곡선과 직선 $x=a, x=b$ 및 x축으로 둘러싸인 부분을 x축으로 회전시켜서 생기는 회전체의 부피는

$$V=\pi\int_{\alpha}^{\beta}\{v(t)\}^2\,u'(t)\,dt \quad (\text{단, } u',\ v\text{는 연속})$$

[증명] $x=u(t)$ 이므로 $u'(t)\,dt=dx$ 이고, $a=u(\alpha)$, $b=(\beta)$

$$\therefore\ V=\pi\int_a^b y^2\,dx=\pi\int_{\alpha}^{\beta}\{v(t)\}^2\,u'(t)\,dt$$

예제 3.6 cycloid $\begin{cases} x=a(\theta-\sin\theta) \\ y=a(1-\cos\theta) \end{cases}$ $\quad(0\le\theta\le2\pi)$

를 x축으로 회전시켰을 때 생기는 입체의 부피를 구하라.

풀이 $dx=a(1-\cos\theta)\,d\theta$ 이므로

$$V=\pi\int_0^{2\pi} a^2(1-\cos\theta)^2\ a(1-\cos\theta)\,d\theta=\pi a^3\int_0^{2\pi}(2\sin^2\frac{\theta}{2})^3\,d\theta$$

$t=\frac{\theta}{2}$ 로 두고 점화공식을 이용하면

$$V=16\pi a^3\int_0^{\pi}\sin^6 t\,dt=32\pi a^3\int_0^{\frac{\pi}{2}}\sin^6 t\,dt$$
$$=32\pi a^3\cdot\frac{5}{6}\cdot\frac{3}{4}\cdot\frac{1}{2}\cdot\frac{\pi}{2}=5\pi^2a^3$$

주의 곡선이 극방정식으로

$$r=f(\theta)\qquad(\alpha\le\theta\le\beta)$$

와 같이 주어질 때는

$$x=f(\theta)\cos\theta,\ y=f(\theta)\sin\theta\qquad(\alpha\le\theta\le\beta)$$

즉, θ를 매개변수로 하는 방정식으로 생각하며 정리 3.5의 방법을 적용할 수 있다.

정리 3.7 곡선 $y=f(x)$, 직선 $x=a$, $x=b$ 및 x축으로 둘러싸인 부분을 y축으로 회전시켜서 생기는 회전체의 부피는, f가 $[a,b]$에서 연속이고 $f\ge0$, $a\ge0$ 일 때

$$V=2\pi\int_a^b x\,f(x)\,dx$$

[증명] $a<t<t+h<b$에 대해서, 곡선 $y=f(x)$와 직선 $x=t$, $x=t+h$ 및 x축으로 둘러싸인 부분(빗금친 부분)을 y축으로 회전시키면, 아래 오른쪽 그림과 같은 원통 모양이 되고, 그 부피는 약

$$\pi(t+h)^2f(t)-\pi t^2f(t)$$

이다.

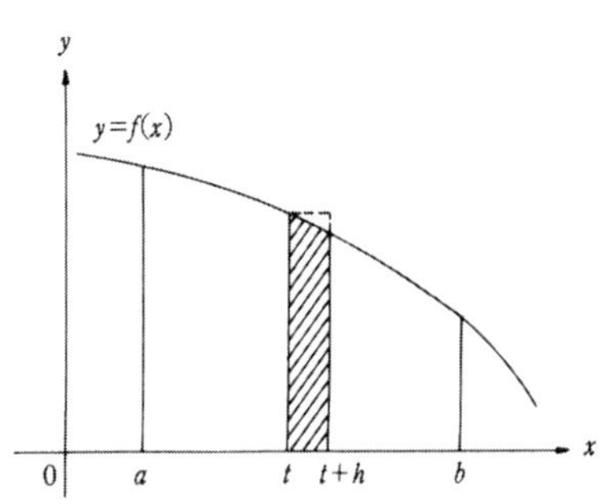

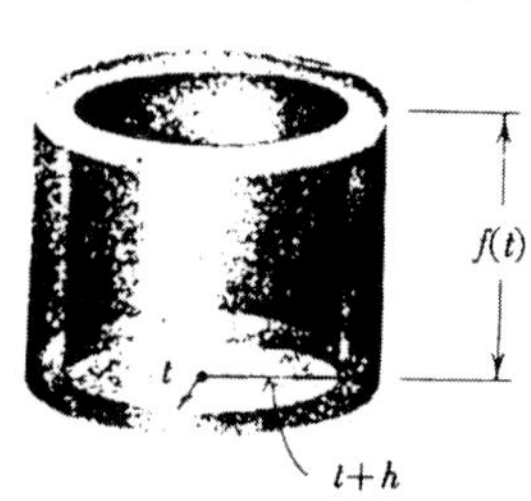

이러한 방법을 $[a, b]$에서 생각하면, 아래 그림과 같은 회전체를 얻는다.

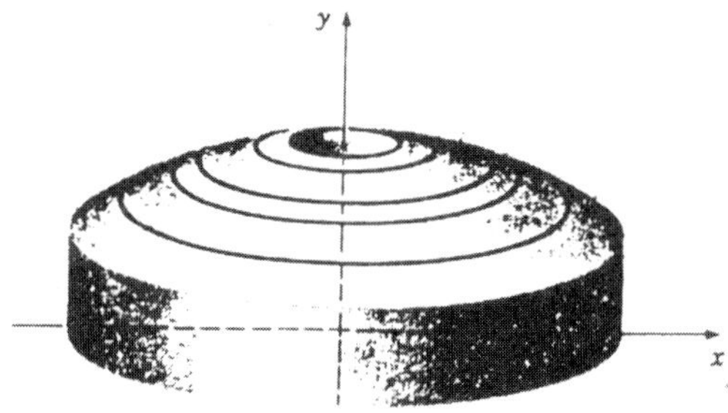

따라서 곡선 $y=f(x)$ 와 직선 $x=a$, $x=t$ 및 x축으로 둘러 싸인 부분으로 y축으로 회전시켜서 생기는 입체의 부피를 $V(t)$ 라고 하고,

$$m=\inf\{f(x)\,|\,t\le x\le t+h\},\quad M=\sup\{f(x)\,|\,t\le x\le x+h\}$$

라 두면,

$$m\{\pi(t+h)^2-\pi t^2\}\le V(t+h)-V(t)\le M\{\pi(t+h)^2-\pi t^2\}$$

$$\therefore\ m\pi(2t+h)\le\frac{V(t+h)-V(t)}{h}\le M\pi(2t+h)$$

여기서 $h\to0$ 으로 하면, $V'(t)=2\pi tf(t)$ 이므로

$$V=2\pi\int_a^b xf(x)\,dx$$

예제 3.8 곡선 $y=\sin x\ (0\le x\le\frac{\pi}{2})$ 와 직선 $y=0$, $x=\frac{\pi}{2}$ 로 둘러싸인 부분을 y축으로 회전시켜서 생기는 입체의 부피를 구하라.

풀이 정리 3.7을 이용하면

$$\begin{aligned}V&=2\pi\int_0^{\frac{\pi}{2}}x\sin x\,dx\\&=2\pi\{x(-\cos x)\}_0^{\pi/2}\\&\quad-2\pi\int_0^{\frac{\pi}{2}}1\,(-\cos x)\,dx\\&=2\pi[\sin x]_0^{\pi/2}=2\pi\end{aligned}$$

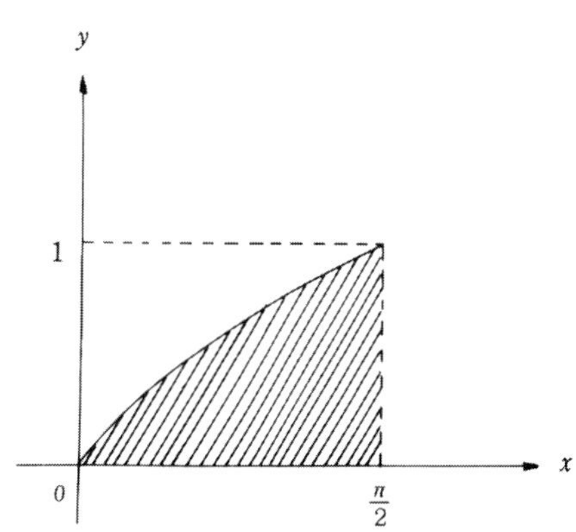

§ 6.3 부 피

연습문제 6.3

1. 다음 직선 및 곡선에 의하여 둘러싸인 부분을 x축으로 회전시켜서 생기는 회전체의 부피를 구하라.

(1) $xy=4$, $x+y=5$ (2) $y=-x^2-3x+6$, $x+y-3=0$

(3) $y=x^2$, $y=x^3$ (4) $x^2-y^2=16$, $y=0$, $x=8$

(5) $y^2=x^4(1-x^2)$ (6) $y=\sin x$, $y=\cos x$, $x=0$, $x=\dfrac{\pi}{4}$

(7) $x=2\cos\theta-\cos 2\theta-1$, $y=2\sin\theta-\sin 2\theta$

2. 다음 직선 및 곡선에 의하여 둘러싸인 부분을 y축으로 회전시켜서 생기는 회전체의 부피를 구하라.

(1) $x=\sqrt{1+y}$, $x=0$, $y=3$

(2) $4x^2+9y^2=36$

(3) $x=\cos y$, $y=\dfrac{\pi}{4}$, $y=\dfrac{3\pi}{4}$, $x=0$

(4) $x=e^t\sin t$, $y=e^t\cos t$ $\quad (0\le t\le \dfrac{\pi}{2})$

(5) $y=\cos(x^2)$, $x=0$, $x=\dfrac{\sqrt{\pi}}{2}$, $y=0$

(6) $y=e^{-x^2}$, $y=0$, $x=0$, $x=1$

3. 한 변의 길이가 a인 정사각형을 밑면으로 하고, 높이가 h인 정사각뿔의 부피를, 앞의 정리 3.1을 이용하여 구하라.

<Hint> $S(y)=\dfrac{a^2}{h^2}(h-y)^2$

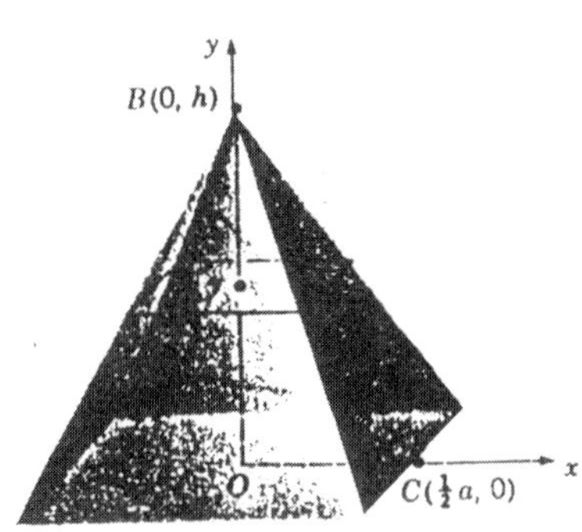

§6.4 평면곡선의 길이 및 회전체의 겉넓이

정리 4.1 함수 f가 $[a, b]$에서 미분가능하고, f'이 $[a, b]$에서 연속일 때, $x=a$ 에서 $x=b$ 까지 곡선 $y=f(x)$의 길이 s는

$$s=\int_a^b \sqrt{1+\{f'(x)\}^2}\,dx$$

[증명]

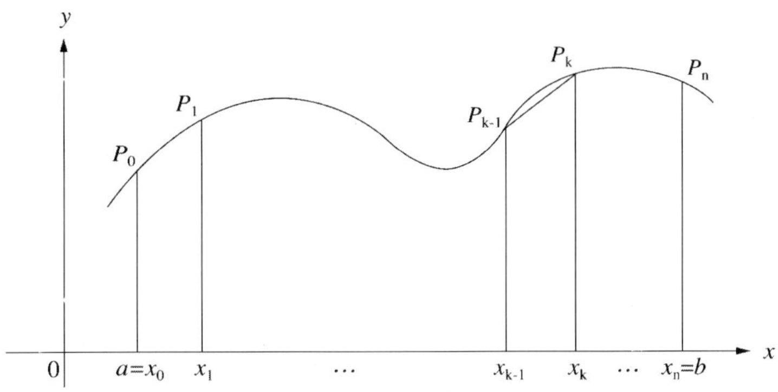

구간 $[a, b]$의 한 분할

$$a=x_0 < x_1 < x_2 < \cdots < x_{k-1} < x_k < \cdots < x_{n-1} < x_n = b$$

에 대해서, 분점 $x_0, x_1, \cdots, x_{k-1}, x_k, \cdots, x_n$ 에 대응되는 곡선 위의 점을 $P_0, P_1, \cdots, P_{k-1}, P_k, \cdots, P_n$ 이라 하자. 또한

$$\Delta x_k = x_k - x_{k-1}, \quad L_k = \overline{P_{k-1}P_k}$$

이라 두면,

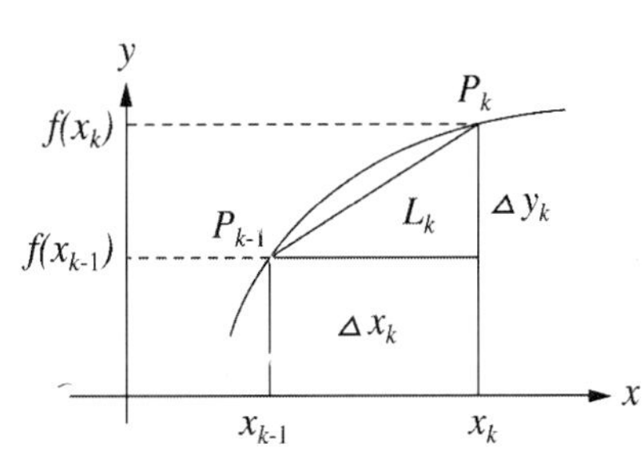

$$L_k=\sqrt{(x_k-x_{k-1})^2+(f(x_k)-f(x_{k-1}))^2}$$

$$=\sqrt{1+\left\{\frac{f(x_k)-f(x_{k-1})}{x_k-x_{k-1}}\right\}^2}\ (x_k-x_{k-1})$$

미분의 평균값의 정리로부터

$$\frac{f(x_k)-f(x_{k-1})}{x_k-x_{k-1}}=f'(c_k)$$

인 c_k 가 구간 (x_{k-1}, x_k) 사이에 존재하므로

$$L_k=\sqrt{1+\{f'(c_k)\}^2}\ \Delta x_k$$

이다. 그러므로 f' 의 연속성과 정적분의 정의에 의하여

$$s=\lim_{\delta\to 0}\sum_{k=1}^{n} L_k=\lim_{\delta\to 0}\sum_{k=1}^{n}\sqrt{1+\{f'(c_k)\}^2}\ \Delta x_k=\int_a^b\sqrt{1+\{f'(x)\}^2}\,dx$$

$$(\text{단},\ \delta=\max\{\Delta x_1, \Delta x_2, \cdots, \Delta x_n\})$$

> **주의** 함수 $x=g(y)$ 가 $[c, d]$에서 미분가능하고 연속인 도함수를 가지면, $y=c$ 에서 $y=d$ 까지의 곡선 $x=g(y)$ 의 길이는
>
> $$s=\int_c^d\sqrt{1+\{g'(y)\}^2}\,dy$$

예제 4.2 곡선 $24xy=x^4+48$ 에 대하여, $x=2$ 에서 $x=4$ 까지의 곡선의 길이를 구하라.

풀이 $y=\dfrac{1}{24}x^3+\dfrac{2}{x}$ 에서 $y'=\dfrac{x^4-16}{8x^2}$ 이므로

$$1+y'^2=1+\frac{(x^4-16)^2}{64x^4}=\frac{1}{64}\left(\frac{x^4+16}{x^2}\right)^2$$

$$\therefore\ s=\frac{1}{8}\int_2^4\left(x^2+\frac{16}{x^2}\right)dx=\frac{17}{6}$$

정리 4.3 곡선의 방정식이 매개변수 t에 의하여

$$\begin{cases} x=u(t) \\ y=v(t) \end{cases}\qquad (\alpha\le t\le\beta)$$

로 주어지고, $\alpha\le t\le\beta$ 에서 u, v 가 미분가능하고 $u'(t)$, $v'(t)$ 가 연속일 때, 곡선의 길이는

$$s=\int_\alpha^\beta\sqrt{\left(\frac{dx}{dt}\right)^2+\left(\frac{dy}{dt}\right)^2}\,dt$$

[증명] $u'(t)=\dfrac{dx}{dt}$, $v'(t)=\dfrac{dy}{dt}$ 이므로, $a=u(\alpha)$, $b=u(\beta)$ 라 하면

$$s=\int_a^b\sqrt{1+(\frac{dy}{dx})^2}dx=\int_\alpha^\beta\sqrt{(\frac{dx}{dt})^2+(\frac{dy}{dt})^2}dt$$

예제 4.4 성망형(asteroid) $x^{\frac{2}{3}}+y^{\frac{2}{3}}=a^{\frac{2}{3}}$ $(a>0)$ 의 곡선의 길이를 구하라.

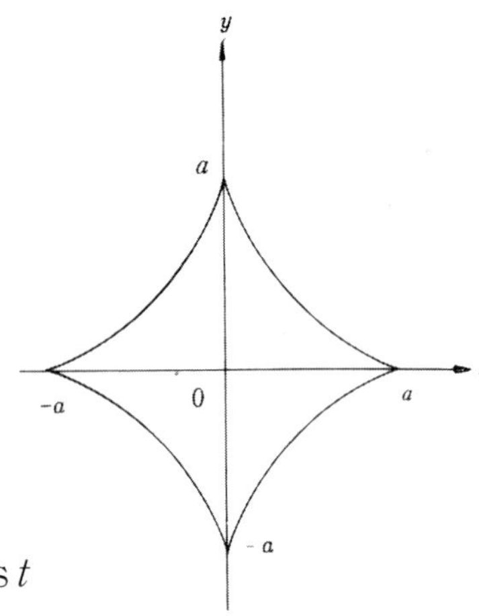

풀이 이것은 y를 x의 함수로 나타내어 정리 4.1을 이용해도 되지만, 매개변수를 써서 정리 4.3을 이용하는 것이 편리하다. 따라서

$$\begin{cases} x=a\cos^3 t \\ y=a\sin^3 t \end{cases} \qquad (0\le t\le 2\pi)$$

로 두면

$$\frac{dx}{dt}=3a\cos^2 t(-\sin t),\quad \frac{dy}{dt}=3a\sin^2 t\cos t$$

$$\therefore\ s=4\int_0^{\frac{\pi}{2}}\sqrt{(\frac{dx}{dt})^2+(\frac{dy}{dt})^2}\,dt=6a\int_0^{\frac{\pi}{2}}\sin 2t\,dt=6a$$

정리 4.5 곡선의 방정식이 극방정식

$$r=f(\theta) \qquad (\alpha\le\theta\le\beta)$$

로 주어지고, $[\alpha,\beta]$에서 f가 미분가능하고 f' 이 연속일 때, $\theta=\alpha$ 에서 $\theta=\beta$ 까지 곡선의 길이는

$$s=\int_\alpha^\beta\sqrt{(\frac{dr}{d\theta})^2+r^2}\,d\theta$$

[증명] 직교좌표와 극좌표의 관계식에서

$$x=f(\theta)\cos\theta,\ y=f(\theta)\sin\theta$$

이므로 $\dfrac{dx}{d\theta}=\dfrac{dr}{d\theta}\cos\theta-r\sin\theta$, $\quad\dfrac{dy}{d\theta}=\dfrac{dr}{d\theta}\sin\theta+r\cos\theta$

$$(\frac{dx}{d\theta})^2 + (\frac{dy}{d\theta})^2 = (\frac{dr}{d\theta}\cos\theta - r\sin\theta)^2 + (\frac{dr}{d\theta}\sin\theta + r\cos\theta)^2$$
$$= (\frac{dr}{d\theta})^2 + r^2$$

그러므로 정리 4.3 에 의하여

$$s = \int_\alpha^\beta \sqrt{(\frac{dr}{d\theta})^2 + r^2}\, d\theta$$

예제 4.6 심장형(cardioid) $r = a(1 - \cos\theta)$ $(a > 0)$ 의 곡선의 길이를 구하라.

풀이 $(\frac{dr}{d\theta})^2 + r^2$

$$= a^2\sin^2\theta + a^2(1-\cos\theta)^2$$
$$= 4a^2\sin^2\frac{\theta}{2}$$
$$\therefore\ s = 2\int_0^\pi 2a\sin\frac{\theta}{2}\, d\theta = 8a$$

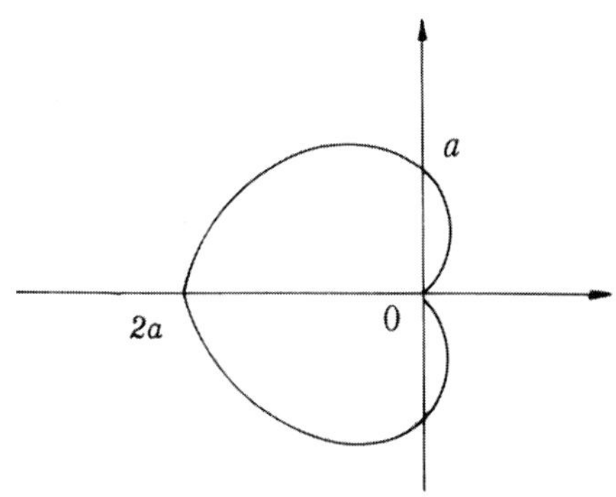

이제 앞에서 배운 곡선의 길이를 응용하여 회전체의 겉넓이를 구해보자.

겉넓이를 구하는 일반공식을 유도하기 위하여, 먼저 다음 그림과 같은 입체의 겉넓이를 알아보자.

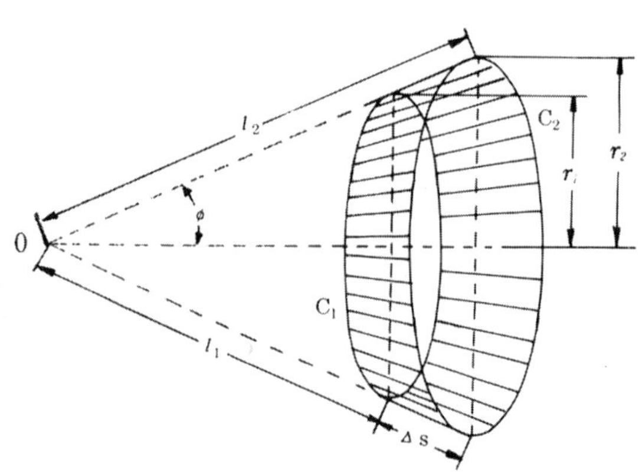

이 입체의 전개를 그리면 다음과 같다. 따라서

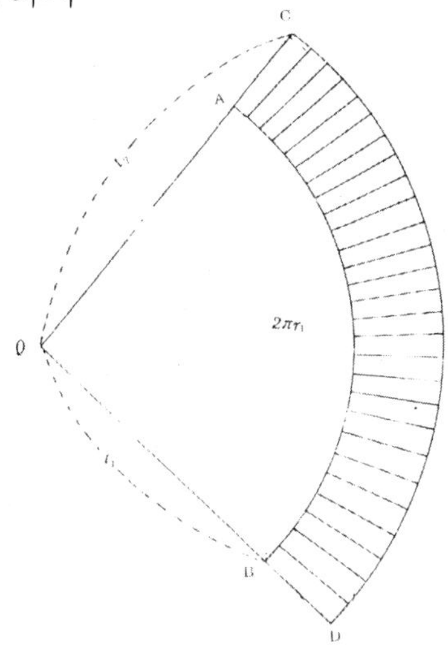

(빗금친 부분의 넓이)

$= $ (부채꼴 OCD) $-$ (부채꼴 OAB)

$= \frac{1}{2} l_2 \, 2\pi r_2 - \frac{1}{2} l_1 \, 2\pi r_1$

$= \pi r_2 l_2 - \pi r_1 l_1$

그런데, 위의 그림에서

$r_1 = l_1 \sin\phi, \quad r_2 = l_2 \sin\phi$

이므로, 구하는 겉넓이는

$$\pi \sin\phi(l_2^2 - l_1^2) = \pi \sin\phi(l_2 + l_1)(l_2 - l_1)$$

$$= \underline{\pi(r_1 + r_2)\,\Delta s} \quad \cdots\cdots\cdots \quad (*)$$

정리 4.7 함수 $y = f(x) \geq 0$ 이 $[a, b]$에서 미분가능하고 $f'(x)$가 연속일 때, 이 곡선을 x축으로 회전시켜서 생기는 회전체의 겉넓이는 다음과 같다.

$$2\pi \int_a^b f(x)\sqrt{1 + \{f'(x)\}^2}\, dx$$

[증명] 구간 $[a, b]$의 분할 $a = x_0 < x_1 < \cdots < x_{k-1} < x_k < \cdots < x_n = b$ 에서 각 분점 $x_0, x_1, \cdots, x_{k-1}, x_k, \cdots, x_n$에 대응되는 곡선 위의 점을 $P_0, P_1, \cdots, P_{k-1}, P_k, \cdots, P_n$이라 하자.

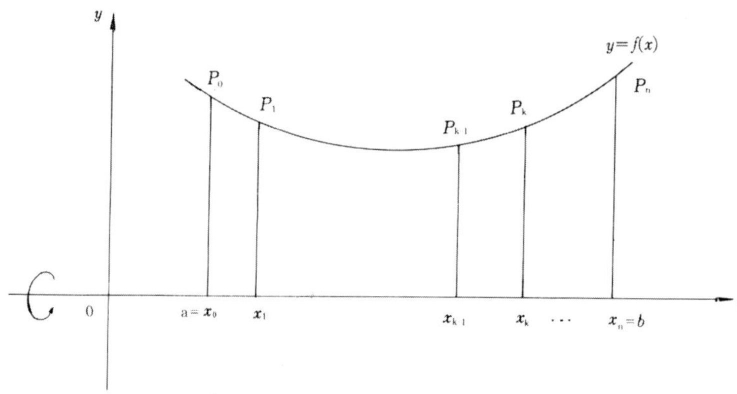

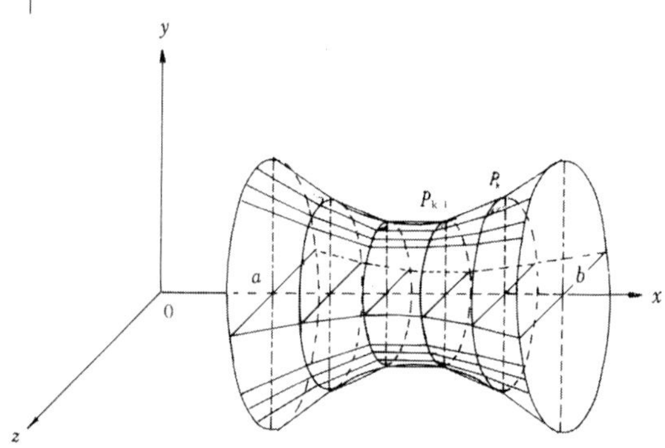

이 회전체의 $[x_{k-1}, x_k]$부분을 확대해 보면 오른쪽 그림과 같고, 따라서 그 겉넓이 S_k 는 앞의 (*)에 의하여

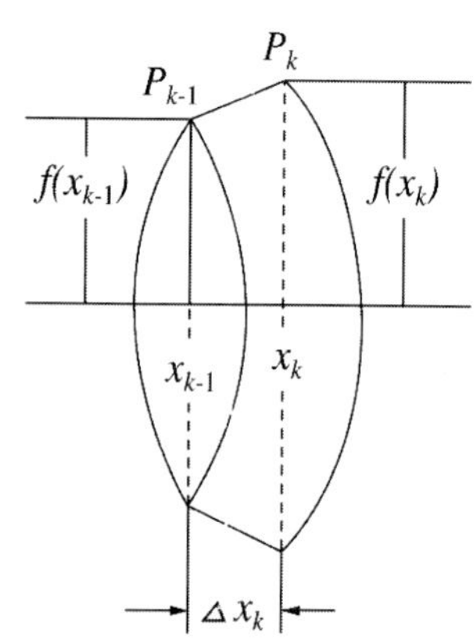

$$S_k = \pi\{f(x_{k-1}) + f(x_k)\}\ \overline{P_{k-1}P_k}$$

$$= \pi\{f(x_{k-1}) + f(x_k)\}$$

$$\times\sqrt{\Delta x_k^2 + \{f(x_k) - f(x_{k-1})\}^2}$$

여기서 중간값의 정리와 평균값의 정리를 사용하면

$$\frac{f(x_{k-1}) + f(x_k)}{2} = f(\xi_k) \text{ 인 } \quad \xi_k \text{ 와 } \quad \frac{f(x_k) - f(x_{k-1})}{\Delta x_k} = f'(c_k) \text{ 인}$$

c_k가 (x_{k-1}, x_k) 에서 존재하므로

$$S_k = 2\pi f(\xi_k)\sqrt{1+\{f'(c_k)\}^2}\ \Delta x_k$$

이다.

$$\delta = \max\{\Delta x_1, \Delta x_2, \cdots, \Delta x_k, \cdots, \Delta x_n\}$$

으로 두면, 구하는 겉넓이 S는

$$S = \lim_{\delta\to 0}\sum_{k=1}^{n} S_k$$

$$= \lim_{\delta\to 0}\sum_{k=1}^{n} 2\pi f(\xi_k)\sqrt{1+\{f'(c_k)\}^2}\ \Delta x_k \quad (x_{k-1}<\xi_k,\ c_k<x_k)$$

$$= 2\pi\int_a^b f(x)\sqrt{1+\{f'(x)\}^2}\,dx$$

임을 알 수 있다.

예제 4.8 곡선 $y=\sqrt{a^2-x^2}$, $0\le x\le 1$ (단, $a>1$)을 x축으로 회전시켜서 생기는 회전체의 겉넓이를 구하라.

풀이 $y' = \dfrac{-x}{\sqrt{a^2-x^2}}$ 이므로

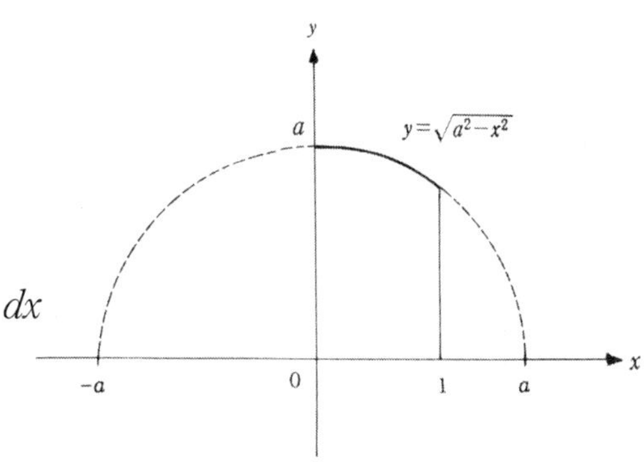

구하는 겉넓이 S는

$$S = 2\pi\int_0^1 \sqrt{a^2-x^2}\sqrt{1+\frac{x^2}{a^2-x^2}}\,dx$$

$$= 2\pi\int_0^1 a\,dx$$

$$= 2\pi a$$

앞의 정리 4.7 로부터 다음은 쉽게 얻어진다.

정리 4.9 곡선의 방정식이 매개변수 t에 의하여

$$\begin{cases} x = u(t) \\ y = v(t) \end{cases} \qquad (\alpha \le t \le \beta)$$

로 주어지고, $[\alpha, \beta]$에서 u, v가 미분가능하고 $u'(t), v'(t)$가 연속일

때, 이 곡선을 x축으로 회전시켜서 생기는 회전체의 겉넓이는

$$S=2\pi\int_{\alpha}^{\beta} v(t)\sqrt{\{u'(t)\}^2+\{v'(t)\}^2}\,dt$$

정리 4.10 곡선의 방정식이 극방정식

$$r=f(\theta) \qquad (\alpha\le\theta\le\beta)$$

로 주어지고, $[\alpha,\beta]$에서 f가 미분가능하고 f'이 연속일 때, 이 곡선을 기선으로 회전시켜서 생기는 회전체의 겉넓이는

$$S=2\pi\int_{\alpha}^{\beta} r\sin\theta\sqrt{\left(\frac{dr}{d\theta}\right)^2+r^2}\,d\theta$$

예제 4.11 성망형 $x=a\cos^3 t,\ y=a\sin^3 t\ \ (a>0,\ 0\le t\le\pi)$를 x축으로 회전시켜서 생기는 회전체의 겉넓이를 구하라.

풀이 $\dfrac{dx}{dt}=-3a\cos^2 t\sin t,\ \dfrac{dy}{dt}=3a\sin^2 t\cos t$ 이므로

$$\sqrt{\left(\frac{dx}{dt}\right)^2+\left(\frac{dy}{dt}\right)^2}=\sqrt{9a^2\cos^4 t\sin^2 t+9a^2\sin^4 t\cos^2 t}$$
$$=3a\sin t\cos t$$

$$\therefore\ S=4\pi\int_0^{\frac{\pi}{2}} a\sin^3 t\,3a\sin t\cos t\,dt$$
$$=12\pi a^2\int_0^{\frac{\pi}{2}}\sin^4 t\cos t\,dt$$
$$=12\pi a^2\left[\frac{1}{5}\sin^5 t\right]_0^{\frac{\pi}{2}}$$
$$=\frac{12}{5}\pi a^2$$

예제 4.12 심장형 $r=a(1-\cos\theta)$ $(a>0,\ 0\leq\theta\leq\pi)$를 기선으로 회전시켜서 생기는 회전체의 겉넓이를 구하라.

풀이 $\dfrac{dr}{d\theta}=a\sin\theta,\quad r^2+\left(\dfrac{dr}{d\theta}\right)^2=2a^2(1-\cos\theta)$

이므로, 구하는 겉넓이는

$$\begin{aligned} S &= 2\pi\int_0^{\pi} a(1-\cos\theta)\ \sin\theta\sqrt{2a^2(1-\cos\theta)}\,d\theta \\ &= 2\sqrt{2}\pi a^2\int_0^{\pi}\sin\theta\,(1-\cos\theta)^{\frac{3}{2}}\,d\theta \\ &= 2\sqrt{2}\pi a^2\left[\frac{2}{5}(1-\cos\theta)^{\frac{5}{2}}\right]_0^{\pi} \\ &= \frac{32}{5}\pi a^2 \end{aligned}$$

§ 6.4 평면곡선의 길이 및 회전체의 겉넓이

연습문제 6.4

1. 다음 곡선의 길이를 구하라.

(1) $y=3x\sqrt{x}-1$ $\quad (a \le x \le 3)$

(2) $y=\log(\sec x)$ $\quad \left(0 \le x \le \frac{\pi}{3}\right)$

(3) $x=\frac{1}{3}(y-3)\sqrt{y}$ $\quad (0 \le y \le 3)$

(4) $x=\frac{1}{3}t^3,\ y=\frac{1}{2}t^2$ $\quad (1 \le t \le 3)$

(5) $x=e^t\cos t,\ \ y=e^t\sin t$ $\quad \left(0 \le t \le \frac{\pi}{2}\right)$

(6) $r=2\sec\theta$ $\quad \left(-\frac{\pi}{4} \le \theta \le \frac{\pi}{4}\right)$

(7) $r=a\cos^4\frac{\theta}{4}$ $\quad (-\infty < \theta < \infty)$

(8) $r=\theta$ $\quad (0 \le \theta \le 2\pi)$

2. 다음 곡선을 ( )안을 축으로 회전시켰을 때 생기는 회전체의 겉넓이을 구하라.

(1) $y^2=6x,$ $\quad 0 \le x \le 6,$ $\quad$ (x 축)

(2) $18y^2=x(6-x)^2,$ $\quad 0 \le x \le 6,$ $\quad$ (x 축)

(3) $x=\frac{1}{4}y^2-\frac{1}{2}\log y,$ $\quad 1 \le y \le 2,$ $\quad$ (x 축)

(4) $\frac{x^2}{a^2}+\frac{y^2}{b^2}=1,$ $\quad$ (x 축)

(5) $x=a(\theta-\sin\theta),\ \ y=a(1-\cos\theta),\ \ 0 \le \theta \le 2\pi,$ $\quad$ (x 축)

(6) $y=\frac{1}{6}x^3+\frac{1}{2x},$ $\quad 1 \le x \le 2,$ $\quad$ (y 축)

(7) $x=b+a\cos\varphi,\ \ y=a\sin\varphi,$ $\quad 0 \le \varphi \le 2\pi,\ \ b > a > 0,$ $\quad$ (y 축)

(8) $r^2=a^2\cos 2\theta,$ $\quad$ (기선)

제 7 장 편도함수

§7.1 이변수 함수의 극한과 연속

지금까지 우리가 다루어 온 일변수함수의 개념을 독립변수가 두개인 함수들에 대해서 생각해 보기로 하자.

이러한 형태의 함수들을 다음과 같이 정의할 수 있다.

정의 1.1 집합 $D \subset R \times R$를 정의역으로 갖는 함수 $f : D \to R$, $z = f(x, y)$ 를 변수 x, y에 관한 **이변수함수**라 하고, 집합 $\{(x, y, f(x, y)) \mid (x, y) \in D\}$ 을 $z = f(x, y)$ 의 **그래프** 또는 f의 그래프라고 한다.

주어진 함수의 정의역을 언급하지 않았을 경우에 함수식이 의미를 갖는 가장 큰 집합으로 생각하기로 한다.

예를 들면, 이변수함수 $f(x, y) = \sqrt{1 - x^2 - y^2}$ 의 정의역은 $\{(x, y) \in R \times R \mid x^2 + y^2 \leq 1\}$ 이 된다.

예제 1.2 이변수 함수 $f(x, y) = x^2 + y^2$ 의 그래프를 그려라.

풀이 $f(x, y) = z$라 두면 평면 $z = c$와 만나는 곡선은 $x^2 + y^2 = c$ 이다. 그러므로 $c > 0$ 이면 반지름이 $\sqrt{c}$ 인 원이고, $c = 0$ 이면 점 $(0, 0, 0)$이고 $c < 0$ 이면 만나는 점은 없다. 또한 평면 $x = 0$, $y = 0$ 과 만나는 곡선은 각각 $z = y^2$, $z = x^2$ 인 포물선이다. 이로써 그래프를 그리면 다음과 같다.

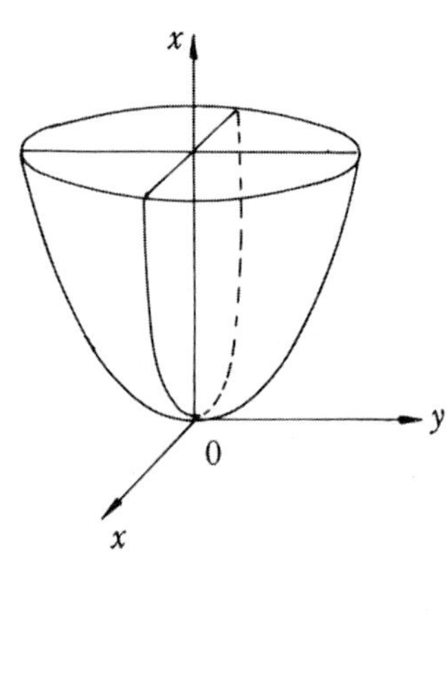

예제 1.3 이변수함수 $f(x, y)=\sqrt{x^2+y^2}$ 의 그래프를 그려라.

풀이 $f(x, y)=z$ 라 두면 평면 $z=c$ 와 만나는 곡선은 $x^2+y^2=c^2$ $(c \geq 0)$ 인 원이다. 또한 평면 $x=0$, $y=0$ 와 만나는 곡선은 각각 $z^2=y^2$, $z^2=x^2$ $(z \geq 0)$ 인 직선들이다. 그러므로 이 함수의 그래프는 다음과 같다.

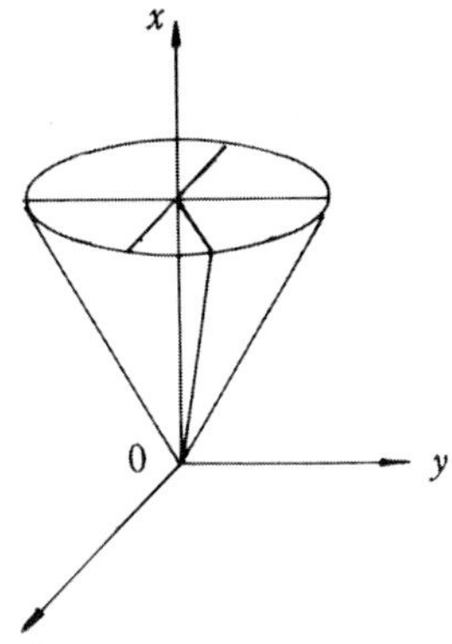

일변수 함수의 극한 및 연속성에 관한 개념을 이변수 함수에 대해서 정의하고 성질들을 조사하고자 한다.

정의 1.4 $r > 0$ 일 때 다음의 집합
$U_r(a, b)=\{(x, y) \mid \sqrt{(x-a)^2+(y-b)^2} < r\}$ 을 점 (a, b) 의 r-**근방** (neighborhood)이라 한다.

정의 1.5 $z=f(x, y)$ 가 점 (a, b) 의 근방 $U_r(a, b)$ (점 (a, b) 는 제외되어도 좋다)에서 정의되어 있다고 하자. 임의로 주어진 $\varepsilon > 0$ 에 대해서

$$\exists\, \delta > 0 \ s.t.\ 0 < \sqrt{(x-a)^2+(y-b)^2} < \delta \Rightarrow |f(x, y)-L| < \varepsilon$$

을 만족하는 실수 L 가 존재할 때, **점 (x, y) 가 점 (a, b) 에 가까이 갈 때의 f 의 극한값이 L 이다** 라고 부르고

$$\lim_{(x, y)\to(a, b)} f(x, y)=L$$

와 같이 쓰기로 한다.

주의 위의 정의에서 $(x, y) \to (a, b)$ 은 (a, b) 에 접근하는 방향에 관계없이 성립하는 것을 의미한다.

예를 들면 $f(x, y) = \dfrac{x^2 - y^2}{x^2 + y^2}$ 에서

$(x, y) \to (0, 0)$ 일 때

(1) x축을 따라서 가까이 가면

$$\lim_{(x,y)\to(0,0)} \frac{x^2 - y^2}{x^2 + y^2} = \lim_{x\to 0} \frac{x^2}{x^2} = 1$$

(2) y축을 따라서 가까이 가면

$$\lim_{(x,y)\to(0,0)} \frac{x^2 - y^2}{x^2 + y^2} = \lim_{y\to 0} \frac{-y^2}{y^2} = -1$$

이 되므로 위의 정의를 만족하는 극한값 L은 존재하지 않는다.

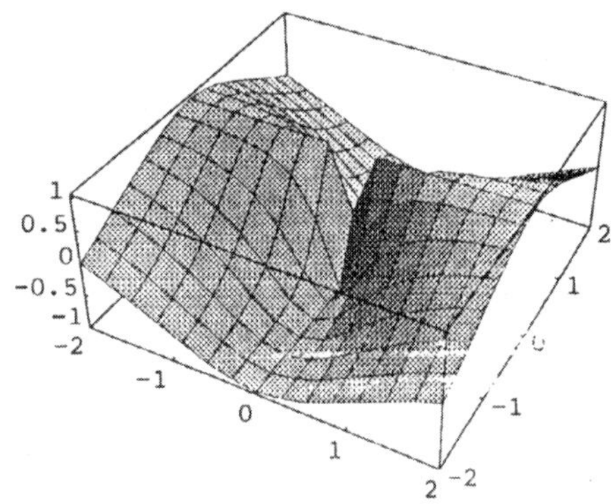

정리 1.6 (1) $\displaystyle\lim_{(x,y)\to(a,b)} x = a$ (2) $\displaystyle\lim_{(x,y)\to(a,b)} y = b$

[증명] (1) 임의로 주어진 $\varepsilon > 0$ 에 대해서 δ를 ε과 같이 잡으면

$$0 < \sqrt{(x-a)^2 + (y-b)^2} < \delta$$

일 때

$$|x - a| \le \sqrt{(x-a)^2 + (y-b)^2} < \delta = \varepsilon$$

이다. 따라서 $\displaystyle\lim_{(x,y)\to(a,b)} x = a$ 이다.

(2)는 (1)과 비슷한 방법으로 증명할 수 있다.

정리 1.7 $\displaystyle\lim_{(x,y)\to(a,b)} f(x, y) = L$, $\displaystyle\lim_{(x,y)\to(a,b)} g(x, y) = M$ 일 때

(1) $\displaystyle\lim_{(x,y)\to(a,b)} (f + g)(x, y) = L + M$

(2) $\displaystyle\lim_{(x,y)\to(a,b)} (cf)(x, y) = c \cdot L$ (c : 상수)

(3) $\displaystyle\lim_{(x,y)\to(a,b)} (f \cdot g)(x, y) = L \cdot M$

(4) $\displaystyle\lim_{(x,y)\to(a,b)} (f/g)(x, y) = L / M$ $(M \ne 0)$

[증명] (1) 임의의 $\varepsilon>0$ 이 주어졌을 때, f, g 의 극한값이 L, M 이므로

$$\exists\, \delta_1 > 0 \quad s.t. \quad 0 < \sqrt{(x-a)^2+(y-b)^2} < \delta_1 \Rightarrow |f(x, y)-L| < \frac{\varepsilon}{2}$$

$$\exists\, \delta_2 > 0 \quad s.t. \quad 0 < \sqrt{(x-a)^2+(y-b)^2} < \delta_2 \Rightarrow |g(x, y)-M| < \frac{\varepsilon}{2}$$

이다. $\delta=\min\{\delta_1, \delta_2\}$ 으로 잡으면 $0<\sqrt{(x-a)^2+(y-b)^2}<\delta$ 일 때

$|f(x, y)-L|$, $|g(x, y)-M| < \frac{\varepsilon}{2}$ 이므로

$$\begin{aligned} |(f+g)(x, y)-(L+M)| &\le |f(x, y)-L| + |g(x, y)-M| \\ &< \frac{\varepsilon}{2}+\frac{\varepsilon}{2}=\varepsilon \end{aligned}$$

이다. 그러므로 $\lim_{(x, y)\to(a, b)}(f+g)(x, y)=L+M$ 이다.

(2)~(4)는 일변수 함수에서의 증명과 (1)의 증명방법을 사용하여 비슷하게 증명할 수 있으므로 생략한다.

예제 1.8 다음을 구하라.

$$\lim_{(x, y)\to(2, 1)} \frac{x^3+y^3}{x^2+y^2}$$

풀이 정리 1.6 에 의하여

$$\lim_{(x, y)\to(2, 1)} x=2, \quad \lim_{(x, y)\to(2, 1)} y=1$$

이므로 정리 1.7 의 (3)에 의하여

$$\lim_{(x, y)\to(2, 1)} x^2=4, \quad \lim_{(x, y)\to(2, 1)} y^2=1, \quad \lim_{(x, y)\to(2, 1)} x^3=8, \quad \lim_{(x, y)\to(2, 1)} y^3=1$$

이다. 또한 정리 1.7 의 (1), (4)에 의해서

$$\lim_{(x, y)\to(2, 1)} \frac{x^3+y^3}{x^2+y^2}=\frac{\lim_{(x, y)\to(2, 1)} x^3+\lim_{(x, y)\to(2, 1)} y^3}{\lim_{(x, y)\to(2, 1)} x^2+\lim_{(x, y)\to(2, 1)} y^2}=\frac{9}{5}$$

정의 1.9 이변수 함수 $f(x,y)$ 가 다음의 조건들을 만족할 때 $f(x,y)$ 는 점 (a,b) 에서 **연속**이라 한다.

(1) f 가 점 (a,b) 에서 정의되어 있다.

(2) $\lim_{(x,y)\to(a,b)} f(x,y)$ 가 존재한다.

(3) $\lim_{(x,y)\to(a,b)} f(x,y) = f(a,b)$.

특히 정의역의 모든 점에서 연속이면 f는 **연속이다** 라고 한다.

예제 1.10 $f(x,y) = xy^2$ 이 연속임을 보여라.

풀이 f의 정의역은 R^2 이다. 또한 임의의 점 $(a,b)\in R^2$ 에서

$$\lim_{(x,y)\to(a,b)} f(x,y) = \lim_{(x,y)\to(a,b)} xy^2 = ab^2 = f(a,b)$$

이므로 f는 연속이다.

정리 1.7 로부터 다음 정리를 얻을 수 있다.

정리 1.11 이변수 함수 f, g가 (a,b) 에서 연속일 때 $f+g,\ cf,\ fg,\ f/g$ (c : 상수, $g(a,b)\neq 0$) 들이 모두 연속이다.

정리 1.12 $f: X\subset R^2 \to R$, $g: Y\subset R\to R$ 이 연속이고 $f(X)\subset Y$ 일 때 합성함수 $h(x,y) = g(f(x,y))$ 또한 연속이다.

[증명] 임의의 점 $(a,b)\in X$ 가 주어졌을 때 함수 g 의 연속성에 의해서

$$\lim_{(x,y)\to(a,b)} h(x,y) = \lim_{(x,y)\to(a,b)} g(f(x,y))$$

$$= g\left(\lim_{(x,y)\to(a,b)} f(x,y)\right)$$

이고, 또한 함수 f의 연속성에 의해서

$$\lim_{(x,\, y)\to(a,\, b)} f(x,\, y)=f(a,\, b)$$

이므로,

$$\lim_{(x,\, y)\to(a,\, b)} h(x,\, y)=g(f(a,\, b))=h(a,\, b)$$

이다. 따라서 함수 h는 연속이다.

예제 1.13 이변수 함수 $h(x,\, y)=e^{xy^2}$의 연속성을 설명하라.

풀이 $f(x,\, y)=xy^2$, $g(t)=e^t$라 두면 이 함수들은 연속이고

$$h(x,\, y)=e^{xy^2}=g(f(x,\, y))$$

이다. 따라서 정리 1.12 에 의해서 $h(x,\, y)=e^{xy^2}$은 연속이다.

§ 7.1 이변수 함수의 극한과 연속

연습문제 7.1

1. 다음 함수의 그래프를 그려라.

(1) $f(x, y) = 2x + y$

(2) $f(x, y) = \sqrt{1 - x^2 - y^2}$

(3) $f(x, y) = x^2 + y^2 + 1$

(4) $f(x, y) = x^2 + 1$

2. 다음을 구하라.

(1) $\lim_{(x, y)\to(1,1)} (x+1)$

(2) $\lim_{(x, y)\to(1,2)} \frac{2x^2y}{x+y}$

(3) $\lim_{(x, y)\to(\log 2,0)} e^{2x+y^2}$

(4) $\lim_{(x, y)\to(1,0)} \frac{\sin xy}{xy}$

(5) $\lim_{(x, y)\to(0,0)} \frac{xy^3 - x^2}{x^2+y^2}$

(6) $\lim_{(x, y)\to(0,0)} \frac{xy}{\sqrt{x^2+y^2}}$

3. 다음 함수의 연속성을 설명하라.

(1) $f(x, y) = \sin(xy+1)$

(2) $f(x, y) = \frac{x+y^2}{x^2+y^2-1}$

4. 다음 함수가 원점에서 불연속임을 보여라.

(1) $f(x, y) = \begin{cases} \frac{xy}{x^2+y^2} & : (x, y) \neq (0, 0) \\ 0 & : (x, y) = (0, 0) \end{cases}$

§7.2 편도함수

이변수 함수 $f(x, y)$에 대해서, $y=b$로 고정시키면 함수 f는 x만의 함수인 일변수 함수가 된다.

정의 2.1 이변수 함수 $z=f(x, y)$의 정의역의 한 점 (a, b)에 대해서 다음의 극한값

$$\lim_{h\to 0}\frac{f(a+h,\ b)-f(a,\ b)}{h}$$

이 존재할 때 이 값은 (a, b)에서 f의 x에 관한 **편도함수**(partial derivative of f with respect to x at (a, b)) 라고 부르고, $\dfrac{\partial f}{\partial x}(a, b)$, $f_x(a, b)$, $\dfrac{\partial z}{\partial x}(a, b)$, $z_x(a, b)$ 등으로 나타낸다. 또 극한값

$$\lim_{k\to 0}\frac{f(a,\ b+k)-f(a,\ b)}{k}$$

가 존재할 때 이 값을 (a, b) 에서 f의 y 에 관한 편도함수라고 부르고, $\dfrac{\partial f}{\partial y}(a, b)$, $f_y(a, b)$, $\dfrac{\partial z}{\partial y}(a, b)$, $z_y(a, b)$ 등으로 나타낸다.

$\dfrac{\partial f}{\partial x}(a, b)$, $\dfrac{\partial f}{\partial y}(a, b)$들은 점 (a, b)의 함수로 볼 수 있다. 따라서 이러한 함수들

$$\frac{\partial f}{\partial x}(x, y) = \lim_{h\to 0}\frac{f(x+h,\ y)-f(x,\ y)}{h}$$

$$\frac{\partial f}{\partial y}(x, y) = \lim_{k\to 0}\frac{f(x,\ y+k)-f(x,\ y)}{k}$$

을 각각 f의 x에 관한 편도함수, f의 y에 관한 편도함수라 부르며,

$$\frac{\partial f}{\partial x},\ f_x,\ \frac{\partial z}{\partial x},\ z_x,\ \frac{\partial f}{\partial y},\ f_y,\ \frac{\partial z}{\partial y},\ z_y$$

등으로 나타낸다.

또, f의 편도함수를 구하는 것을 **f를 편미분한다** 라고 말한다.

예제 2.2 $f(x, y) = xy + 2x^2y$의 편도함수와 점 $(1, 1)$에서의 편도함수를 구하라.

풀이 먼저 x에 관한 편도함수를 구하려면 y를 상수로 간주하고 f를 x에 관하여 미분하면

$$\frac{\partial f}{\partial x} = y + 4xy$$

이고, $\frac{\partial f}{\partial x}(1, 1) = 5$ 이다.

또, x를 상수로 간주하고 f를 y에 관하여 미분하면

$$\frac{\partial f}{\partial y} = x + 2x^2$$

이고, $\frac{\partial f}{\partial y}(1, 1) = 3$ 이다.

예제 2.3 $f(x, y) = x^3 \cos y$의 편도함수를 구하라.

풀이 y를 상수로 보면,

$$\frac{\partial f}{\partial x} = 3x^2 \cos y,$$

x를 상수로 보면,

$$\frac{\partial f}{\partial y} = -3x^2 \sin y$$

이다.

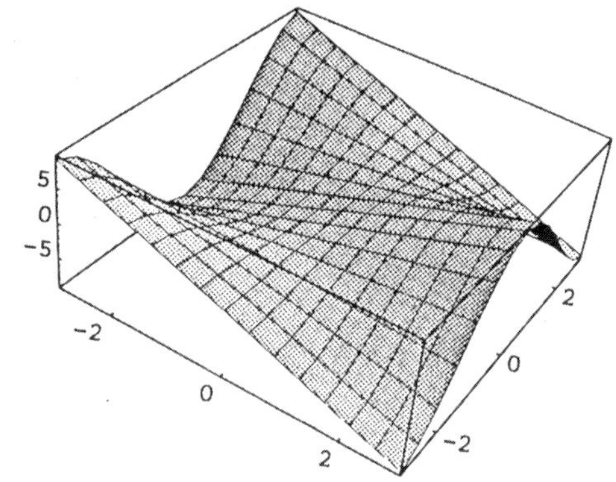

예제 2.4 다음의 함수 f에 대해서 $\frac{\partial f}{\partial x}(0, 0) = 0 = \frac{\partial f}{\partial y}(0, 0)$ 임을 보여라.

$$f(x, y) = \begin{cases} \dfrac{x^3y - xy^3}{x^2 + y^2} & : (x, y) \neq (0, 0) \\ 0 & : (x, y) = (0, 0) \end{cases}$$

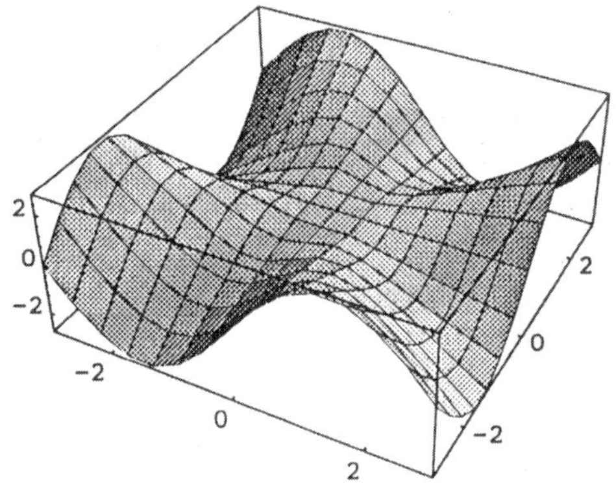

풀이 임의의 h에 대하여 $f(h, 0) = 0 = f(0, h)$이므로

$$\frac{\partial f}{\partial x}(0, 0) = \lim_{h \to 0} \frac{f(h, 0) - f(0, 0)}{h - 0} = \lim_{h \to 0} \frac{0 - 0}{h} = 0$$

$$\frac{\partial f}{\partial y}(0, 0) = \lim_{h \to 0} \frac{f(0, h) - f(0, 0)}{h - 0} = \lim_{h \to 0} \frac{0 - 0}{h} = 0$$

이변수 함수 f의 편도함수 $\frac{\partial f}{\partial x}$와 $\frac{\partial f}{\partial y}$는 모두 x, y의 이변수 함수이므로 다시 이 함수의 편도함수를 다음과 같이 생각할 수 있다.

$$f_{xx} = \frac{\partial^2 f}{\partial x^2} = \frac{\partial}{\partial x}\left(\frac{\partial f}{\partial x}\right), \quad f_{xy} = \frac{\partial^2 f}{\partial y \partial x} = \frac{\partial}{\partial y}\left(\frac{\partial f}{\partial x}\right)$$

$$f_{yx} = \frac{\partial^2 f}{\partial x \partial y} = \frac{\partial}{\partial x}\left(\frac{\partial f}{\partial y}\right), \quad f_{yy} = \frac{\partial^2 f}{\partial y^2} = \frac{\partial}{\partial y}\left(\frac{\partial f}{\partial y}\right)$$

이들을 f의 2계 편도함수라 부른다. 같은 방법으로 고계 편도함수를 정의할 수 있다.

예제 2.5 $f(x, y) = x^2 y + x \sin y$의 2계 편도함수를 구하라.

풀이 $\frac{\partial f}{\partial x} = 2xy + \sin y, \quad \frac{\partial f}{\partial y} = x^2 + x \cos y$

이므로 2계 편도함수는

$$\frac{\partial^2 f}{\partial x^2} = 2y,\ \frac{\partial^2 f}{\partial y \partial x} = 2x + \cos y = \frac{\partial^2 f}{\partial x \partial y},\ \frac{\partial^2 f}{\partial y^2} = -x \sin y$$

예제 2.6 예제 2.4 에서 주어진 이변수 함수 f에서 $f_{xy}(0,0) \neq f_{yx}(0,0)$ 임을 보여라.

풀이 예제 2.4 에서

$$f_x(0, y) = -y\ (y \neq 0),\ f_y(x, 0) = x\ \ (x \neq 0)$$

을 얻을 수 있고, $f_x(0,0) = 0 = f_y(0,0)$ 이므로

$$f_{xy}(0,0) = \lim_{h \to 0} \frac{f_x(0, h) - f_x(0,0)}{h} = \lim_{h \to 0} \frac{-h}{h} = -1$$

$$f_{yx}(0,0) = \lim_{h \to 0} \frac{f_y(h, 0) - f_y(0,0)}{h} = \lim_{h \to 0} \frac{h}{h} = 1$$

따라서 $f_{xy}(0,0) \neq f_{yx}(0,0)$ 이다.

위의 예제 2.6 에 의하여 f_{xy}와 f_{yx}는 일반적으로 다를 수 있음을 알 수 있다. 그러나 우리가 다루는 대부분의 함수에 대해서는 이들이 같음을 다음의 정리로부터 알 수 있다.

정리 2.7 이변수 함수 $f(x, y)$ 가 영역 $D \subset R^2$ 에서 연속인 편도함수 f_x, f_y, f_{xy}, f_{yx} 를 가질 때 이 영역에서 $f_{xy} = f_{yx}$ 이다.

[증명] <부록> 참조.

정의 2.8 점 (a, b) 의 근방에서 정의된 함수 f의 편미분 $f_x(a, b)$ $f_y(a, b)$ 이 존재하고, 다음 조건을 만족할 때, 함수 f가 (a, b) 에서 **미분가능**이라고 부른다.

$$\begin{aligned} \Delta f &= f(a + \Delta x, b + \Delta y) - f(a, b) \\ &= f_x(a, b)\Delta x + f_y(a, b)\Delta y + \varepsilon_1 \Delta x + \varepsilon_2 \Delta y, \end{aligned}$$

$$\varepsilon_1, \varepsilon_2 \to 0\ ((\Delta x, \Delta y) \to (0,0))$$

정리 2.9 이변수 함수 f의 편미분 f_x, f_y가 점 (a, b)의 근방 D에서 존재하고, (a, b)에서 연속이면, 이 함수 f는 점 (a, b)에서 미분가능이다.

[증명] <부록> 참조.

예제 2.10 이변수 함수 $f(x, y) = x^2 y^3$는 모든 점에서 미분가능임을 보여라.

풀이 $f_x = 2xy^3$, $f_y = 3x^2 y^2$는 모든 점에서 정의되고, 또한 모든 점에서 연속이다. 따라서 정리 2.9 에 의해서 이 함수 f는 모든 점에서 미분가능이다.

§7.2 편도함수 연습문제 7.2

1. 다음 함수의 편도함수 $\dfrac{\partial f}{\partial x}$, $\dfrac{\partial f}{\partial y}$를 구하라.

   (1) $f(x, y) = x^2 - xy + y^2$ (2) $f(x, y) = \dfrac{1}{x + y}$

   (3) $f(x, y) = \sqrt{x^2 + y^2}$ (4) $f(x, y) = (y - x)e^x$

2. $z = \sqrt{x + y^2}$일 때 다음을 구하라.

   (1) $\dfrac{\partial z}{\partial x}(1, 2)$ (2) $\dfrac{\partial z}{\partial y}(1, 2)$

3. 다음에서 2계 편도함수를 구하라.

   (1) $f(x, y) = \sqrt{x^2 + y^2}$ (2) $f(x, y) = e^x \cos y$

   (3) $f(x, y) = \log(4x - 5y)$ (4) $f(x, y) = \dfrac{x^2 - y^2}{x^2 + y^2}$

4. 다음의 함수가 방정식 $\dfrac{\partial^2 f}{\partial x^2} + \dfrac{\partial^2 f}{\partial y^2} = 0$이 성립함을 보여라.

   (1) $f(x, y) = e^x \sin y + e^x \cos y$ (2) $f(x, y) = \tan^{-1} \dfrac{2xy}{x^2 - y^2}$

§7.3 연쇄 법칙

정리 3.1 함수 $x=x(t)$, $y=y(t)$ 가 점 t 에서 미분가능하고, 이변수 함수 $z=f(x,y)$ 가 점 $(x(t),y(t))$ 에서 미분가능이면, 합성함수 $z=f(x(t),y(t))$ 는 t 에서 미분가능이고

$$\frac{dz}{dt}=\frac{\partial z}{\partial x}\frac{dx}{dt}+\frac{\partial z}{\partial y}\frac{dy}{dt}$$

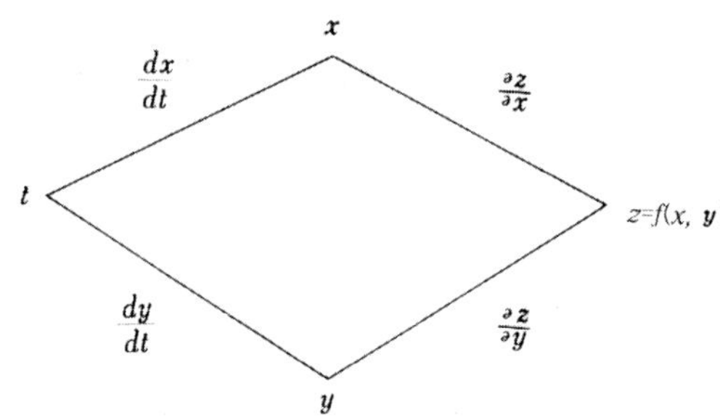

[증명] $z=f(x,y)$ 가 점 $(x(t),y(t))$ 에서 미분가능이므로 정의 2.8 에 의해서

$$\Delta z=\frac{\partial z}{\partial x}\Delta x+\frac{\partial z}{\partial y}\Delta y+\varepsilon_1\Delta x+\varepsilon_2\Delta y,$$

$$\varepsilon_1,\varepsilon_2\to 0\ ((\Delta x,\Delta y)\to(0,0))$$

이므로, $\dfrac{dz}{dt}$ 를 계산하면

$$\frac{dz}{dt}=\lim_{\Delta t\to 0}\frac{\Delta z}{\Delta t}=\lim_{\Delta t\to 0}\left\{\frac{\partial z}{\partial x}\frac{\Delta x}{\Delta t}+\frac{\partial z}{\partial y}\frac{\Delta y}{\Delta t}+\varepsilon_1\frac{\Delta x}{\Delta t}+\varepsilon_2\frac{\Delta y}{\Delta t}\right\}$$

$$=\frac{\partial z}{\partial x}\frac{dx}{dt}+\frac{\partial z}{\partial y}\frac{dy}{dt}+\lim_{\Delta t\to 0}\left\{\varepsilon_1\frac{\Delta x}{\Delta t}+\varepsilon_2\frac{\Delta y}{\Delta t}\right\}$$

또한 $x=x(t)$, $y=y(t)$ 가 점 t 에서 미분가능이므로

$$\lim_{\Delta t\to 0}\Delta x=\lim_{\Delta t\to 0}\frac{\Delta x}{\Delta t}\cdot\Delta t=\frac{dx}{dt}\,0=0,\quad \lim_{\Delta t\to 0}\Delta y=0$$

따라서 $\varepsilon_1,\varepsilon_2\to 0\ (\Delta t\to 0)$ 이 성립함으로

$$\frac{dz}{dt}=\frac{\partial z}{\partial x}\frac{dx}{dt}+\frac{\partial z}{\partial y}\frac{dy}{dt}$$

예제 3.2 $z = xy^2$, $x = t^3$, $y = 2t^2$ 일 때 $\dfrac{dz}{dt}$ 를 구하라.

풀이
$$\frac{dz}{dt} = \frac{\partial z}{\partial x}\frac{dx}{dt} + \frac{\partial z}{\partial y}\frac{dy}{dt}$$
$$= (y^2)(3t^2) + (2xy)(4t)$$
$$= (4t^4)(3t^2) + (4t^5)(4t) = 28t^6$$

연쇄법칙을 사용하지 않고 다음과 같이 직접 구할 수도 있다.
$$z = xy^2 = (t^3)(2t^2)^2 = 4t^7$$
$$\frac{dz}{dt} = 28t^6$$

예제 3.3 $z = \sqrt{x+y}$, $x = \cos\theta$, $y = \sin\theta$ 일 때 $\theta = \dfrac{\pi}{2}$ 에서의 미분계수 $\left\{\dfrac{dz}{d\theta}\right\}_{\theta=\pi/2}$ 을 구하라.

풀이
$$\frac{dz}{d\theta} = \frac{\partial z}{\partial x}\frac{dx}{d\theta} + \frac{\partial z}{\partial y}\frac{dy}{d\theta}$$
$$= \frac{1}{2\sqrt{x+y}}(-\sin\theta) + \frac{1}{2\sqrt{x+y}}(\cos\theta)$$
$$= \frac{\cos\theta - \sin\theta}{2\sqrt{\cos\theta + \sin\theta}}$$

그러므로 $\left\{\dfrac{dz}{d\theta}\right\}_{\theta=\pi/2} = -\dfrac{1}{2}$.

정리 3.4 함수 $x = x(u, v)$, $y = y(u, v)$ 가 점 (u, v) 에서 편도함수를 가지고, 함수 $z = f(x, y)$ 가 점 $(x(u, v), y(u, v))$ 에서 미분가능이면
$$\frac{\partial z}{\partial u} = \frac{\partial z}{\partial x}\frac{\partial x}{\partial u} + \frac{\partial z}{\partial y}\frac{\partial y}{\partial u}$$
$$\frac{\partial z}{\partial v} = \frac{\partial z}{\partial x}\frac{\partial x}{\partial v} + \frac{\partial z}{\partial y}\frac{\partial y}{\partial v}$$

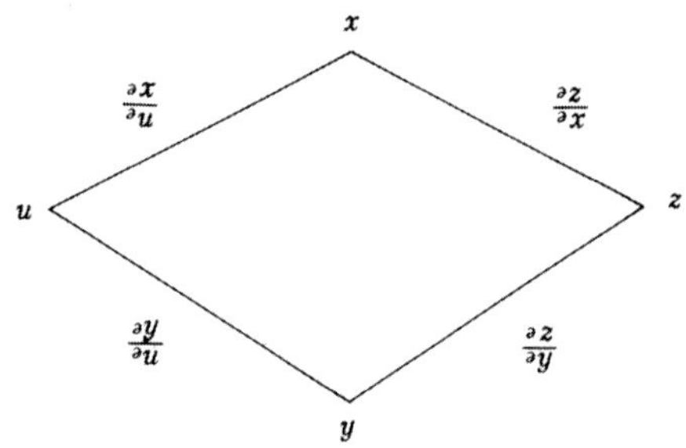

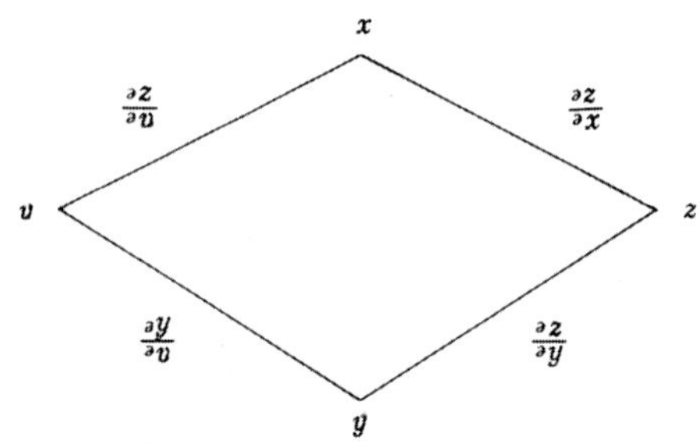

[증명] 변수 v를 고정시키면 $x=x(u,v)$, $y=y(u,v)$는 u만을 독립변수로 갖는 함수가 되므로 정리 3.1 에 의해서

$$\frac{\partial z}{\partial u}=\frac{\partial z}{\partial x}\frac{\partial x}{\partial u}+\frac{\partial z}{\partial y}\frac{\partial y}{\partial u}$$

같은 방법으로 변수 u를 고정시킴으로써 나머지 식을 얻을 수 있다.

예제 3.5 $z=x^2+y^2$, $x=u-v$, $y=u+v$일 때 $\dfrac{\partial z}{\partial u}$, $\dfrac{\partial z}{\partial v}$를 구하라.

풀이

$$\begin{aligned}\frac{\partial z}{\partial u}&=\frac{\partial z}{\partial x}\frac{\partial x}{\partial u}+\frac{\partial z}{\partial y}\frac{\partial y}{\partial u}\\&=(2x)(1)+(2y)(1)\\&=2(u-v)+2(u+v)\\&=4u\end{aligned}$$

$$\begin{aligned}\frac{\partial z}{\partial v}&=\frac{\partial z}{\partial x}\frac{\partial x}{\partial v}+\frac{\partial z}{\partial y}\frac{\partial y}{\partial v}\\&=(2x)(-1)+(2y)(1)\\&=-2(u-v)+2(u+v)\\&=4v\end{aligned}$$

예제 3.6 $z = e^{xy}$, $x = \frac{u}{v}$, $y = 2u + v$ 일 때 $\frac{\partial z}{\partial u}$, $\frac{\partial z}{\partial v}$ 를 구하라.

풀이

$$\begin{aligned}\frac{\partial z}{\partial u} &= \frac{\partial z}{\partial x}\frac{\partial x}{\partial u} + \frac{\partial z}{\partial y}\frac{\partial y}{\partial u} \\ &= (ye^{xy})(\frac{1}{v}) + (xe^{xy})(2) \\ &= (\frac{y}{v} + 2x)e^{xy} \\ &= (\frac{2u+v}{v} + \frac{2u}{v})e^{\frac{u}{v}(2u+v)} \\ &= (\frac{4u}{v} + 1)e^{\frac{u}{v}(2u+v)}\end{aligned}$$

$$\begin{aligned}\frac{\partial z}{\partial v} &= \frac{\partial z}{\partial x}\frac{\partial x}{\partial v} + \frac{\partial z}{\partial y}\frac{\partial y}{\partial v} \\ &= (ye^{xy})(-\frac{u}{v^2}) + (xe^{xy})(1) \\ &= (x - \frac{yu}{v^2})e^{xy} \\ &= (\frac{u}{v} - \frac{(2u+v)u}{v^2})e^{\frac{u}{v}(2u+v)} \\ &= -\frac{2u^2}{v^2}e^{\frac{u}{v}(2u+v)}\end{aligned}$$

예제 3.7 $z = f(u - v, v - u)$ 일 때 다음 식이 성립함을 보여라.

$$\frac{\partial z}{\partial u} + \frac{\partial z}{\partial v} = 0$$

풀이 $u - v = x$, $v - u = y$ 라 두면 $z = f(x, y)$ 이므로 정리 3.4 에 의해서

$$\frac{\partial z}{\partial u} = \frac{\partial z}{\partial x}\frac{\partial x}{\partial u} + \frac{\partial z}{\partial y}\frac{\partial y}{\partial u} = \frac{\partial z}{\partial x}(1) + \frac{\partial z}{\partial y}(-1)$$

$$\frac{\partial z}{\partial v} = \frac{\partial z}{\partial x}\frac{\partial x}{\partial v} + \frac{\partial z}{\partial y}\frac{\partial y}{\partial v} = \frac{\partial z}{\partial x}(-1) + \frac{\partial z}{\partial y}(1)$$

그러므로 $\frac{\partial z}{\partial u} + \frac{\partial z}{\partial v} = 0$ 이다.

음함수의 미분은 연쇄법칙을 이용하여 다음과 같이 쉽게 구할 수 있다.

이변수 함수 $f(x, y)$ 의 편도함수 $\dfrac{\partial z}{\partial x}$, $\dfrac{\partial z}{\partial y}$ $(\neq 0)$ 가 존재한다고 하자. 방정식 $F(x, y) = 0$ 에 의해서 y가 x의 미분가능인 함수로 주어지면 $z = F(x, y)$, $x = t$, $y = f(x)$ 로 생각하고, 정리 3.1 을 이용하면

$$\begin{aligned} 0 = \frac{dz}{dt} &= \frac{\partial z}{\partial x}\frac{dx}{dx} + \frac{\partial z}{\partial y}\frac{dy}{dx} \\ &= \frac{\partial z}{\partial x} + \frac{\partial z}{\partial y}\frac{dy}{dx} \end{aligned}$$

이것을 $\dfrac{dy}{dx}$ 에 대해서 풀면

$$\frac{dy}{dx} = -\frac{\dfrac{\partial z}{\partial x}}{\dfrac{\partial z}{\partial y}}$$

예제 3.8 $x^2 + y^2 = xy$ 일 때 $\dfrac{dy}{dx}$ 를 구하라.

풀이 $z = x^2 + y^2 - xy$ 라 두면

$$\frac{\partial z}{\partial x} = 2x - y, \quad \frac{\partial z}{\partial y} = 2y - x$$

그러므로 $\dfrac{dy}{dx} = -\dfrac{\dfrac{\partial z}{\partial x}}{\dfrac{\partial z}{\partial y}} = \dfrac{y - 2x}{2y - x}$

예제 3.9 $\log\sqrt{x^2 + y^2} - \tan^{-1}\dfrac{y}{x} = 0$ 에서 $\dfrac{dy}{dx}$ 를 구하라.

풀이 $z = \log\sqrt{x^2 + y^2} - \tan^{-1}\dfrac{y}{x}$ 라 두면

$$\frac{\partial z}{\partial x} = \frac{x}{x^2 + y^2} + \frac{y}{x^2 + y^2} = \frac{x + y}{x^2 + y^2}$$

$$\frac{\partial z}{\partial y} = \frac{y}{x^2 + y^2} - \frac{x}{x^2 + y^2} = -\frac{x - y}{x^2 + y^2}$$

그러므로 $\dfrac{dy}{dx} = -\dfrac{\frac{\partial z}{\partial x}}{\frac{\partial z}{\partial y}} = \dfrac{x + y}{x - y}.$

§ 7.3 연쇄 법칙

연습문제 7.3

1. 다음에서 $\dfrac{dz}{dt}$ 를 구하라.

(1) $z = 2x^3 y^2,\ x = t^3,\ y = t^2$

(2) $z = \log(2x^2 + y),\ x = \sqrt{t},\ y = t\sqrt{t}$

(3) $z = 3\cos y - \sin xy,\ x = 3t,\ y = \dfrac{1}{t}$

(4) $z = e^{1 - xy},\ x = t^2,\ y = \sqrt{t}$

2. 다음에서 $\dfrac{\partial z}{\partial u}, \dfrac{\partial z}{\partial v}$ 를 구하라.

(1) $z = \dfrac{x}{y},\ x = 2\cos u,\ y = 3\sin v$

(2) $z = y^2 - x\tan y,\ x = u^2 v^2,\ y = \dfrac{u}{v}$

(3) $z = e^{xy^2},\ x = \dfrac{1}{v},\ y = \sqrt{uv}$

(4) $z = \tan^{-1}(x^2 + y^2),\ x = e^u \cos v,\ y = e^u \sin v$

3. 다음에서 $\dfrac{dy}{dx}$ 를 구하라.

(1) $xy + \cos y = 0$

(2) $e^{xy} + ye^x = 1$

(3) $x^3 - 3xy^2 + y^3 + 2 = 0$

(4) $x - \sqrt{xy} + 3y + 1 = 0$

§7.4 편도함수의 응용

함수 f가 점 (a, b)에서 미분가능이면 정의에 의해서

$$\begin{aligned}\Delta f &= f(a+\Delta x, b+\Delta y) - f(a, b)\\ &= f_x(a, b)\Delta x + f_y(a, b)\Delta y + \varepsilon_1 \Delta x + \varepsilon_2 \Delta y,\\ &\varepsilon_1, \varepsilon_2 \to 0 \ ((\Delta x, \Delta y) \to (0, 0))\end{aligned}$$

따라서 $\Delta x, \Delta y$가 아주 작은 값이면 $\varepsilon_1 \Delta x + \varepsilon_2 \Delta y$는 더욱 작은 값이므로 f의 증가량 Δf의 근사값으로 $df = f_x(a, b)\Delta x + f_y(a, b)\Delta y$을 사용할 수 있다.

정의 4.1 이변수 함수 $f(x, y)$가 점 (a, b)에서 미분가능일 때 $df = f_x(a, b)dx + f_y(a, b)dy$을 점 (a, b)에서 f의 **전미분**이라 한다.

예제 4.2 $f(x, y) = xy^2 + y\cos x$의 전미분 df를 구하라.

풀이

$$f_x = y^2 - y\sin x$$

$$f_y = 2xy + \cos x$$

그러므로 전미분 df는

$$df = (y^2 - y\sin x)dx + (2xy + \cos x)dy$$

예제 4.3 $\sqrt{(3.01)^2 + (4.01)^2}$ 의 근사값을 구하라.

풀이 $f(x, y) = \sqrt{x^2 + y^2}$ 이라 두고, $a = 3, b = 4, \Delta x = 0.01 = \Delta y$로 잡는다.

$f_x = \dfrac{x}{\sqrt{x^2+y^2}}$, $f_y = \dfrac{y}{\sqrt{x^2+y^2}}$ 이므로

$f_x(3,4) = \dfrac{3}{5}$, $f_y(3,4) = \dfrac{4}{5}$ 이다. 그러므로

$$\begin{aligned} f(3.01, 4.01) &= \sqrt{(3.01)^2 + (4.01)^2} \\ &\fallingdotseq f(3,4) + f_x(3,4)(0.01) + f_y(3,4)(0.01) \\ &= 5 + \frac{3}{5}(0.01) + \frac{4}{5}(0.01) \\ &= 5.014 \end{aligned}$$

3장에서 조사한 함수의 극값를 이변수 함수에 대해서 생각해 보기로 하자.

정의 4.4 이변수 함수 $f(x, y)$가 점 (a, b)의 어떤 근방의 모든 점 (x, y)에 대해서 $f(a, b) \geq f(x, y)$ $(f(a, b) \leq f(x, y))$을 만족할 때, f는 점 (a, b) 에서 **극대(극소)**가 된다고 하고, $f(a, b)$를 f의 **극대값(극소값)**이라 한다. 극대값, 극소값 모두를 **극값**이라 부른다.

정리 4.5 이변수 함수 $f(x, y)$가 점 (a, b)에서 극대값 또는 극소값을 갖고 각 편도함수가 존재하면

$$f_x(a, b) = f_y(a, b) = 0$$

[증명] f가 점 (a, b)에서 극대값을 갖는다고 할 때

$$g(x) = f(x, b),\ h(y) = f(a, y)$$

로 정의하면, g는 a에서, h는 b에서 극대값을 갖는다.

그러므로, 3장의 정리에 의해서

$$0 = g'(a) = \frac{\partial f}{\partial x}(a, b)$$

$$0 = h'(b) = \frac{\partial f}{\partial y}(a, b)$$

정의 4.6 함수 f가 점 (a, b)에서 $f_x(a, b) = f_y(a, b) = 0$이거나, 두 편도함수 가운데 적어도 하나가 존재하지 않을 때 이 점 (a, b)를 f의 **임계점**이라 한다.

예제 4.7 $f(x, y) = x^3 - 3xy + y^3$의 임계점을 모두 구하라.

풀이 f는 모든 점에서 편도함수를 가지므로

$$0 = f_x(x, y) = 3x^2 - 3y$$

$$0 = f_y(x, y) = -3x + 3y^2$$

을 만족하는 점 (x, y)만 구하면 된다. 따라서 $(0, 0)$, $(1, 1)$ 들이 f의 임계점들이다.

예제 4.8 $f(x, y) = y^2 - x^2$의 임계점과 극값을 조사하라.

풀이 $f_x(x, y) = -2x$, $f_y(x, y) = 2y$이므로 임계점은 $(0, 0)$ 밖에 없다. 그런데 $f(x, 0) = -x^2$이므로 $f(0, 0)$ 극소값이 아니다. 또한, $f(0, y) = y^2$이므로 $f(0, 0)$는 극대값이 아니다. 그러므로 극값은 없다.

위의 예제에서와 같이 xy평면의 한 점 (a, b)를 지나는 두 직선이 있어서 한 직선을 따라서 f가 극대값을 가지고 다른 직선을 따라서는 극소값을 갖는 점 (a, b)를 f의 **안장점**(saddle point)이라 한다.

다음의 정리에서 임계점에서 극값을 갖는지 또는 안장점인지를 판별할 수 있는 방법을 증명없이 소개한다.

정리 4.9 함수 $f(x, y)$에서 $f_x(a, b) = f_y(a, b) = 0$이고

$D(x, y) = f_{xx}(x, y) f_{yy}(x, y) - (f_{xy}(x, y))^2$라고 두면

(1) $D(a, b) > 0$ 이고 $f_{xx}(a, b) < 0$ 이면 $f(a, b)$는 f의 극대값이다.

(2) $D(a, b) > 0$ 이고 $f_{xx}(a, b) > 0$ 이면 $f(a, b)$는 f의 극소값이다.

(3) $D(a, b) < 0$ 이면 (a, b) 는 f의 안장점이다.

(4) $D(a, b) = 0$ 이면 판정할 수 없다.

예제 4.10 $f(x, y) = x^2 + y^2$ 의 극값을 구하라.

풀이 $f_x(x, y) = 2x$, $f_y(x, y) = 2y$ 이므로 임계점은 $(0, 0)$ 하나뿐이다. 따라서 점 $(0,0)$ 에서

$f_{xx} = 2$, $f_{xy} = 0$, $f_{yy} = 2$ 이므로 $D(0, 0) = 4 > 0$ 이고,

$f_{xx} = 2 > 0$ 이므로 $f(0, 0) = 0$ 이 f 의 극소값이다.

예제 4.11 $f(x, y) = x^3 - y^3 + 3xy$ 의 안장점 및 극값을 구하라.

풀이 $f_x(x, y) = 3x^2 + 3y$, $f_y(x, y) = -3y^2 + 3x$ 이므로

$$\begin{cases} 3x^2 + 3y = 0 \\ 3x - 3y^2 = 0 \end{cases}$$

을 만족하는 점 $(0, 0)$, $(1, -1)$ 이 임계점들이다. 그리고 2계편도함수는

$$f_{xx}(x, y) = 6x$$

$$f_{xy}(x, y) = 3$$

$$f_{yy}(x, y) = -6y$$

이므로 $D(x, y) = -36xy - 9$ 이다. $D(0, 0) = -9 < 0$ 이므로 점 $(0,0)$ 은 f의 안장점이다. 또한

$D(1, -1) = 27 > 0$, $f_{xx}(1, -1) = 6 > 0$ 이므로 $f(1, -1) = -1$ 이 f 의 극소값이다.

§ 7.4 편도함수의 응용

연습문제 7.4

1. 다음의 전미분 dz 을 구하라.

(1) $z = x^2 y + xy^2$

(2) $z = \tan^{-1} xy$

(3) $z = e^x \sin y + e^y \cos x$

(4) $z = \log xy^2 + \sinh x$

2. 다음의 근사값을 구하라.

(1) $\sqrt{(1.9)^3 + (2.2)^3}$

(2) $e^{0.1} \log 0.9$

3. 다음 함수의 극값을 구하라.

(1) $f(x, y) = 2x^2 + y^2 + 8x - 6y - 1$

(2) $f(x, y) = x^3 - 6x^2 - 3y^2$

(3) $f(x, y) = 2x^2 + 2xy + 5y^2 + 4x$

(4) $f(x, y) = \dfrac{4}{x} + \dfrac{2}{y} + xy$

(5) $f(x, y) = (x - 2) \log xy$

(6) $f(x, y) = e^x \sin y - e^x + 1$

<부록>

[정리 2.7 의 증명]

$(a+h, b+k) \in D$ 에 대해서

$$\Delta = f(a+h, b+k) - f(a+h, b) - f(a, b+k) + f(a, b)$$

$$\varphi(x) = f(x, b+k) - f(x, b)$$

라고 두면 $\Delta = \varphi(a+h) - \varphi(a)$ 이며, f_x, f_{xy} 가 D 에서 존재하므로

평균값 정리에 의하여 θ_1, $\theta_2 (0 < \theta_1, \theta_2 < 1)$ 가 존재해서

$$\begin{aligned}\Delta &= h\varphi'(a+\theta_1 h) \\ &= h(f_x(a+\theta_1 h, b+k) - f_x(a+\theta_1 h, b)) \\ &= hkf_{xy}(a+\theta_1 h, b+\theta_2 k)\end{aligned}$$

을 얻는다. 또, f_{xy} 가 (a, b) 에서 연속이므로

$$f_{xy}(a+\theta_1 h, b+\theta_2 k) = f_{xy}(a, b) + \varepsilon, \ \varepsilon \to 0 (h, k \to 0)$$

이다. 따라서

$$\lim_{k \to o} \frac{\Delta}{k} = hf_{xy}(a, b) + h\lim_{k \to 0} \varepsilon$$

한편, f_y 가 D 에서 존재하므로

$$\begin{aligned}\lim_{k \to 0} \frac{\Delta}{k} &= \lim_{k \to o} (\frac{1}{k}\{f(a+h, b+k) - f(a+h, b)\} \\ &\qquad - \frac{1}{k}\{f(a, b+k) - f(a, b)) \\ &= f_y(a+h, b) - f_y(a, b)\end{aligned}$$

$$\begin{aligned}\therefore \ \lim_{h \to 0} \frac{1}{h}(f_y(a+h, b) - f_y(a, b)) &= \lim_{h \to o}\lim_{k \to 0} \frac{\Delta}{hk} \\ &= f_{xy}(a, b) + \lim_{h \to 0}\lim_{k \to 0} \varepsilon = f_{xy}(a, b)\end{aligned}$$

$$\therefore \ f_{xy}(a, b) = f_{yx}(a, b)$$

[정리 2.9 의 증명]

$(x, y) \in D$에 대해서 $\Delta x = x - a$, $\Delta y = y - b$,

$g(t) = f(t, y)$, $G(t) = f(a, t)$라고 두면,

$$\begin{aligned}\Delta f &= f(x, y) - f(a, b)\\ &= (f(x, y) - f(a, y)) - (f(a, y) - f(a, b))\\ &= (g(x) - g(a)) + (G(y) - G(b))\end{aligned}$$

이다. 평균값 정리에 의해서

$$\exists \xi(a \leqq \xi \leqq x)\ s.t.\ g(x) - g(a) = f_x(\xi, y)\Delta x$$

$$\exists \eta(b \leqq \eta \leqq y)\ s.t.\ G(y) - G(b) = f_y(x, \eta)\Delta y$$

그러므로 $\Delta f = f_x(\xi, y)\Delta x + f_y(x, \eta)\Delta y$

$$= f_x(a, b)\Delta x + (f_x(\xi, y) - f_x(a, b))\Delta x + f_y(a, b)\Delta y + (f_y(a, \eta) - f_y(a, b))\Delta y$$

이다. $f_x(\xi, y) - f_x(a, b) = \varepsilon_1$, $f_y(x, \eta) - f_y(a, b) = \varepsilon_2$ 라고 두면

$$\Delta f = f_x(a, b)\Delta x + f_y(a, b)\Delta y + \varepsilon_1\Delta x + \varepsilon_2\Delta y$$

이고, f_x, f_y가 (a, b)에서 연속이므로

$\varepsilon_1, \varepsilon_2 \to 0$ $((\Delta x, \Delta y) \to (0, 0))$이다. 따라서, f는 점 (a, b)에서 미분가능이다.

제 8 장 중적분

§8.1 중적분의 정의

일변수 함수의 정적분과 유사한 방법으로 이변수 함수의 정적분을 정의할 수 있다. D를 xy－평면상의 유계인 폐영역이라 하고, 함수 $f:D \to R$ 또한 유계라고 하자. D를 포함하는 xy－평면상의 직사각형 $[a, b] \times [c, d]$를 x축 및 y축에 나란한 직선

$$\Delta : x = x_i \ (a = x_0 < x_1 < , \cdots, < x_{l-1} < x_l = b),$$

$$y = y_j \ (c = y_0 < y_1 < , \cdots, < y_{m-1} < y_m = d)$$

에 의해서 $n(=lm)$개의 직사각형 D_k $(k=1, \cdots, n)$로 분할하고, D_k의 넓이를 ΔD_k라고 하자. 또한 점 (x_k^*, y_k^*)를 분할된 직사각형 D_k 내의 임의의 점이라 한다.

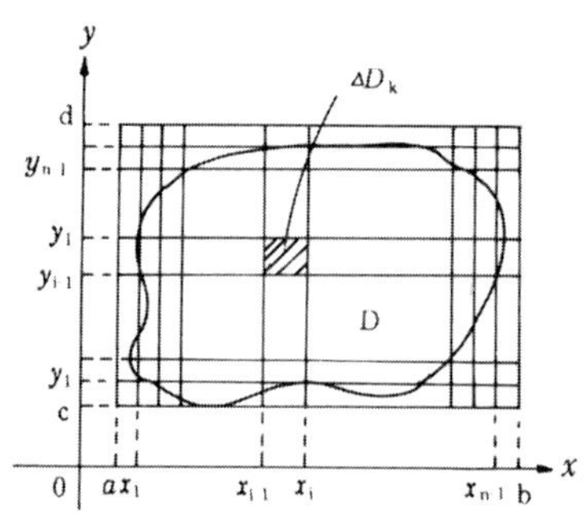

$s_\Delta = \sum_k m_k \Delta D_k, \quad S_\Delta = \sum_k M_k \Delta D_k$

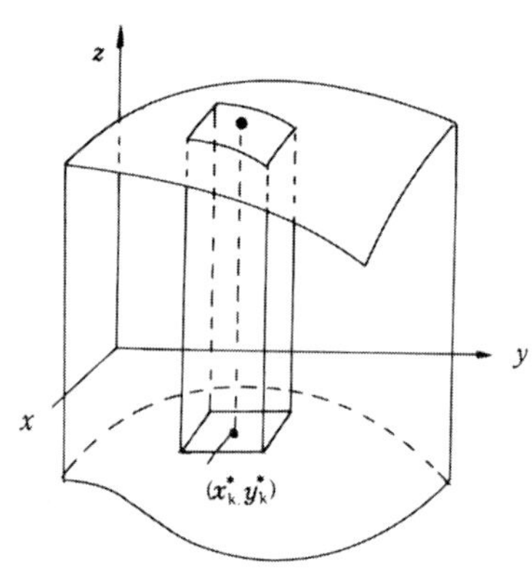

지금 영역 D에서 연속인 함수 $z = f(x, y)$에 대하여 Riemann합이라 불리우는

$$S_n = \sum_{k=1}^{n} f(x_k^*, y_k^*) \Delta D_k$$

를 생각하자. 여기서 직사각형 D_k의 가장 긴 대각선의 길이를 δ라 할 때, 만약

$$\lim_{n \to \infty} S_n = \lim_{\delta \to 0} \sum_{k=1}^{n} f(x_k^*, y_k^*) \Delta D_k$$

가 존재하면 $z = f(x, y)$는 D에서 **(중)적분가능**이라 하고, 이 극한값을 D 위에서 f의 **(이)중적분**(double integral)이라 하며

$$\int\int_D f(x, y)\, dD, \quad \int\int_D f(x, y)\, dx\, dy, \quad \int\int_D f(x, y)\, dy\, dx$$

등과 같이 나타낸다. 즉, 일변수 함수의 적분인 **단일적분**(simple integral)을 이변수 함수에 대해서 확장한 것이 이중적분이다.

> **주의** 위에서 설명한 중적분가능이란 $D_k \cap D \neq \emptyset$ 일 때,
>
> $$M_k = \sup\{f(x, y) \mid (x, y) \in D_k\},$$
> $$m_k = \inf\{f(x, y) \mid (x, y) \in D_k\}$$
>
> 라고 두고, $D_k \cap D = \emptyset$ 일 때 $M_k = m_k = 0$ 이라고 하자.
>
> $$S_\Delta = \sum_k M_k \Delta D_k, \quad s_\Delta = \sum_k m_k \Delta D_k$$
>
> 라고 두면, $[a, b] \times [c, d]$를 세분하여 감에따라 s_Δ는 증가하고 S_Δ는 감소한다.
>
> 가정에서 s_Δ와 S_Δ는 모두 유계이므로 s_Δ의 상한 s 및 S_Δ의 하한 S가 존재한다. 따라서 위에서 설명한 중적분가능이란
>
> $$s = \lim_{n\to\infty} S_n = \lim_{\delta\to 0} \sum_{k=1}^{n} f(x_k^*, y_k^*)\Delta D_k = S$$
>
> 일 때를 의미한다.

중적분의 기하학적 의미

영역 D상에서 $f(x, y)$ 의 값을 양이라고 가정하면

$$f(x_k^*, y_k^*)\,\Delta D_k$$

는 ΔD_k를 밑넓이로 하고 높이를 $f(x_k^*, y_k^*)$로 하는 수직기둥의 부피이므로 일변수 함수의 정적분의 의미로 미루어 생각하면

$$\int\int_D f(x, y)\, dD$$

는 밑면이 D이고 윗면이 $z = f(x, y)$ 인 수직기둥의 부피가 된다. 만일 $z = f(x, y)$ 의 값이 D에서 양도 있고 음도 있는 경우에

$$\int\int_D f(x, y)\, dD$$

의 값은 D와 xy−평면 위에 있는 $z = f(x, y)$ 사이의 부피에서 D와 xy−평면 밑에 있는 $z = f(x, y)$ 사이의 부피를 뺀 값이다.

이중적분에 있어서도 단일적분일 때와 같이 다음의 정리가 성립함을 알 수 있다.

정리 1.1

(1) $f(x, y)$ 가 D 에서 연속이면 적분가능하다.

(2) $D = D_1 \cup D_2$, $D_1 \cap D_2 = \varnothing$ 일 때,

$$\int\int_D f(x, y)\, dD = \int\int_{D_1} f(x, y)\, dD + \int\int_{D_2} f(x, y)\, dD$$

(3) a, b 가 상수일 때,

$$\int\int_D \{af(x, y) + bg(x, y)\}\, dD$$
$$= a\int\int_D f(x, y)\, dD + b\int\int_D g(x, y)\, dD$$

(4) 만약 D 상에서 $f(x, y) \le g(x, y)$ 이면,

$$\int\int_D f(x, y)\, dD \le \int\int_D g(x, y)\, dD$$

(5) $f(x, y)$ 가 D 에서 적분가능이면, $|f(x, y)|$ 또한 적분가능이고,

$$\left|\int\int_D f(x, y)\, dD\right| \le \int\int_D |f(x, y)|\, dD$$

(6) D 상에서 $f(x, y)$ 의 최대값(상한)을 M 이라 하고, 최소값(하한)을 m 이라 하면,

$$mS \le \int\int_D f(x, y) dD \le MS$$

가 성립한다. 여기서 S 는 D 의 넓이이다.

(7) **[평균값의 정리]**

$f(x, y)$ 가 D 에서 연속이면, 적당한 $(x_0, y_0) \in D$ 가 존재하여

$$\int\int_D f(x, y)\, dD = f(x_0, y_0)S \quad (m \le f(x_0, y_0) \le M)$$

가 성립한다.

중적분을 그 정의로부터 직접 구하는 것은 어렵다. 그래서 우선 $D=[a,b]\times[c,d]$ 인 경우에 중적분을 계산하는 방법을 알아 보자. 함수 $f(x,y)$ 를 적분할 때, x 또는 y 를 고정시키고 $f(x,y)$ 를 x 나 y 중 하나만의 함수로 생각하고 적분하는 것을 **편적분**(partial integration)이라 한다. 즉

$$\int_a^b f(x,y)\,dx,\quad \int_c^d f(x,y)\,dy$$

를 각각 x 에 관한 편적분, y 에 관한 편적분이라 한다.

예제 1.2 $D=[-1,2]\times[0,2]$ 일 때,

$$\int_{-1}^2 x^2 y\,dx = y\int_{-1}^2 x^2\,dx = y\left[\frac{1}{3}x^3\right]_{-1}^2 = 3y,$$

$$\int_0^2 x^2 y\,dy = x^2\int_0^2 y\,dy = x^2\left[\frac{1}{2}y^2\right]_0^2 = 2x^2$$

이변수 함수 $z=f(x,y)$ 에 대하여

$$\int_c^d\int_a^b f(x,y)dx\,dy = \int_c^d\left\{\int_a^b f(x,y)dx\right\}dy$$

그리고

$$\int_a^b\int_c^d f(x,y)dy\,dx = \int_a^b\left\{\int_c^d f(x,y)dy\right\}dx$$

를 의미하고 이를 **반복적분**(iterated integration)이라 한다.

예제 1.3 예제 1.2에서 주어진 D에 대하여 다음을 구하라.

(1) $\displaystyle\int\int_D x^2y\,dx\,dy$ (2) $\displaystyle\int\int_D x^2y\,dy\,dx$

풀이 (1) $$\int\int_D x^2y\,dx\,dy = \int_0^2\int_{-1}^2 x^2y\,dx\,dy$$

$$= \int_0^2 3y\,dy = \left[\frac{3}{2}y^2\right]0^2 = 6$$

(2) $$\int\int_D x^2y\,dy\,dx = \int_{-1}^2\int_0^2 x^2y\,dy\,dx$$

$$= \int_{-1}^2 2x^2\,dx = \left[\frac{2}{3}x^3\right]_{-1}^2 = 6$$

주의 일반적으로 $\int\int_D f(x, y)\, dxdy = \int\int_D f(x, y)\, dydx$ 가 항상 성립하는 것은 아니다.

정리 1.4 $z=f(x,y)$ 가 $[a,b]\times[c,d]$ 에서 연속일 때

$$F(x)=\int_c^d f(x,y)\,dy$$

라 두면 F는 $[a,b]$에서 연속이다.

[증명] f는 $[a,b]$에서 x의 연속함수이므로, 임의로 주어진 $\varepsilon > 0$에 대해서 $|h|$가 충분히 작으면

$$|f(x+h,\ y)-f(x,y)| < \varepsilon$$

이다. 따라서 정적분의 성질로 부터

$$\begin{aligned} |F(x+h) - F(x)| &= \left|\int_c^d (f(x+h\,,\ y)-f(x\,,\ y))\,dy\right| \\ &\le \int_c^d |f(x+h,\ y)-f(x\,,\ y)|\,dy \\ &< \int_c^d \varepsilon\,dy = \varepsilon(d-c) \end{aligned}$$

를 얻는다. 따라서 F는 $[a,b]$에서 연속이다.

정리 1.5 $z=f(x,y)$ 가 $D=[a,b]\times[c,d]$에서 연속이면

$$\int\int_D f(x\,,\ y)\,dD = \int_a^b\left\{\int_c^d f(x\,,\ y)\,dy\right\}dx$$

가 성립한다.

[증명] 앞의 중적분의 정의에서 분할된 직사각형망 Δ에 있어서 $x_{i-1}\le\xi_i\le x_i$ 라고 하면 $f(\xi_i\,,\ y)$는 $[y_{j-1},\ y_j]$에서 y의 연속함수이므로, 평균값의 정리에 의해서

$$\int_{y_{j-1}}^{y_j} f(\xi_i\,,\ y)\,dy = f(\xi_i\,,\ \eta_j)(y_j - y_{j-1}) \quad (y_{j-1} < \eta_j < y_j)$$

를 얻는다. 따라서

$$\int_c^d f(\xi_i, y)\,dy = \sum_{j=1}^{m} f(\xi_i, \eta_j)(y_j - y_{j-1})$$

가 된다. 한편

$$\varphi(\xi_i) = \int_c^d f(\xi_i, y)\,dy$$

라 두면

$$\sum_{i=1}^{n} \varphi(\xi_i)(x_i - x_{i-1}) = \sum_{i,j} f(\xi_i, \eta_j)(x_i - x_{i-1})(y_j - y_{j-1})$$

이 성립한다. 정리 1.4에 의하여 φ는 $[a, b]$에서 연속이므로 φ는 $[a, b]$에서 적분가능이다. 따라서 중적분의 정의로부터 $\delta \to 0$ 이면

$$\int\int_D f(x, y)\,dD = \int_a^b \varphi(x)\,dx = \int_a^b \left\{ \int_c^d f(x, y)\,dy \right\} dx$$

가 성립된다.

> **주의** $D = [a, b] \times [c, d]$에서 $z = f(x, y)$ 가 연속이면
>
> $$\int\int_D f(x, y)\,dD = \int_c^d \left\{ \int_a^b f(x, y)\,dx \right\} dy$$
>
> 이 성립된다. 따라서 다음과 같이 쓰기로 한다.
>
> $$\int_a^b \left\{ \int_c^d f(x, y)\,dy \right\} dx = \int_a^b \int_c^d f(x, y)\,dy\,dx = \int_a^b dx \int_c^d f(x, y)\,dy$$

예제 1.6 $D = [-2, 3] \times [1, 4]$ 일 때

$A = \int\int_D (x^2 - 2xy^2 + y^3)\,dx\,dy$ 를 구하라.

풀이 y를 고정하면

$$\int_{-2}^{3} (x^2 - 2xy^2 + y^3)\,dx = \left[\frac{1}{3}x^3 - x^2y^2 + xy^3 \right]_{-2}^{3}$$
$$= \frac{35}{3} - 5y^2 + 5y^3$$

이 된다. 따라서

$$A=\int_1^4\int_{-2}^3(x^2-2xy^2+3^3)\,dx\,dy=\int_1^4(\frac{35}{3}-5y^2+5y^3)\,dy$$
$$=\left[\frac{35}{3}y-\frac{5}{3}y^3+\frac{5}{4}y^4\right]_1^4=\frac{995}{4}$$

주의 위의 예제 1.6에서 dx, dy의 순서를 바꾸어도

$$A=\int_{-2}^3\int_1^4(x^2-2xy^2+y^3)\,dy\,dx=\int_{-2}^3\left[x^2y-\frac{2}{3}xy^3+\frac{1}{4}y^4\right]_1^4dx$$
$$=\int_{-2}^3\left(3x^2-42x+\frac{255}{4}\right)dx=\left[x^3-21x^2+\frac{255}{4}x\right]_{-2}^3=\frac{995}{4}$$

이 성립한다.

다음으로 영역 D가 직사각형이 아닌 영역일 때도 중적분을 계산할 수 있다. 예를 들어 다음 그림과 같은 영역을 생각해 보자.

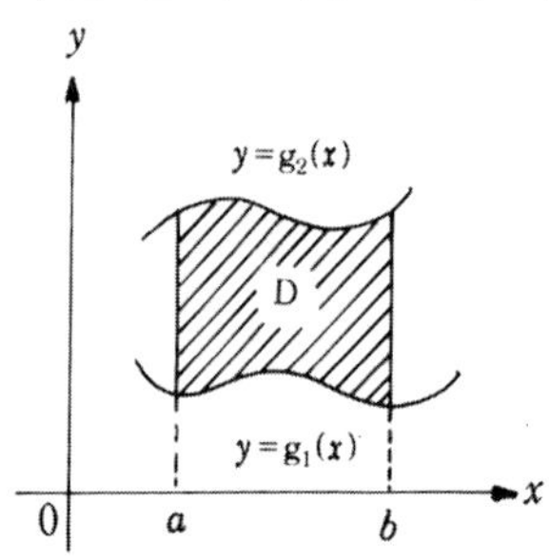

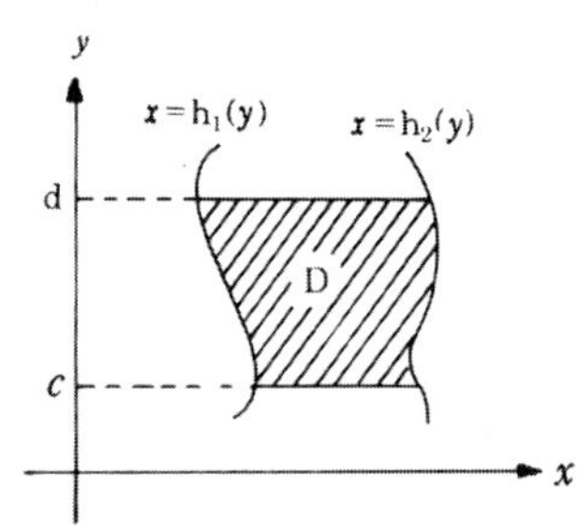

정리 1.7 연속인 함수 $y=g_1(x)$, $y=g_2(x)$에 대해서 $z=f(x,y)$가 영역 $D=\{(x,y)\mid a\le x\le b,\ \ g_1(x)\le y\le g_2(x)\}$에서 연속이면

$$\int\int_D f(x,y)\,dD=\int_a^b\int_{g_1(x)}^{g_2(x)}f(x,y)\,dy\,dx$$

가 성립한다.

[증명] D를 포함하는 직사각형 $R=[a,b]\times[c,d]$를 만들고 다음과 같이 함수 F를 정의한다.

$$F(x,y)=\begin{cases}f(x,y) & :\ (x,y)\in D\\ 0 & :\ (x,y)\in R-D\end{cases}$$

그러면, 중적분의 정의 및 기본성질로 부터

$$\int\int_D F(x, y)dD = \int\int_D f(x, y)dD$$
$$\int_c^d F(x, y)\,dy = \int_{g_1(x)}^{g_2(x)} f(x, y)\,dy$$

이다. 따라서 정리 1.5에 의하여

$$\int\int_D f(x, y)\,dD = \int\int_R F(x, y)dR = \int_a^b \int_c^d F(x, y)\,dydx$$
$$= \int_a^b \int_{g_1(x)}^{g_2(x)} f(x, y)\,dydx$$

를 얻는다.

위의 정리 1.7와 유사한 방법으로 다음 정리를 얻을 수 있다.

정리 1.8 연속인 함수 $x = h_1(y)$, $x = h_2(y)$에 대해서 $z = f(x, y)$가 영역 $D = \{(x, y) | c \le y \le d,\ h_1(y) \le x \le h_2(y)\}$에서 연속이면

$$\int\int_D f(x, y)\,dD = \int_c^d \int_{h_1(y)}^{h_2(y)} f(x, y)\,dxdy$$

가 성립한다.

예제 1.9 다음 중적분을 구하라.

(1) $\displaystyle\int_3^5 \int_{-x}^{x^2} (4x + 10y)dydx$ (2) $\displaystyle\int_1^{\log 2} \int_0^{3y} e^{x+y} dxdy$

풀이 (1) $$\int_3^5 \int_{-x}^{x^2} (4x + 10y)\,dydx = \int_3^5 \left\{ \int_{-x}^{x^2} (4x + 10y)\,dy \right\} dx$$
$$= \int_3^5 [4xy + 5y^2]_{y=-x}^{y=x^2} dx = \int_3^5 (4x^3 + 5x^4 - x^2)\,dx$$
$$= \left[x^5 + x^4 - \frac{x^3}{3} \right]_3^5 = 3393\frac{1}{3}$$

(2) $$\int_1^{\log 2} \int_0^{3y} e^{x+y} dxdy = \int_1^{\log 2} \left(\int_0^{3y} e^{x+y} dx \right) dy$$
$$= \int_1^{\log 2} [e^{x+y}]_0^{3y} dy = \int_1^{\log 2} (e^{4y} - e^y)\,dy$$
$$= \frac{1}{4}[e^{4y}]_1^{\log 2} - [e^y]_1^{\log 2} = 2 - \frac{1}{4}e^4 + e$$

예제 1.10 $D=\{(x, y)|x^2+y^2 \leq a^2,\ x \geq 0,\ y \geq 0\}$ 일 때,

$$A=\iint_D xy\,dx\,dy$$

를 구하라.

풀이 $D=\{(x, y)|0 \leq x \leq a,\ 0 \leq y \leq \sqrt{a^2-x^2}\}$ 이므로

$$\begin{aligned} A &= \int_0^a \int_0^{\sqrt{a^2-x^2}} xy\,dy\,dx \\ &= \int_0^a \left[\frac{1}{2}xy^2\right]_0^{\sqrt{a^2-x^2}} dx \\ &= \frac{1}{2}\int_0^a x(a^2-x^2)\,dx \\ &= \frac{1}{8}a^4 \end{aligned}$$

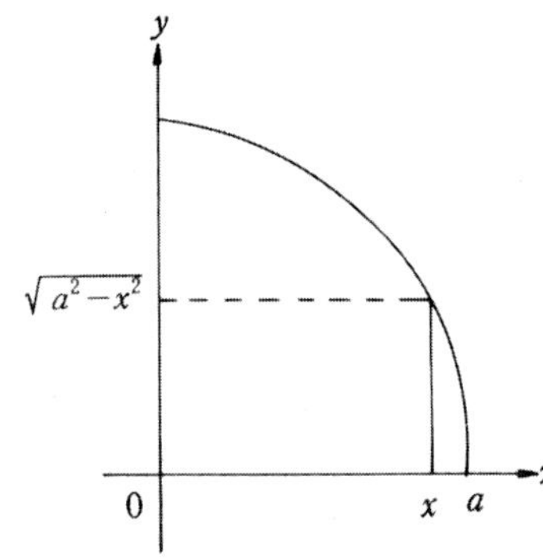

예제 1.11 D가 다음 (1), (2), (3)의 경우에 대해서

$$A=\iint_D x^3y\,dx\,dy$$

를 구하라.

(1) D가 $a \leq x \leq b$, $c \leq y \leq d$인 직사각형,

(2) D가 $y=x^2$, $x=2$ 및 x축으로 둘러싸인 영역,

(3) D가 $x^2+y^2=1$, $y=x$ 및 y축으로 둘러싸인 제 1사분면의 영역

풀이

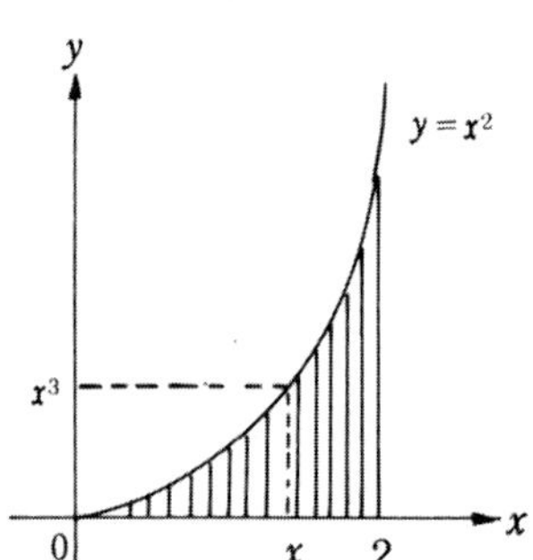

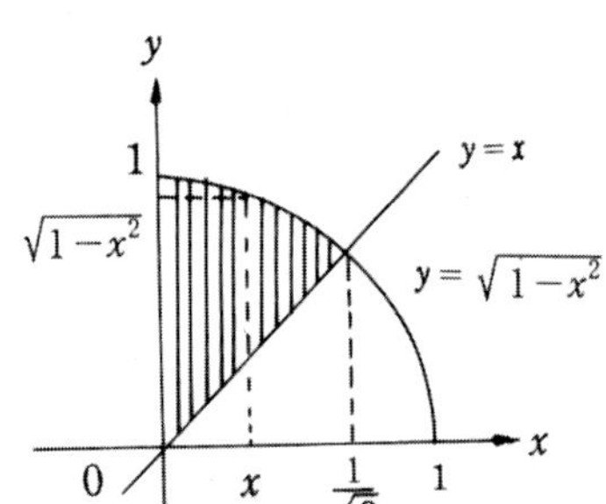

$$(1)\quad A = \int_c^d \int_a^b x^3 y\,dx\,dy = \int_c^d \left[\frac{1}{4}x^4 y\right]_a^b dy$$

$$= \frac{1}{4}(b^4 - a^4)\left[\frac{1}{2}y^2\right]_c^d = \frac{1}{8}(b^4 - a^4)(d^2 - c^2)$$

$$(2)\quad A = \int_0^2 \int_0^{x^2} x^3 y\,dy\,dx = \int_0^2 \left[\frac{1}{2}x^3 y^2\right]_0^{x^2} dx = \int_0^2 \frac{1}{2}x^7\,dx = 16$$

$$(3)\quad A = \int_0^{\frac{1}{\sqrt{2}}} \int_x^{\sqrt{1-x^2}} x^3 y\,dy\,dx = \int_0^{\frac{1}{\sqrt{2}}} \left[\frac{1}{2}x^3 y^2\right]_x^{\sqrt{1-x^2}} dx$$

$$= \frac{1}{2}\int_0^{\frac{1}{\sqrt{2}}} (x^3 - 2x^5)\,dx = \frac{1}{2}\left[\frac{x^4}{4} - \frac{x^6}{3}\right]_0^{\frac{1}{\sqrt{2}}} = \frac{1}{96}$$

주의 위의 (2), (3)의 경우 적분순서를 바꾸어 계산할 수도 있다.

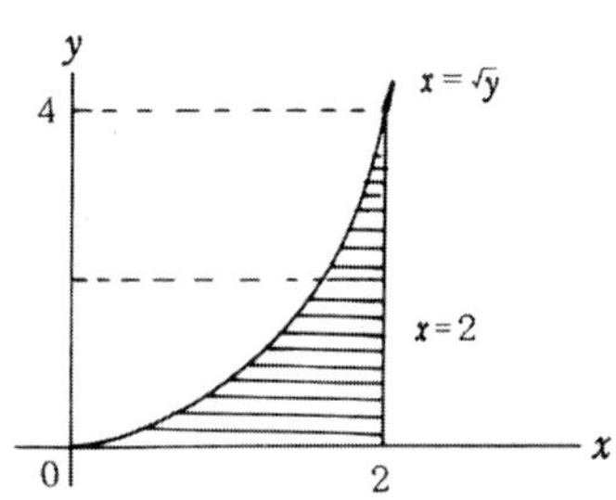

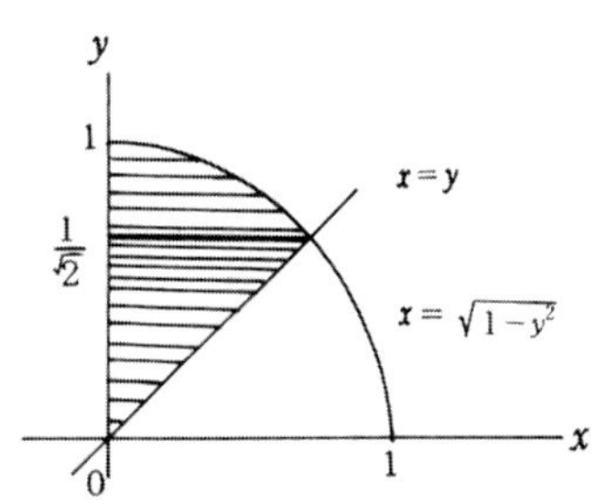

$$(2)\quad A = \int_0^4 \int_{\sqrt{y}}^2 x^3 y\,dx\,dy = \int_0^4 \left[\frac{1}{4}yx^4\right]_{\sqrt{y}}^2 dy$$

$$= \int_0^4 (4y - \frac{1}{4}y^3)\,dy = \left[2y^2 - \frac{1}{16}y^4\right]_0^4 = 16$$

$$(3)\quad A = \int_0^{\frac{1}{\sqrt{2}}} \int_0^y x^3 y\,dx\,dy + \int_{\frac{1}{\sqrt{2}}}^1 \int_0^{\sqrt{1-y^2}} x^3 y\,dx\,dy$$

$$= \frac{1}{192} + \frac{1}{192} = \frac{1}{96}$$

주의 $f(x, y)=1$ 일 때 $\int\int_D dD$는 영역 D의 넓이가 된다.

예제 1.12 $y=x^2$과 $y=2x$로 둘러싸인 부분의 넓이를 구하라.

풀이 다음 그림에서와 같이

$$D=\{(x, y)|0\le x\le 2,\ x^2\le y\le 2x\}$$

이므로,

$$D\text{의 넓이} = \int\int_D dD=\int_0^2\int_{x^2}^{2x} dy\,dx$$

$$=\int_0^2[y]_{x^2}^{2x}dx=\int_0^2(2x-x^2)\,dx$$

$$=\left[x^2-\frac{1}{3}x^3\right]_0^2=\frac{4}{3}$$

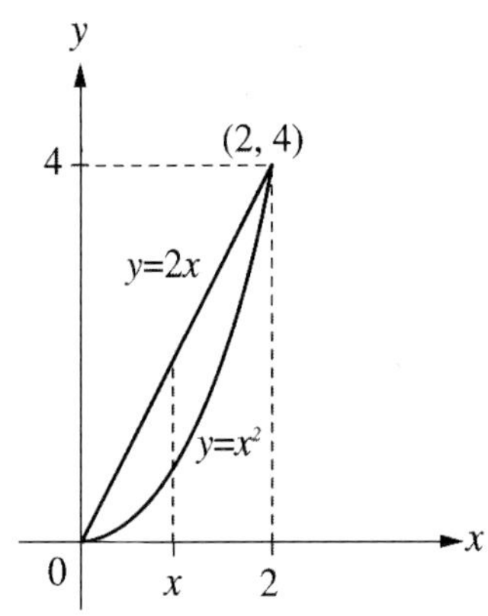

가 된다.

주의 예제 1.12에서 dx, dy를 바꾸면 다음과 같이 된다.

$$D\text{의 넓이} = \int\int_D dD=\int_0^4\int_{\frac{y}{2}}^{\sqrt{y}} dx\,dy=\int_0^4[x]_{y/2}^{\sqrt{y}}dy$$

$$=\int_0^4(\sqrt{y}-\frac{1}{2}y)\,dy=\left[\frac{2}{3}y^{\frac{3}{2}}-\frac{1}{4}y^2\right]_0^4=\frac{4}{3}$$

§8.1 중적분의 정의 연습문제 8.1

1. 다음 중적분을 구하라.

(1) $\int_0^{-1}\int_0^3 x^4\,dydx$ (2) $\int_0^1\int_1^2 (x-y)\,dydx$

(3) $\int_0^4\int_{-y}^{y^2} xy\,dxdy$ (4) $\int_{-1}^3\int_0^{3y} (x^2+y^2)\,dxdy$

(5) $\int_0^x\int_0^{y^2} \sin\frac{x}{y}\,dxdy$ (6) $\int_0^1\int_{x^2}^x \sqrt{\frac{x}{y}}\,dydx$

(7) $\int_2^4\int_1^{x^2} \frac{x}{y^2}\,dydx$ (8) $\int_0^a\int_0^{\sqrt{a^2-x^2}} (a^2-x^2-y^2)\,dydx$

2. 다음 주어진 영역 D에 대하여 중적분을 구하라.

(1) $\int\int_D e^{px+qy}dxdy \ (pq \neq 0)$, $D: 0\le x\le a,\ 0\le y\le a$

(2) $\int\int_D dxdy$, $D: y\le 2x,\ x\le 2y,\ x+y\le 3$

(3) $\int\int_D (x^2-3xy)\,dxdy$, $D: 1\le x\le 2,\ \frac{1}{x}\le y\le 2$

(4) $\int\int_D ye^{xy}dxdy$, $D: 1\le x\le 2,\ \frac{1}{x}\le y\le 2$

(5) $\int\int_D x^2y\,dxdy$, $D: y\le x-2,\ x+y^2\le 4$

(6) $\int\int_D \sqrt{4x^2-y^2}\,dxdy$, $D: 0\le y\le x,\ 0\le x\le 1$

(7) $\int\int_D (x^2+y^2)\,dxdy$, $D: 0\le x,\ 0\le y,\ x+y\le 1$

(8) $\int\int_D \sin \pi x^3\,dydx$, $D: 0\le x\le 3,\ 0\le y\le x^2$

§8.2 극좌표의 중적분

이 절에서는 제 6장에서 공부한 극좌표를 이용한 적분법을 이용하여 극방정식으로 나타난 함수들의 중적분을 공부한다.

정리 2.1 (1) 극좌표에 적분영역 $D=\{(r,\theta)|\alpha\le\theta\le\beta,\ a\le r\le b\}$ 에서 함수 $f(x,y)$ 가 연속이면

$$\int\int_D f(x,y)\,dD=\int_\alpha^\beta\int_a^b f(r\cos\theta,\ r\sin\theta)\,r\,dr\,d\theta$$

이고,

(2) 극좌표에 의한 영역 $D=\{(r,\theta)|\alpha\le\theta\le\beta,\ g_1(\theta)\le r\le g_2(\theta)\}$ 에서 함수 $f(x,y)$ 가 연속이면

$$\int\int_D f(x,y)\,dD=\int_\alpha^\beta\int_{g_1(\theta)}^{g_2(\theta)} f(r\cos\theta,\ r\sin\theta)\,r\,dr\,d\theta$$

이다.

[증명] (1) 직교좌표 (x,y) 를 극좌표 (r,θ) 로 바꾸려면 $x=r\cos\theta$, $y=r\sin\theta$ 이므로

$$f(x,y)=f(r\cos\theta,\ r\sin\theta)$$

이다. D를 직사각형망으로 나누는 대신 극 O를 지나는 직선과 극 O를 중심으로 하는 부채꼴을

$\theta=\theta_i$ $(\alpha=\theta_0<\theta_1<,\cdots,<\theta_n=\beta)$,

$r=r_j$ $(a=r_0<r_1<,\cdots,<r_m=b)$

에 의해서 mn개의 소영역

$D_{ij}=\{(r,\theta)\,|\,\theta_{i-1}<\theta<\theta_i,\ r_{j-1}<r<r_j\}$

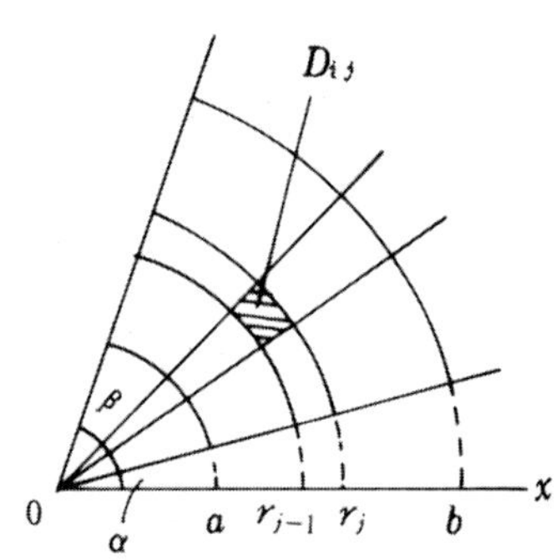

로 분할해서, $\varDelta\theta_i=\theta_i-\theta_{i-1}$,

$\varDelta r_j=r_j-r_{j-1}$ 로 하면 D_{ij} 의 넓이 $\varDelta D_{ij}$ 는

$$\varDelta D_{ij}=\frac{1}{2}(r_j^2-r_{j-1}^2)\varDelta\theta_i=\frac{1}{2}(r_j+r_{j-1})(r_j-r_{j-1})\varDelta\theta_i\fallingdotseq r_j\varDelta r_j\varDelta\theta_i$$

이 된다 한편 영역 D에서 연속인 함수 $f(x, y)$에 대하여 Riemann합

$$\sum_{i=1}^{n}\sum_{j=1}^{m} f(r_j\cos\theta_i,\ r_j\sin\theta_i)\Delta D_{ij}$$

$$= \sum_{i=1}^{n}\left\{\sum_{j=1}^{m} f(r_j\cos\theta_i,\ r_j\sin\theta_i)\, r_j\Delta r_j\right\}\Delta\theta_i$$

를 생각하고, r와 θ의 분할을 한없이 세분할 때, 위 합의 극한값은

$$\int_{\alpha}^{\beta}\int_{a}^{b} f(r\cos\theta,\ r\sin\theta)\, r\,dr\,d\theta$$

이 된다.

$$\therefore\ \int\int_D f(x, y)\,dD = \int_{\alpha}^{\beta}\int_{a}^{b} f(r\cos\theta,\ r\sin\theta)\, r\,dr\,d\theta$$

(2) (1)의 증명과 마찬가지로 하면 된다.

예제 2.2 $D=\left\{(r, \theta)\,|\,0\le\theta\le\frac{\pi}{2},\ 1\le r\le 2\right\}$ 일 때,

$$\int\int_D (3x+8y^2)\,dD$$

를 구하라.

풀이 $\int\int_D (3x+8y^2)\,dD = \int_0^{\frac{\pi}{2}}\int_1^2 (3r\cos\theta + 8r^2\sin^2\theta)\, r\,dr\,d\theta$

$$= \int_0^{\frac{\pi}{2}} \left[r^3\cos\theta + 2r^4\sin^2\theta\right]_1^2 d\theta = \int_0^{\frac{\pi}{2}} (7\cos\theta + 30\sin^2\theta)\,d\theta$$

$$= \int_0^{\frac{\pi}{2}} (7\cos\theta + 15 - 15\cos 2\theta)\,d\theta = \left[7\sin\theta + 15\theta - \frac{15}{2}\sin 2\theta\right]_0^{\pi/2}$$

$$= 7 + \frac{15}{2}\pi$$

예제 2.3 $D=\{(x, y)\,|\,1\le x^2+y^2\le 2x\}$ 일 때,

$$\int\int_D \sqrt{x^2+y^2}\,dD$$

를 구하라.

풀이 영역 D를 극좌표의 영역으로 나타내면

$$D=\left\{(r,\theta)\mid -\frac{\pi}{3}\le\theta\le\frac{\pi}{3},\quad 1\le r\le 2\cos\theta\right\}$$

이다. 따라서

$$\int\int_D\sqrt{x^2+y^2}\,dD=\int_{-\pi/3}^{\pi/3}\int_1^{2\cos\theta}r^2\,dr\,d\theta=\int_{-\pi/3}^{\pi/3}\left[\frac{1}{3}r^3\right]_1^{2\cos\theta}d\theta$$

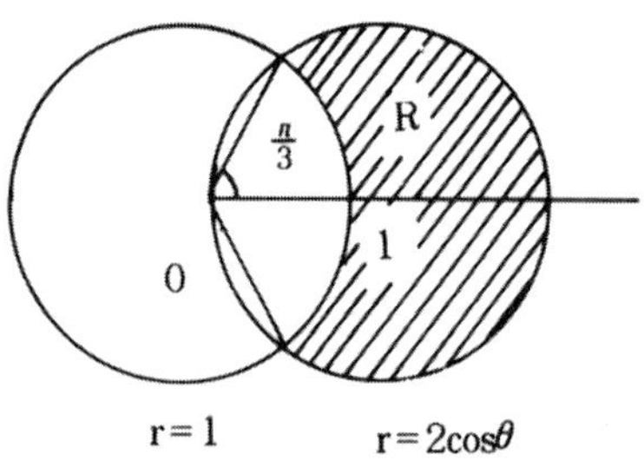

$$=\frac{1}{3}\int_{-\pi/3}^{\pi/3}(8\cos^3\theta-1)\,d\theta$$

$$=\frac{8}{3}\int_{-\pi/3}^{\pi/3}\cos\theta(1-\sin^2\theta)d\theta-\frac{2}{9}\pi$$

$$=\frac{8}{3}\left[\sin\theta-\frac{1}{3}\sin^3\theta\right]_{-\pi/3}^{\pi/3}-\frac{2}{9}\pi$$

$$=\frac{8}{3}\left(\sqrt{3}-\frac{\sqrt{3}}{4}\right)-\frac{2}{9}\pi=2\sqrt{3}-\frac{2}{9}\pi$$

예제 2.4 $D=\{(r,\theta)\mid\theta\le r\le 2\theta,\ 0\le\theta\le 3\pi\}$ 일 때,

$$\int\int_D(x^2+y^2)dD$$

를 구하라.

풀이 $\int\int_D(x^2+y^2)dD$

$$=\int_0^{3\pi}\int_\theta^{2\theta}r^3\,dr\,d\theta$$

$$=\int_0^{3\pi}\left[\frac{1}{4}r^4\right]_\theta^{2\theta}d\theta$$

$$=\frac{15}{4}\int_0^{3\pi}\theta^4\,d\theta$$

$$=\frac{15}{4}\left[\frac{1}{5}\theta^5\right]_0^{3\pi}=\frac{729}{4}\pi^5$$

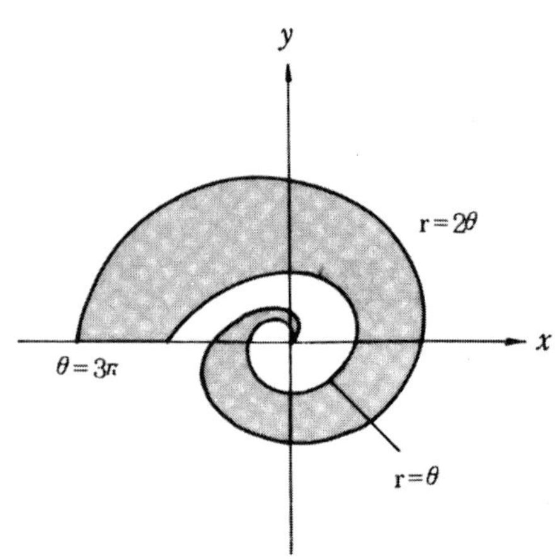

주의 $D=\{(r,\theta)\mid \alpha\le\theta\le\beta,\ g_1(\theta)\le r\le g_2(\theta)\}$ 이고, $f(r,\theta)=1$ 일 때 $\int\int_D dD=\int_\alpha^\beta\int_{g_1(\theta)}^{g_2(\theta)} r\,dr\,d\theta$ 는 영역 D 의 넓이가 된다.

예제 2.5 삼엽장미 $r=\sin 3\theta$ 로 둘러싸인 넓이를 구하라.

풀이

$$\text{넓이} = 3\int_0^{\pi/3}\int_0^{\sin 3\theta} r\,dr\,d\theta$$
$$=\frac{3}{2}\int_0^{\pi/3}\sin^2 3\theta\, d\theta$$
$$=\frac{3}{4}\int_0^{\pi/3}(1-\cos 6\theta)\,d\theta$$
$$=\frac{3}{4}\left[\theta-\frac{1}{6}\sin 6\theta\right]_0^{\pi/3}$$
$$=\frac{1}{4}\pi$$

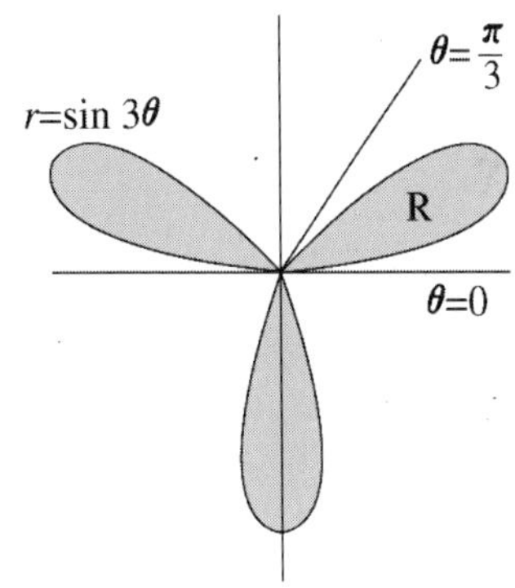

예제 2.6 $\int_0^\infty e^{-x^2}dx$ 를 구하라.

풀이 $I=\int_0^\infty e^{-x^2}dx$ 라 두면

$$I^2=\int_0^\infty e^{-x^2}dx\int_0^\infty e^{-y^2}dy=\int_0^\infty\int_0^\infty e^{-(x^2+y^2)}dx\,dy$$

이 된다. 여기서 $x=r\cos\theta$, $y=r\sin\theta$ 를 대입하면 $x^2+y^2=r^2$ 이 되고 적분영역은

$$\{(x,y)\mid 0\le x,\ y<\infty\}=\left\{(r,\theta)\mid 0\le r<\infty,\ 0\le\theta\le\frac{\pi}{2}\right\}$$ 이므로

$$I^2=\int_0^\infty\int_0^{\pi/2}e^{-r^2}r\,d\theta\,dr=\frac{\pi}{2}\int_0^\infty e^{-r^2}r\,dr$$
$$=\frac{\pi}{2}\left[-\frac{1}{2}e^{-r^2}\right]_0^\infty=\frac{\pi}{4}$$

한편 $I>0$ 이므로 $I=\frac{\sqrt{\pi}}{2}$ 이다.

§ 8.2 극좌표의 중적분

연습문제 8.2

1. 다음 중적분을 구하라.

(1) $\int_0^{\frac{\pi}{2}}\int_0^{\sin\theta} r\cos\theta\, dr\, d\theta$

(2) $\int_{-\frac{\pi}{2}}^{\frac{\pi}{2}}\int_0^{\sin\theta} r^2\, dr\, d\theta$

(3) $\int_0^{\pi}\int_0^{1-\sin\theta} r^2\cos\theta\, dr\, d\theta$

(4) $\int_0^{\pi}\int_0^{\cos\theta} r^3\, dr\, d\theta$

(5) $\int_0^1\int_0^{\sqrt{1-x^2}} (x^2+y^2)\, dy\, dx$

(6) $\int_{-2}^{2}\int_{-\sqrt{4-y^2}}^{\sqrt{4-y^2}} e^{-(x^2+y^2)}\, dx\, dy$

(7) $\int_0^2\int_0^{\sqrt{2x-x^2}} \sqrt{x^2+y^2}\, dy\, dx$

2. 다음 주어진 영역 D에 대하여 중적분을 구하라.

(1) $\iint_D x\, dx\, dy$ $\qquad D:\ a\le r\le 2a\sin\theta\ (0\le\theta\le\frac{\pi}{2})$

(2) $\iint_D r^2\sin\theta\, dr\, d\theta$ $\qquad D:\ 0\le r\le 2a\cos\theta\ (0\le\theta\le\frac{\pi}{2})$

(3) $\iint_D (x^2+y^2)\, dx\, dy$ $\qquad D:\ 0\le r\le 2a\cos\theta$

(4) $\iint_D (x^2+y^2)\, dx\, dy$ $\qquad D:\ x^2+y^2\le 4$

(5) $\iint_D (x^2+y^2)\, dx\, dy$ $\qquad D:\ a^2\le x^2+y^2\le b^2\ (0<a<b)$

(6) $\iint_D (x^2+y^2)\, dx\, dy$ $\qquad D:\ 0\le r\le a(1+\cos\theta)\ (a>0)$

§8.3 삼중적분

삼중적분의 정의도 중적분의 정의와 유사하게 정의할 수 있다. $V \subset R \times R \times R$가 유계이고, $f: V \to R$ 또한 유계일 때, 직사각형을 직육면체로 바꾸고, $D \subset R \times R$를 V로 바꾸어서 중적분의 경우와 같이 삼중적분을 생각할 수 있다. 즉 V를 포함하는 x, y, z 축들에 평행인 정육면체를 아래 그림과 같이 생각한다.

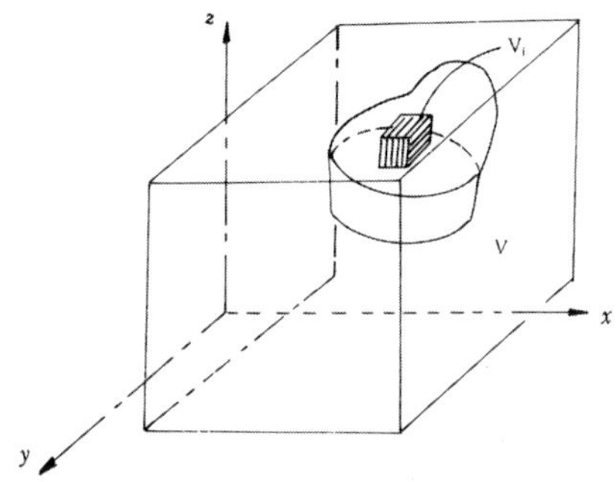

그리고 V를 중적분에서와 같이 yz, xy, zx 평면에 평행인 평면으로 분할하여 나타나는 작은 육면체를

$$V_1,\ V_2, \cdots, V_n$$

이라 한다. 특히 소영역 V_i의 부피를 $\varDelta V_i$라 하고, 각 소영역 V_i내의 임의의 한점 P_i에 대하여 Riemann합

$$S_n = \sum_{i=1}^{n} f(P_i) \varDelta V_i$$

를 생각하고, 이 때 분할을 한없이 세분한다고 하면, 즉

$$\lim_{n \to \infty} S_n = \lim_{n \to \infty} \sum_{i=1}^{n} f(P_i) \varDelta V_i$$

이 되며 이 극한값이 존재할 때 f는 V위에서 삼중적분가능이라 하고, 그 극한값을

$$\int\int\int_V f(x, y, z)\, dV, \quad \int\int\int_V f(x, y, z)\, dx dy dz$$

등과 같이 나타내고 이를 $f(x, y, z)$의 V위에서의 **삼중적분**(triple integration)이라 한다.

§8.1의 정리 1.5를 확장하면 다음 정리를 얻을 수 있다.

정리 3.1 $V=\{(x, y, z) \mid a_1 \le x \le a_2,\ b_1 \le y \le b_2,\ c_1 \le z \le c_2\}$ 일 때, $w=f(x, y, z)$ 가 V 위에서 연속이면

$$\iiint_V f(x, y, z)\,dV = \int_{a_1}^{a_2}\int_{b_1}^{b_2}\int_{c_1}^{c_2} f(x, y, z)\,dz\,dy\,dx$$

가 성립한다.

예제 3.2 $\int_2^3\int_1^2\int_2^5 xy^2\,dx\,dy\,dz$ 를 구하라.

풀이 $\int_2^3\int_1^2\int_2^5 xy^2\,dx\,dy\,dz = \int_2^3\int_1^2 y^2\left[\frac{1}{2}x^2\right]_2^5 dy\,dz$

$= \frac{21}{2}\int_2^3\int_1^2 y^2\,dy\,dz = \frac{21}{2}\int_2^3\left[\frac{1}{3}y^3\right]_1^2 dz = \frac{49}{2}$

예제 3.3 $V=\{(x, y, z) \mid -1 \le x \le 2,\ 0 \le y \le 3,\ 0 \le z \le 2\}$ 일 때,

$$\iiint_V 12xy^2z^3\,dV$$

를 구하라.

풀이 $\iiint_V 12xy^2z^3\,dV = \int_{-1}^2\int_0^3\int_0^2 12xy^2z^3\,dz\,dy\,dx$

$= \int_{-1}^2\int_0^3 [3xy^2z^4]_{z=0}^2\,dy\,dx = \int_{-1}^2\int_0^3 48xy^2\,dy\,dx$

$= \int_{-1}^2 [16xy^3]_{y=0}^3\,dx = \int_{-1}^2 432x\,dx = [216x]_{-1}^2 = 648$

영역 V가 직육면체가 아닌 경우도 §8.1의 정리 1.7을 확장하면 다음 정리를 얻을 수 있다.

정리 3.4 $V=\{(x, y, z) \mid a \le x \le b,\ h_1(x) \le y \le h_2(x),$
$g_1(x, y) \le z \le g_2(x, y)\}$ 일 때,

$w=f(x, y, z)$ 가 V에서 연속이면,

$$\iiint_V f(x, y, z)\,dx\,dy\,dz = \int_a^b \int_{h_1(x)}^{h_2(x)} \left\{ \int_{g_1(x, y)}^{g_2(x, y)} f(x, y, z)\,dz \right\} dy\,dx$$

가 성립한다.

예제 3.5 $V=\left\{(x, y, z) \mid 0 \le x \le 2,\ 0 \le y \le x,\ 0 \le z \le 2-\frac{1}{2}x^2\right\}$ 일 때 $\iiint_V 3xyz\,dz\,dy\,dx$ 를 구하라.

풀이

$$\begin{aligned}
\iiint_V 3xyz\,dz\,dy\,dx &= \int_0^2 \int_0^x \int_0^{2-\frac{1}{2}x^2} 3xyz\,dz\,dy\,dx \\
&= \int_0^2 \int_0^x \left[\frac{3}{2}xyz^2\right]_{z=0}^{2-\frac{1}{2}x^2} dy\,dx \\
&= \frac{3}{2}\int_0^2 \int_0^x (4xy - 2x^3y + \frac{1}{4}x^5y)\,dy\,dx \\
&= \frac{3}{2}\int_0^2 \left[2xy^2 - x^3y^2 + \frac{1}{8}x^5y^2\right]_{y=0}^{x} dx \\
&= \frac{3}{2}\int_0^2 (2x^3 - x^5 + \frac{1}{8}x^7)\,dx \\
&= \frac{3}{2}\left[\frac{1}{2}x^4 - \frac{1}{6}x^6 + \frac{1}{64}x^8\right]_0^2 = 2
\end{aligned}$$

예제 3.6 평면 $y=x$, $x=0$ 및 곡면 $y^2+z^2=1$ 로 둘러싸인 입체를 V라고 할 때

$$\iiint_V z\,dV$$

를 구하라.

풀이 우선 V를 그림으로 나타내면 다음과 같다.

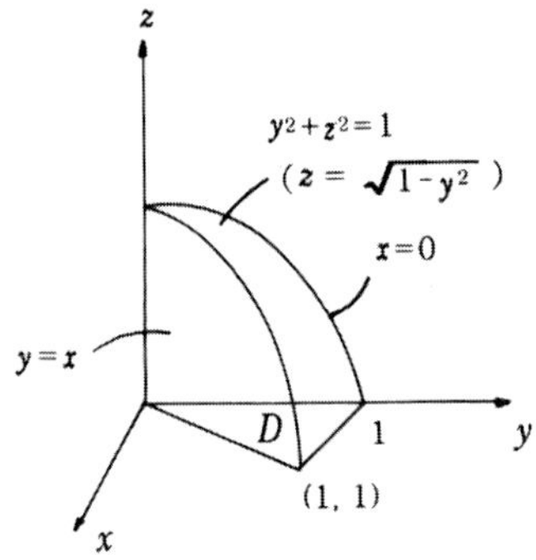

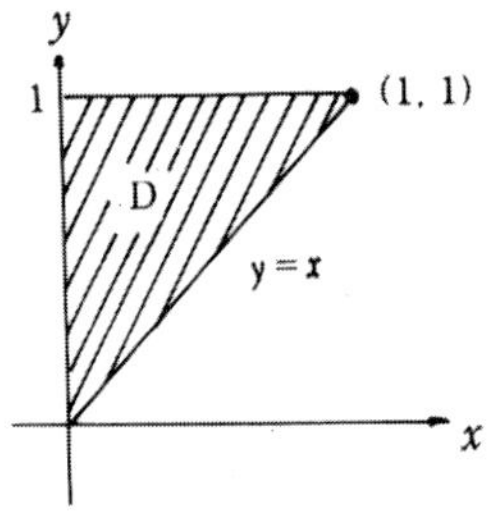

또한 영역 $V=\{(x, y, z)|0\le y\le 1,\ 0\le x\le y,\ 0\le z\le\sqrt{1-y^2}\}$ 이다. 따라서

$$\iiint_V z\,dV=\int_0^1\int_0^y\int_0^{\sqrt{1-y^2}} z\,dz\,dx\,dy=\int_0\int_0^y\left[\frac{1}{2}z^2\right]_{z=0}^{\sqrt{1-y^2}}dx\,dy$$
$$=\frac{1}{2}\int_0^1\int_0^y(1-y^2)\,dx\,dy=\frac{1}{2}\int_0^1[(1-y^2)x]_{x=0}^{y}\,dy$$
$$=\frac{1}{2}\int_0^1(y-y^3)\,dy=\frac{1}{2}\left[\frac{1}{2}y^2-\frac{1}{4}y^4\right]_0^1=\frac{1}{8}$$

정리 3.7 $V=\{(r, \theta, z)|g_1(\theta)\le y\le g_2(\theta),$
$\alpha\le\theta\le\beta,\ f_1(x, y)\le z\le f_2(x, y)\}$ 와 같이 V가 원주좌표로 주어질 때, f가 V에서 연속이면

$$\iiint_V f(x, y, z)\,dx\,dy\,dz$$
$$=\int_\alpha^\beta\int_{g_1(\theta)}^{g_2(\theta)}\int_{f_1(r\cos\theta,\ r\sin\theta)}^{f_2(r\cos\theta,\ r\sin\theta)} f(r\cos\theta, r\sin\theta, z)\,r\,dz\,dr\,d\theta$$

[증명] $D=\{(r, \theta)|g_1(\theta)\le r\le g_2(\theta),\ \alpha\le\theta\le\beta\}$ 라 하면, 정리 3.4에 의해서

$$\iiint_V f(x, y, z)\,dx\,dy\,dz=\iint_D\left\{\int_{f_1(x, y)}^{f_2(x, y)} f(x, y, z)\,dz\right\}dx\,dy$$

임을 알 수 있다. 또한 §8.2의 정리 2.1 (2)에 의해서 구하는 결과를 얻을 수 있다.

예제 3.8 $V=\{(x, y, z)|x^2+y^2\leq 16,\ 0\leq z\leq 4-y\}$ 일 때

$$\iiint_V \sqrt{x^2+y^2}\,dx\,dy\,dz$$

를 구하라.

풀이 $x=r\cos\theta$, $y=r\sin\theta$ 에 의해서 $r^2\leq 16$ 즉 $0\leq r\leq 4$ 이 됨으로 $D=\{(r, \theta, z)|0\leq r\leq 4,\ 0\leq\theta\leq 2\pi,\ 0\leq z\leq 4-r\sin\theta\}$ 이다. 따라서

$$\iiint_V \sqrt{x^2+y^2}\,dx\,dy\,dz=\int_0^{2\pi}\int_0^4\int_0^{4-r\sin\theta} r^2\,dz\,dr\,d\theta$$

$$=\int_0^{2\pi}\int_0^4 [r^2 z]_0^{4-r\sin\theta}\,dr\,d\theta=\int_0^{2\pi}\int_0^4 (4r^2-r^3\sin\theta)\,dr\,d\theta$$

$$=\int_0^{2\pi}\left[\frac{4}{3}r^3-\frac{1}{4}r^4\sin\theta\right]_0^4 d\theta=\int_0^{2\pi}\left(\frac{256}{3}-64\sin\theta\right)d\theta$$

$$=\left[\frac{256}{3}\theta+64\cos\theta\right]_0^{2\pi}=\frac{512}{3}\pi$$

주의 $f(x, y, z)=1$ 일 때 $\iiint_V dV$ 는 영역 V 의 체적이 된다.

예제 3.9 윗면이 $z=\sqrt{25-x^2-y^2}$ 이고, 밑면이 $x^2+y^2\leq 9$ 인 z 축에 평행인 기둥의 부피를 구하라.

풀이 먼저 그림을 살펴보면 다음과 같고,

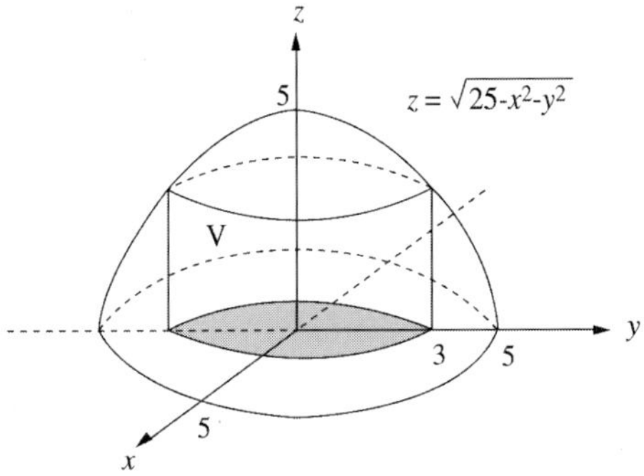

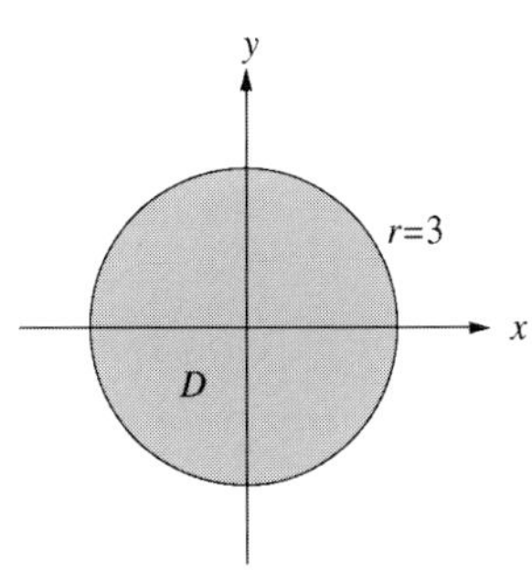

$$V\text{의 부피}=\iiint_V dV=\iint_D\left\{\int_0^{\sqrt{25-x^2-y^2}} dz\right\}dx\,dy$$

이다. 그러나 극좌표를 이용하여 계산하면 간편하게 됨을 알 수 있다. 따라서

$$\iiint_V dV = \int_0^{2\pi}\int_0^3\int_0^{\sqrt{25-r^2}} r\,dz\,dr\,d\theta = \int_0^{2\pi}\int_0^3 r\sqrt{25-r^2}\,dr\,d\theta$$

$$= \int_0^{2\pi}\left[-\frac{1}{3}(25-r^2)^{\frac{3}{2}}\right]_{r=0}^3 d\theta = \int_0^{2\pi}\frac{61}{3}\,d\theta = \frac{122}{3}\pi$$

§ 8.3 삼중적분 **연습문제 8.3**

1. 다음 삼중적분을 구하라.

(1) $\int_{-1}^1\int_0^2\int_0^1 (x^2+y^2+z^2)\,dx\,dy\,dz$

(2) $\int_0^1\int_0^y\int_0^{xy} z\,dz\,dx\,dy$

(3) $\int_{-3}^7\int_0^{2z}\int_y^{z-1} dx\,dy\,dz$

(4) $\int_1^2\int_y^{y^2}\int_0^{\log x} ye^z\,dz\,dx\,dy$

(5) $\int_2^3\int_1^2\int_2^5 xy^2\,dz\,dy\,dx$

(6) $\int_0^{\frac{\pi}{2}}\int_0^{\frac{\pi}{2}}\int_0^{xy} \cos\frac{z}{x}\,dz\,dy\,dx$

(7) $\int_0^3\int_0^{\sqrt{9-x^2}}\int_0^x xy\,dy\,dx\,dz$

(8) $\int_0^{\frac{\pi}{2}}\int_0^a\int_{1-\cos\theta}^{1+\cos\theta} zr\,dz\,dr\,d\theta$

2. 다음 주어진 영역 D에 대하여 중적분을 구하라.

(1) $\iiint_V xy\sin yz\,dV$

$\left(V:\ 0\le x\le \pi,\ 0\le y\le 1,\ 0\le z\le \frac{\pi}{6}\right)$

(2) $\iiint_V \sin(y+z)\,dz\,dx\,dy$

$\left(V:\ 0\le x\le \cos y,\ \frac{\pi}{6}\le y\le \frac{\pi}{2},\ y\le z\le \pi-y\right)$

(3) $\iiint_V \sin\frac{x}{y}\,dx\,dy\,dz$

$\left(V:\ 0\le x\le 2yz,\ \sin 2z\le y\le 0,\ 0\le z\le \frac{\pi}{2}\right)$

(4) $\iiint_V \sin(x+y+z)\,dx\,dy\,dz$

$\left(V:\ 0\le y\le x\le \frac{\pi}{2},\ 0\le z\le x+y\right)$

§8.4 중적분의 응용

이 절에서는 1, 2, 3절에서 배운 중적분과 삼중적분을 이용하여 평면도형의 넓이, 입체의 부피 및 회전체의 부피를 구하는 방법을 공부한다.

먼저 $D \subset R \times R$의 경계를 밑면으로 하는 직주면과 곡면 $z = f(x, y)$ (≥ 0) 및 xy-평면에 의해서 둘러싸인 입체의 부피를 V라고 하면, 중적분의 정의에 의해서

$$V = \int\int_D f(x, y)\, dD = \int\int_D f(x, y)\, dx\, dy$$

이다.

예제 4.1 곡선 $y = x^4$, $y = 4 - 3x^2$에 의해서 둘러싸인 평면도형의 넓이를 중적분을 이용해서 구하라.

풀이 구하는 넓이를 D라고 하면, D는 $\int\int_D 1\, dD$이므로

$$\begin{aligned} D &= \int_{-1}^{1}\int_{x^4}^{4-3x^2} dy\, dx \\ &= \int_{-1}^{1} (4 - 3x^2 - x^4)\, dx \\ &= \left[4x - x^3 - \frac{1}{5}x^5\right]_{-1}^{1} \\ &= \frac{28}{5} \end{aligned}$$

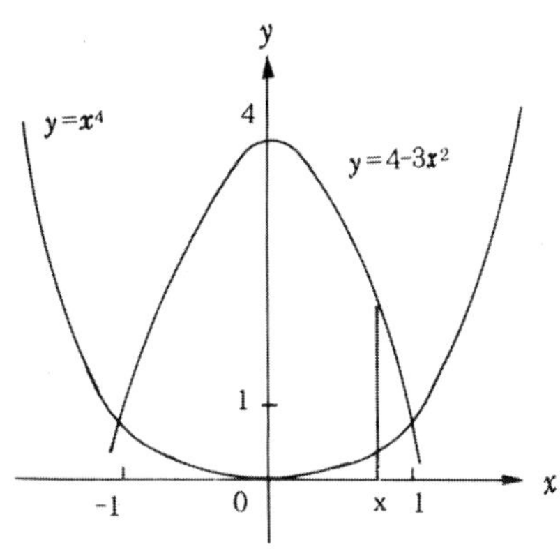

예제 4.2 $D = \{(x, y) \mid 0 \leq x \leq 1,\ 0 \leq y \leq 1\}$를 밑면으로 곡면 $z = 4 - x^2 - y^2$을 윗면으로 하는 수직기둥의 부피를 구하라.

풀이

$$V=\int_0^1\int_0^1 (4-x^2-y^2)\,dy\,dx$$
$$=\int_0^1\left[4y-x^2y-\frac{1}{3}y^3\right]_0^1 dx$$
$$=\int_0^1\left(\frac{11}{3}-x^2\right)dx$$
$$=\frac{10}{3}$$

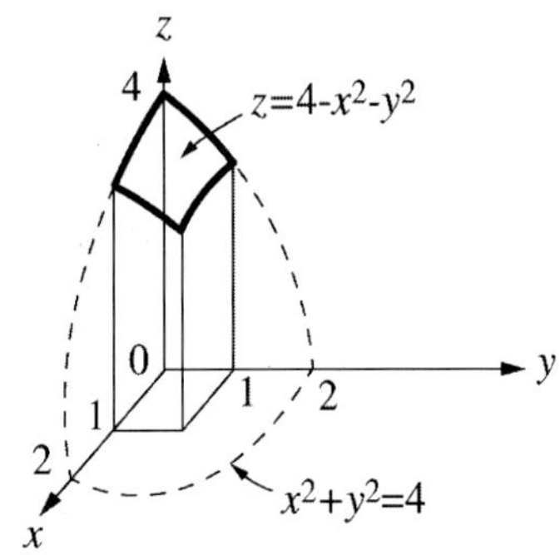

예제 4.3 $r=\cos\theta$, $z=16-\sqrt{x^2+y^2}$ 및 xy-평면에 의해서 둘러싸인 입체의 부피 V를 구하라.

풀이 $D=\left\{(r,\theta)\mid 0\le r\le \cos\theta,\ -\frac{\pi}{2}\le\theta\le\frac{\pi}{2}\right\}$ 이므로

$$V=\iint_D (16-\sqrt{x^2+y^2})\,dD$$
$$=\int_{-\frac{\pi}{2}}^{\frac{\pi}{2}}\int_0^{\cos\theta}(16-r)\,r\,dr\,d\theta$$
$$=\int_{-\frac{\pi}{2}}^{\frac{\pi}{2}}\left[8r^2-\frac{1}{3}r^3\right]_0^{\cos\theta}d\theta$$
$$=\int_{-\frac{\pi}{2}}^{\frac{\pi}{2}}\left(8\cos^2\theta-\frac{1}{3}\cos^3\theta\right)d\theta$$
$$=\int_{-\frac{\pi}{2}}^{\frac{\pi}{2}}\left(4+4\cos 2\theta-\frac{1}{3}\cos\theta+\frac{1}{3}\cos\theta\sin^2\theta\right)d\theta$$
$$=\left[4\theta+2\sin 2\theta-\frac{1}{3}\sin\theta+\frac{1}{9}\sin^3\theta\right]_{-\frac{\pi}{2}}^{\frac{\pi}{2}}=4\pi-\frac{4}{9}$$

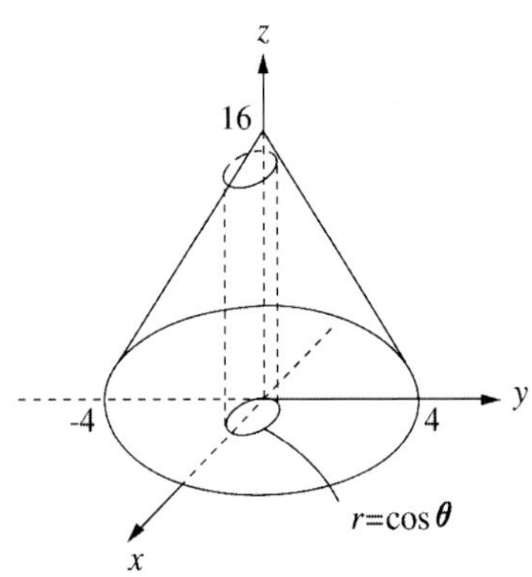

다음으로 회전체의 부피를 구하는 방법을 공부하자.

$D=\{(x, y) \mid a \leq x \leq b,\ 0 \leq g_1(x) \leq y \leq g_2(x)\}$ 를 x축을 축으로 하여 회전할 때 생기는 회전체의 부피를 V라고 하자. 이 회전체를 점 $(x, 0)$를 지나고 x축에 수직인 평면으로 잘랐을 때, 그 단면적은 $\pi(g_2(x)^2 - g_1(x)^2)$ 이다. 따라서

$$V=\pi\int_a^b (g_2(x)^2 - g_1(x)^2)\,dx = 2\pi\int_a^b\int_{g_1(x)}^{g_2(x)} y\,dy\,dx$$
$$= 2\pi\int\int_D y\,dy\,dx$$

이다.

예제 4.4 곡선 $y=x^2$, $y=\sqrt{x}$로 둘러싸인 영역 D를 x축을 축으로 하여 회전하였을 때 생기는 회전체의 부피 V를 구하라.

풀이 $V=2\pi\int\int_D y\,dy\,dx = 2\pi\int_0^1\int_{x^2}^{\sqrt{x}} y\,dy\,dx$

$$= \pi\int_0^1 (x - x^4)\,dx = \pi\left[\frac{1}{2}x^2 - \frac{1}{5}x^5\right]_0^1 = \frac{3}{10}\pi$$

예제 4.5 심장형 $r=a(1+\cos\theta)$ $(a>0)$을 x축을 축으로 하여 회전하였을 때 생기는 회전체의 부피를 구하라.

풀이 구하는 회전체의 부피를 V라 하고, 심장형의 상반부를 D라고 하면

$$V=2\pi\int\int_D y\,dy\,dx$$
$$= 2\pi\int_0^\pi\int_0^r r\sin\theta\, r\,dr\,d\theta$$
$$= \frac{2}{3}\pi a^3\int_0^\pi (1+\cos\theta)^3\sin\theta\,d\theta$$
$$= \frac{1}{6}\pi a^3[-(1+\cos\theta)^4]_0^\pi = \frac{8}{3}\pi a^3$$

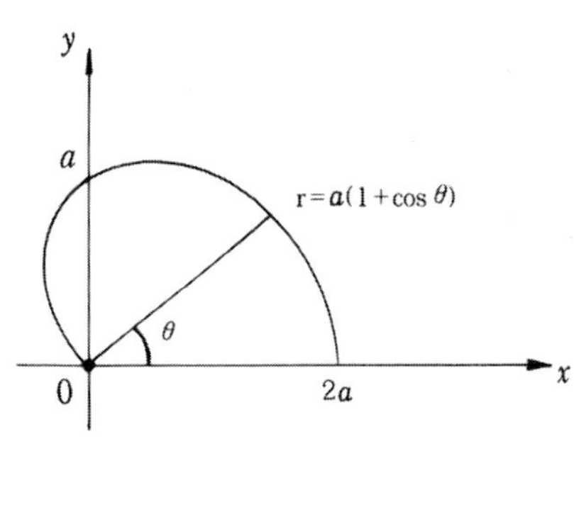

§ 8.4 중적분의 응용

연습문제 8.4

1. 다음 곡선으로 둘러싸인 부분의 면적을 중적분을 이용하여 구하라.
   (1) $y = 3x - x^2$, $y = x$ (2) $3x = 4 - y^2$, $x = y^2$

2. xy-평면과 곡면 $z = 4 - x^2 - y^2$ 에 의해서 둘러싸인 입체의 부피 V를 구하라.

3. $y = x^2$, $y + z = 4$, $z = 0$ 로 둘러싸인 부분의 부피 V를 구하라.

4. 곡면 $z = xy$, 주면 $y = x^2$, $x = y^2$ 및 평면 $z = 0$ 에 의해서 둘러싸인 입체의 부피 V를 구하라. (힌트 ; $D=\{(x, y) \mid 0 \le x \le 1,\ x^2 \le y \le \sqrt{x}\}$)

5. $x, y, z \ge 0$ 일 때, 주면 $y = 4 - x^2$ 을 평면 $x + y + z = 6$ 으로 자른 밑부분에 놓인 입체의 부피 V를 구하라.

6. $xy-$ 평면상의 영역 D와 다음 곡면을 각각 밑면과 윗면으로 하는 수직기둥의 부피를 구하라.
   (1) $D=\{(x, y) \mid 0 \le x \le 1,\ 0 \le y \le 1\}$, $x + 2y + 4z = 8$
   (2) $D=\{(x, y) \mid 0 \le x \le 1,\ 0 \le y \le 1\}$, $z = \sqrt{x} + \sqrt{y}$
   (3) $D=\{(x, y) \mid 0 \le x \le 1,\ 0 \le y \le 1 - x\}$, $2x + y + 3z = 6$
   (4) $D=\{(x, y) \mid 0 \le x \le 1,\ 0 \le y \le 1 - x\}$, $z = \sqrt{x + y}$

7. 원점을 중심으로 하고 반지름이 a 인 구를 주면 $r = a\cos\theta$ 로 잘라내는 부분의 부피를 구하라.
   (힌트 ; 주어진 입체는 두 곡면 $z = -\sqrt{a^2 - r^2}$, $z = \sqrt{a^2 - r^2}$ 사이에 있고
   $D = \left\{(r, \theta) \mid 0 \le r \le a\cos\theta,\ -\frac{\pi}{2} \le \theta \le \frac{\pi}{2}\right\}$ 이므로
   $V = \int\int_D \left(\int_V dz\right) dx\,dy$ 임)

연습문제

연습문제 해답

연습문제 1.1

2. (1) 0 (2) 2 (3) 1
   (4) 0 (5) 0 (6) $\frac{1}{2}$

8. (1) 0 (2) $-\infty$ (3) e^{-1} (4) 0

연습문제 1.2

2. (1) 2 (2) $\sqrt{2}$ (3) -6
   (4) $\frac{1}{13}$ (5) $\frac{1}{12}$ (6) $\frac{1}{8}$
   (7) 150 (8) -16 (9) 16
   (10) $e-1$ (11) 0 (12) 극한값 없음

4. (1) 2 (2) 1

6. (1) 0.05 (2) $\delta \leq 0.0001$ (3) $\delta \leq 0.006$ (4) 0.05

연습문제 1.3

5. (1) 4 (2) 0 (3) 0 (4) 2

8. (3) $\frac{1}{2}$ (4) -5 (6) $2, 3$

연습문제 2.1

1. (1) $f'(4)=2$ (2) $f'(-2)=-4$ (3) $f'(1)=\frac{1}{4}$ (4) $f'(-3)=-\frac{1}{9}$

2. (1) $y'=0$ (2) $y'=2x$ (3) $y'=-\frac{1}{x^2}$ (4) $y'=\frac{1}{2\sqrt{x+1}}$

3. $c=-\frac{9}{8}$, $\left(\frac{3}{4},\ \frac{9}{8}\right)$

4.. $y=-2x+4$, $y=\frac{1}{2}x+1$

5. $\left(0,\ \frac{46}{5}\right)$

연습문제 2.2

1. (1) $y'=15(1+3x)^4$ (2) $y'=6x(x^2-4)^2$

   (3) $y'=\frac{1}{(x+2)^2}$ (4) $y'=\frac{2-3x}{2\sqrt{1-x}}$

   (5) $y'=\frac{-1}{(1+x)\sqrt{1-x^2}}$ (6) $y'=\frac{4a^2x}{(a^2-x^2)^2}$

2. $(-1,\ 27)$, $(2,\ 0)$

3. $a=b=1$, $c=0$

4. (1) $\frac{dy}{dx}=\frac{x}{4y}$ (2) $\frac{dy}{dx}=-\frac{\sqrt{y}}{\sqrt{x}}$

   (3) $\frac{dy}{dx}=\frac{4x^3}{3y^2+1}$ (4) $\frac{dy}{dx}=\frac{3y-2x}{2y-3x}$

   (5) $\frac{dx}{dy}=-\frac{x(y^2+1)}{y(x^2+1)}$ (6) $\frac{dy}{dx}=\frac{x+y}{a-x-y}$

5. (1) $x+4y=9$, $4x-y=2$

   (2) $3x-5y=4$, $5x+3y=18$

6. (1) $\dfrac{dx}{dy}=\dfrac{1}{3(y+2)^{2/3}}$ (2) $\dfrac{dx}{dy}=\dfrac{1}{2\sqrt{y-1}}$

(3) $\dfrac{dx}{dy}=\dfrac{1}{(y-1)^2}$ (4) $\dfrac{dx}{dy}=\dfrac{1}{5y^{4/5}(y^{1/5}-1)^2}$

7. (1) $\dfrac{dy}{dx}=-1$ (2) $\dfrac{dy}{dx}=\dfrac{(1+t)^2}{1+t^2}$

연습문제 2.3

1. (1) $y'=\dfrac{\cos x}{2\sqrt{1+\sin x}}$ (2) $y'=4x\tan(x^2+1)\sec^2(x^2+1)$

(3) $y'=-\dfrac{\cos x\sin x}{\sqrt{1+\cos^2 x}}$ (4) $5(2x+1)^{\frac{3}{2}}\sec(2x+1)^{\frac{5}{2}}\tan(2x+1)^{\frac{5}{2}}$

(5) $y'=2(\sin^2 x-\cos^2 x)$ (6) $\dfrac{1}{4}\sec^2 x\{\sin(\tan x)\}^{-\frac{3}{4}}\cos(\tan x)$

2. (1) $y'=\sin^{-1}x^2+\dfrac{2x^2}{\sqrt{1-x^4}}$ (2) $y'=\dfrac{2x}{2-x^2}$

(3) $y'=\dfrac{1}{x\log x\sqrt{(\log x)^2-1}}$ (4) $y'=\dfrac{2-x}{\sqrt{x(2-x)}}$

3. (1) $y'=\dfrac{6t}{t^2+4}$ (2) $y'=\dfrac{\cos(\log x)}{x}$

(3) $y'=\dfrac{1}{x\log x}$ (4) $y'=e^x(\cos x-\sin x)$

(5) $y'=\dfrac{e^x(1-e^{2x})}{(e^{2x}+1)^2}$ (6) $y'=\dfrac{e^x+e^{-x}}{e^x-e^{-x}}=\coth x$

(7) $y'=a^x\log a\left\{\log(1+a^x)+\dfrac{a^x}{1+a^x}\right\}$ (8) $y'=\dfrac{3\tan^2 x\sec^2 x+e^x}{(\tan^3 x+e^x)\log a}$

4. (1) $y'=e^{2x}$ (2) $y'=\dfrac{2e^{2x}\sinh(\tan^{-1}e^{2x})}{1+e^{4x}}$

(3) $y' = -\dfrac{1}{\sqrt{-e^{2x}+1}}$ (4) $y' = \dfrac{1}{\cosh^{-1}x} \cdot \dfrac{1}{\sqrt{x^2-1}}$

(5) $y' = -\dfrac{1}{2x}$ (6) $y' = x(\sinh^{-1}x)^2 \left\{ 2\sinh^{-1}x + \dfrac{3x}{\sqrt{1+x^2}} \right\}$

5. (1) $\dfrac{3}{5}$ (2) $-\dfrac{1}{2}$ (3) $-\dfrac{\pi}{4}$ (4) $\dfrac{33}{65}$ (5) 7

6. 정리 3.15의 증명참조

7. 정리 3.5와 정리 3.18의 증명참조

연습문제 3.1

1. (1) $c = 3$ (2) $\pi \in \left(\dfrac{\pi}{2}, \dfrac{3\pi}{2}\right)$

2. (1) $c = 1$

   (2) f 는 $x = 1$ 에서 불연속이므로 평균값정리가 성립하지 않는다.

   (3) $f'(0)$ 이 존재하지 않으므로 평균값정리가 성립하지 않는다.

   (4) $c = \dfrac{5}{4}$

3. $f(x) = x^4 + 3x^3 - 2x^2 - 2x$ 라 하면 $(0, 1)$ 사이에서 Rolle정리에 의하여 $f'(c) = 0$ 인 $c \in (0, 1)$ 가 존재한다. 즉, $f'(x) = 4x^3 + 9x^2 - 4x - 2$ 는 $(0, 1)$ 사이에 적어도 하나의 실수해를 갖는다.

4. $f(x) = \log x$ 라 놓으면 평균치 정리에서

$$\frac{\log(b) - \log(a)}{b-a} = f'(c) = \frac{1}{c} \quad (c \in (a, b))$$

$$\therefore\ 1 - \frac{a}{b} < \log\frac{b}{a} < \frac{b-a}{a} = \frac{b}{a} = 1$$

5. (1) 0 (2) 2 (3) 1

(4) $\frac{1}{2}$ (5) 0 (6) e

6. $f'(0) = \lim_{x\to 0}\frac{f(x)-f(0)}{x-0} = \lim_{x\to 0}\frac{e^{-1/x^2}}{x}$

$$= \lim_{x\to 0}\frac{\frac{1}{2}}{e^{1/x^2}} = \lim_{x\to 0}\frac{-1/x^2}{-2/x^3\ e^{1/x^2}}$$

$$= \lim_{x\to 0}\frac{x}{2e^{1/x^2}} = 0$$

연습문제 3.2

1. (1) $\sum_{n=0}^{\infty}\frac{x^{n+1}}{n!}$ (2) $x+\frac{1}{3}x^3+\frac{2}{15}x^5+\cdots$

(3) $\sum_{n=0}^{\infty}\frac{x^{2n+1}}{(2n+1)!}$ (4) $\sum_{n=0}^{\infty}(-1)^n x^n$

(5) $x^2-\frac{1}{3}x^4+\frac{2}{45}x^6+\cdots$ (6) $1-x^2+\frac{x^4}{3}-\frac{2}{45}x^6+\cdots$

2. (1) $\frac{1}{5}-\frac{1}{5^2}(x-3)+\frac{2}{5^3}(x-2)^2-\frac{6}{5^4}(x-3)^3+\cdots$

(2) $\sum_{n=0}^{\infty}(-1)^n\frac{\Pi^{2n}(x-\frac{1}{2})^{2n}}{2n!}$

(3) $\frac{15}{8}+\frac{17}{8}(x-\log 4)+\frac{15}{16}(x-\log 4)^2+\frac{17}{48}(x-\log 4)^3+\cdots$

(4) $\sum_{n=0}^{\infty}(-1)^{n+1}\frac{(x-1)^n}{n}$

3. $55+87(x-2)+50(x-2)^2+12(x-2)^3+(x-2)^4$

4. (1) $1-2x+2x^2-\frac{4}{3}x^3+\frac{2}{3}x^4$

(2) $2x-\frac{4}{3}x^3$

(3) $x+\frac{1}{3}x^3$

(4) $x+x^2+\frac{x^3}{2!}+\frac{x^4}{3!}$

(5) $1+\frac{1}{2}x^2+\frac{5}{24}x^4$

(6) $\ln 3+\frac{2}{3}x-\frac{2}{9}x^2+\frac{8}{81}x^3-\frac{4}{81}x^4$

연습문제 3.3

1. (1) 극소값 $f(\frac{3}{4})=\frac{47}{8}$

(2) 극소값 $f(2)=-58$, 극대값 $f(5)=-31$

(3) 극대값 $f(-1)=8$, 극소값 $f(5)=-100$

(4) 극치를 갖지 않는다.

(5) 극소값 $f(1)=2$, 극대값 $f(-1)=-2$

(6) 극소값 $f(-2)=-121$, 극대값 $f(0)=7$

극소값 $f(2)=121$

2. (1) $x>1$ 인 점 x 에서 위로 볼록하고

$x<1$ 인 점 x 에서 아래로 볼록

변곡점 $\left(1,\frac{4}{3}\right)$

(2) 극소값 $f(1)=\frac{1}{3}$, 극대값 $f(-1)=3$

(3) 극대값 $f(2k\pi+\frac{\pi}{4})=\frac{1}{\sqrt{2}}e^{-2k\pi+\frac{\pi}{4}}$

극소값 $f(2k\pi+\frac{5\pi}{4})=-\frac{1}{\sqrt{2}}e^{-2k\pi+\frac{5\pi}{4}}$ $\quad(k=0,1,\cdots)$

(4) 극소값 $f(1) = -2$, 극대값 $f(-1) = 2$

변곡점 $(-2^{-1/3}, \frac{11}{8})$, $(0, 0)$, $(2^{-1/3}, -\frac{11}{8})$

(5) $x < 1$ 에서 아래로 볼록

$x > 1$ 에서 위로 볼록

변곡점 $(1, -2)$

3. (1)

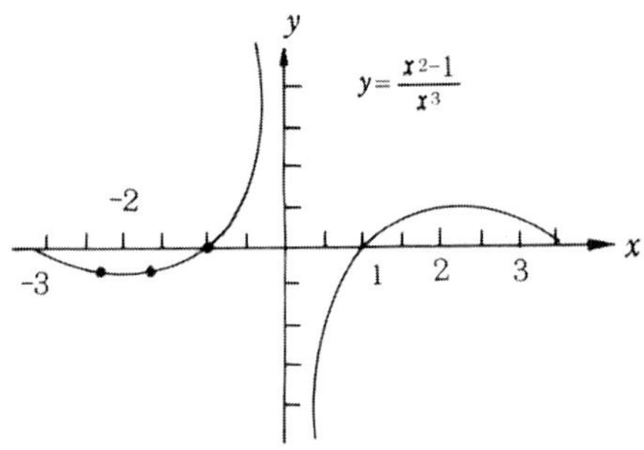

(2) ① $f(-x) = f(x)$ 이므로 y 축 대칭

② $(0,2)$ 를지난다.

③ $\lim_{x\to\infty} f(x) = \lim_{x\to-\infty} f(x)$

④ $f'(x) = \dfrac{-4x}{(1+x^2)^2}$

$$f''(x) = \frac{12(x-\frac{1}{\sqrt{3}})(x+\frac{1}{\sqrt{3}})}{(1+x^2)^3} \text{ 이므로}$$

$f'(0) = 0$, $f''(0) = -4 < 0$, $f''(\pm\frac{1}{\sqrt{3}}) = 0$

극대점 $(0, 2)$, 변곡점 $(\pm\frac{1}{\sqrt{3}}, \frac{3}{2})$

(3) ① y 축에 대칭

② $y=0 \Leftrightarrow x=0,\ \pm 2\sqrt{2}$

$(-\infty, -2)$, $(0, 2)$ 에서 $y'>0$ 이므로 증가

$(-2, 0)$, $(2, \infty)$ 에서 $y'>0$ 이므로 감소

$y''=0 \Leftrightarrow x=\pm\dfrac{2}{\sqrt{3}}$

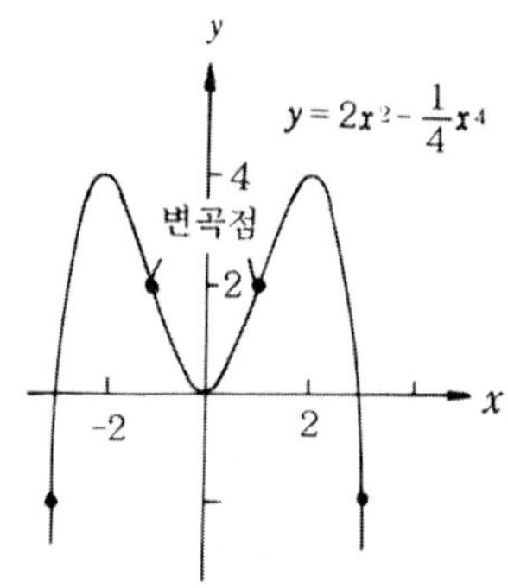

$(-\infty, -\dfrac{2}{\sqrt{3}})$, $(\dfrac{2}{\sqrt{3}}, \infty)$ 에서 $y''<0$ 이므로 아래로 볼록

$(-\dfrac{2}{\sqrt{3}}, \dfrac{2}{\sqrt{3}})$ 에서 $y''>0$ 이므로 위로 볼록

(4) $y'=3x^2-3=3(x^2-1)$

$y=0 \Leftrightarrow x=\pm 1$ (극치),

$(-\infty, -1)$ 에서 증가, $(-1, 1)$ 에서감소.

$y''=6x$ 에서 $y''=0 \Leftrightarrow x=0$ (변곡점)

$(-\infty, 0)$ 에서 아래로 오목,

$(0, \infty)$ 에서 위로오목.

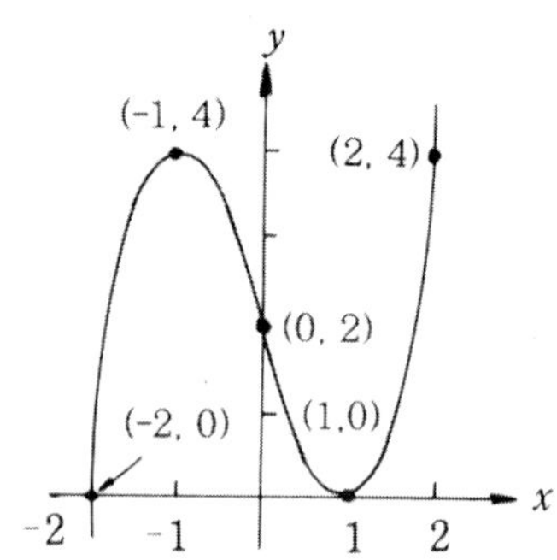

4. $x=0$, $y=\dfrac{1}{2}x+1$

5. $-5<a<27$

6. $r=\dfrac{2}{3}b$, $h=\dfrac{1}{3}a$

연습문제 3.4

1. (1) $3\dfrac{15}{16}$ (2) 3.025

2. (1) $dy = (12x^2 - 14x + 2)\,dx$

(2) $dy = (\cos x - x\sin x)\,dx$

(3) $dy = (\sqrt{x-1} + x\dfrac{1}{2\sqrt{x-1}})\,dx$

3. (1) 1.517003　(2) 0.7853982　(3) 2.330

4. (1) 1.288　(2) 1.169

5. 제 1 근사값 2.1

제 2 근사값 2.0046

연습문제 4.1

1. (1) $x^2 + 3x + C$　(2) $\dfrac{1}{3}x^3 - \dfrac{2}{3}x^{3/2} + C$

(3) $6\sqrt{x} + C$　(4) $-\dfrac{5}{2}e^{-2x} + C$

(5) $\dfrac{1}{705}(3x-1)^{235} + C$　(6) $-\dfrac{3}{35}(2-7t)^{5/3} + C$

(7) $\dfrac{2}{15}(2+5y)^{3/2} + C$　(8) $-\dfrac{1}{(9x+6)} + C$

2. (1) $\dfrac{1}{7}x^7 + \dfrac{3}{2}x^4 + 9x + C$　(2) $\dfrac{1}{3}x^3 + \dfrac{3}{4}x^4 + C$

(3) $\dfrac{2}{7}x^{7/2} + C$　(4) $\log|x| + 2\sqrt{x} + C$

3. $\dfrac{1}{4}(3x^{4/3} + 5)$

4. $\cos x + 1$

연습문제 4.2

1. (1) $\frac{1}{6}(1+3x)^6 + C$

(2) $\sqrt{1+x^2} + C$

(3) $-\frac{1}{2}\cos 2x + C$

(4) $\frac{1}{3}e^{3x} + C$

(5) $\frac{1}{3}\sin^{-1}3x + C$

(6) $\frac{1}{2}\tan^2 x + C$

(7) $\frac{1}{5}(\log x)^5 + C$

(8) $-\cos(\log x) + C$

(9) $\frac{3}{5}(1+x^2)^{4/3} + C$

(10) $2e^{\sqrt{t}} + C$

(11) $-\frac{1}{3}\cos 3x + C$

(12) $\frac{2}{7}(x-3)^{7/2} + C$

(13) $\log|x^2+3x+2| + C$

(14) $\frac{1}{2}e^{2x} + C$

2. (1) $-\frac{1}{5}\cos x^5 + C$

(2) $\frac{1}{2}\tan^{-1}(x^2) + C$

(3) $x - \log|1+x| + C$

(4) $\frac{1}{2}(\log 3x)^2 + C$

(5) $\frac{1}{a^3}\left(\frac{a^2x^2}{2} - abx + b^2\log|ax+b|\right) + C$

(6) $\frac{1}{a^3}\left(ax - 2b\log|ax+b| - \frac{b^2}{ax+b}\right) + C$

(7) $\frac{1}{4}\tan(4x+1) + C$

(8) $\frac{1}{7}\sin^7 x + C$

(9) $-3\sqrt{1-r^2} + C$

(10) $\frac{1}{6}(2x^2+1)^{3/2} + C$

(11) $\frac{1}{2(1+2t^3}\,)^{1/3} + C$

(12) $\frac{1}{2}\sqrt{2y^2+1} + C$

(13) $6\sec^{-1}x + C$

(14) $\frac{1}{4}\log(1+x^4) + C$

(15) $-\log(1+\cos x) + C$

연습문제 4.3

1. (1) $\frac{1}{4}e^{2x}(2x-1)+C$ (2) $-\frac{x}{2}\log 3x-\frac{1}{4}\sin 2x+C$

(3) $\frac{1}{2}x^2\log 3x-\frac{1}{4}x^2+C$ (4) $\frac{1}{3}x^3\log x-\frac{1}{9}x^3+C$

(5) $\frac{1}{33}(3x+5)^{11}\left(\frac{33x-5}{36}\right)+C$ (6) $\frac{1}{2}e^x(\sin x-\cos x)+C$

(7) $-\frac{1}{x}\log(1+x^2)+2\tan^{-1}x+C$

연습문제 4.4

1. (1) $\frac{844}{5}$ (2) $3(\log 3)^2-6\log 3-2(\log 3)^2+4\log 2+2$

(3) 0 (4) $\frac{e-2}{2}$ (5) $\frac{2}{3}(\sqrt{10}-2\sqrt{2})$

(6) $\frac{5e-10}{e^2}$ (7) $\frac{1}{3}(\sqrt{7^3}-8)$ (8) $\sin^{-1}1-1$ (9) 5

2. $\frac{32}{3}$

연습문제 5.1

1. (1) $\frac{1}{3}\tan(3x+1)+C$ (3) $\frac{1}{3}\tan^3 x+C$

(5) $\frac{1}{16}\tan^4(4x)+\frac{1}{24}\tan^6(4x)+C$ (7) $\frac{1}{7}\sec^7 x-\frac{1}{5}\sec^5 x+C$

(9) $\frac{1}{4}\sec^3 x\tan x-\frac{5}{8}\sec x\tan x+\frac{3}{8}\ln|\sec x+\tan x|+C$

(11) $\frac{1}{6}\sec^3(2t)+C$

2. (1) $\frac{1}{3}\sec^2 x\tan x+\frac{2}{3}\tan x+C$

(3) $\frac{1}{5\pi}\sec^4(\pi x)\tan(\pi x)+\frac{4}{15\pi}\sec^2(\pi x)\tan(\pi x)+\frac{8}{15\pi}\tan(\pi x)+C$

(5) $\frac{1}{3}\tan^3 x-\tan x+x+C$ (7) $\frac{1}{6}\tan^3(x^2)+C$

(9) $-\frac{1}{5}\csc^5 x\tan x+\frac{1}{3}\csc^3 x+C$ (11) $\tan\frac{x}{2}+C$

연습문제 5.2

1. (1) $\frac{5}{2}\log|2x-1|+3\log|x+4|$

(2) $\frac{1}{2}\log(x^2-4x+8)+\tan^{-1}\frac{x-2}{2+C}$

(3) $\log\frac{\sqrt{x^2+1}}{|x|}-\frac{1}{x^2+1}+C$

(4) $2\log|x|-\log|x+2|+\log|x-2|+C$

(5) $\frac{1}{4}(\log|e^x-2|-\log|e^x+2|)+C$

(6) $\frac{1}{17}\left(-\frac{7}{2}\log|4x-1|+6\log(1+x^2)+3\tan^{-1}x\right)+C$

(7) $\frac{1}{3}\tan^{-1}\left(\frac{x-2}{3}\right)+C$

(8) $\frac{1}{\sqrt{3}}\tan^{-1}\left(\frac{\sin x-3}{\sqrt{3}}\right)+C$

(9) $\frac{1}{5}\left(\log\left|\tan\frac{x}{2}-\frac{1}{3}\right|-\log\left|\tan\frac{x}{2}+3\right|\right)+C$

(10) $\frac{x^3}{3}+\frac{x^2}{2}+x+3\log|x-1|$

연습문제 5.3

1. (1) $2\sqrt{x}-3\sqrt[3]{x}+6\sqrt[6]{x}-6\log(1+\sqrt[6]{x})+C$

(2) $\frac{1}{3}(1+x^2)^{\frac{3}{2}}-\sqrt{1+x^2}+C$

(3) $-x-4\sqrt{x}-4\log|1-\sqrt{x}|+C$

(4) $\frac{2}{3}x^{\frac{3}{2}}-2\sqrt{x}+2\tan^{-1}\sqrt{x}+C$

(5) $\sin^{-1}\left(\frac{\sin x}{\sqrt{2}}\right)+C$

(6) $\frac{1}{17}\left(-\frac{7}{2}\log|4x-1|+6\log(1+x^2)+3\tan^{-1}x\right)+C$

(7) $\frac{1}{2}\log(x^2-4x+8)+\tan^{-1}\frac{x-2}{2}+C$

(8) $24\log\left|\frac{x^{1/12}}{x^{1/12}+1}\right|+\frac{12}{x^{1/12}}-\frac{6}{x^{1/6}}+C$

연습문제 5.4

1. (1) 1 (2) 0 (3) 2

(4) $\log\frac{5}{3}$ (5) $\frac{9}{2}$ (6) 0

(7) $-\frac{\pi}{2}\log 2$ (8) $\frac{1}{\log a}$ (9) $-\frac{\pi^2}{2}\log 2$

(10) $\frac{(b-a)t}{1+t^2}$

연습문제 6.1

1. (1) $r\cos\theta=3$

(2) $r(3\cos\theta+\sqrt{3}\sin\theta)=6$

(3) $r\sin^2\theta=2\cos\theta$

(4) $r=4\sin\theta-2\cos\theta$

(5) $r^2(\cos^2\theta-\sin^2\theta)=1$

(6) $r\sin\theta=r^3\cos^3\theta+1$

(7) $r^2=\dfrac{6}{3-2\sin^2\theta}$

(8) $r=\dfrac{1}{1-\cos\theta}$

2. (1) $xy=1$

(2) $(x^2+y^2)^2=x^2-y^2$

(3) $3x^2+4y^2-4x-4=0$

(4) $(x^2+y^2)^2=a(x^3-3xy^2)$

(5) $(x^2+y^2+x)^2=x^2+y^2$

(6) $x^2=4y$

(7) $x^2+y^2-2x+y=0$

(8) $2x-y=4$

연습문제 6.2

1. (1) $\dfrac{15}{2}-4\log 4$

(2) 44

(3) $2\log 2-1$

(4) $\dfrac{1}{2}$

(5) $\pi-2$

(6) $\sqrt{2}$

(7) $\dfrac{64}{3}$

(8) $\dfrac{4}{3}$

(9) $\dfrac{9e-10}{4}$

2. (1) 6π

(2) πab

(3) 6π

(4) 11π

(5) 2

(6) $\dfrac{45}{4}\pi$

(7) 1

3. (1) $\dfrac{2\pi-3\sqrt{3}}{2}$

(2) $\dfrac{4(3\sqrt{3}-\pi)}{3}$

(3) $\dfrac{9\pi-12\sqrt{3}}{4}$

(4) $\dfrac{4(2\pi+3\sqrt{3})}{6}$

연습문제 6.3

1. (1) $\frac{76}{3}\pi$ (2) $\frac{1792}{15}\pi$ (3) $\frac{2}{35}\pi$

(4) $\frac{256}{3}\pi$ (5) $\frac{4}{35}\pi$ (6) $\frac{\pi}{2}$

(7) $\frac{64}{3}\pi$

2. (1) 8π (2) 24π (3) 2π

(4) $\frac{2\sqrt{2}\pi}{5}(2e^{\pi}+1)$ (5) $\frac{1}{4\sqrt{2}}(\pi^2-\pi+2\sqrt{2}+4)$ (6) $\pi\left(1-\frac{1}{e}\right)$

연습문제 6.4

1. (1) $\frac{247\sqrt{247}}{243}$ (2) $\log(2+\sqrt{3})$

(3) $2\sqrt{3}$ (4) $\frac{10\sqrt{10}-1}{3}$

(5) $\sqrt{2}(e^{\frac{\pi}{2}}-1)$ (6) 4

(7) $\frac{16}{3}a$ (8) $\arg\sinh 2\pi$

2. (1) $2\pi(15\sqrt{5}-3)$ (2) 12π (3) $\frac{10}{3}\pi$

(4) $2\pi ab\cdot\frac{\arcsin E+E\sqrt{1-E^2}}{E}$ $\left(단, \ E=\frac{c}{a}\right)$

(5) $\frac{64}{3}\pi a^2$ (6) $\frac{15+\log 2}{4}\pi$

(7) $4\pi^2 ab$ (8) $2\pi a^2(2-\sqrt{2})$

연습문제 7.1

2. (1) 2 (2) $\dfrac{4}{3}$ (3) 4

(4) 1 (5) 존재하지않는다 (6) 0

3. (1) $R \times R$ 에서 연속 (2) $\{(x,\ y) \in R \times R \mid x^2 + y^2 \neq 1\}$ 에서 연속

4. $\displaystyle\lim_{(x,y)\to(0,0)} f(x, y) = \frac{m}{1+m^2}$

$y = mx$ 이므로 m 값에 따라 극한값이 달라진다.

연습문제 7.2

1. (1) $\dfrac{\partial f}{\partial x} = 2x - y,\ \dfrac{\partial f}{\partial y} = -x + 2y$

(2) $\dfrac{\partial f}{\partial x} = -\dfrac{1}{(x+y)^2} = \dfrac{\partial f}{\partial y}$

(3) $\dfrac{\partial f}{\partial x} = \dfrac{x}{\sqrt{x^2+y^2}},\ \dfrac{\partial f}{\partial y} = \dfrac{y}{\sqrt{x^2+y^2}}$

(4) $\dfrac{\partial f}{\partial x} = (y - x - 1)e^x,\ \dfrac{\partial f}{\partial y} = e^x$

2. (1) $\dfrac{1}{2\sqrt{5}}$ (2) $\dfrac{2}{\sqrt{5}}$

3. (1) $f_{xx} = y^2(x^2+y^2)^{-\frac{3}{2}},\ \ f_{yy} = x^2(x^2+y^2)^{-\frac{3}{2}},$

$f_{xy} = f_{yx} = -xy(x^2+y^2)^{-\frac{3}{2}}$

(2) $f_{xx} = e^x \cos y,\ f_{yy} = -e^x \cos y,\ f_{xy} = f_{yx} = -e^x \sin y$

(3) $f_{xx} = \dfrac{-16}{(4x-5y)^2}$, $f_{yy} = \dfrac{-25}{(4x-5y)^2}$,

$f_{xy} = f_{yx} = \dfrac{20}{(4x-5y)^2}$

(4) $f_{xx} = \dfrac{4y^2(x^2+y^2-4xy)}{(x^2+y^2)^3}$, $f_{yy} = \dfrac{4y^4-12x^2y^2}{(x^2+y^2)^3}$,

$f_{xy} = \dfrac{8xy(x^2+y^2-2xy)}{(x^2+y^2)^3}$, $f_{yx} = \dfrac{16y^3x(x^2+y^2)}{(x^2+y^2)^3}$

연습문제 7.3

1. (1) $\dfrac{dz}{dt} = 26t^2$

(2) $\dfrac{dz}{dt} = \dfrac{4+3\sqrt{t}}{2(2t+t\sqrt{t})}$

(3) $\dfrac{dz}{dx} = \dfrac{3}{t^2}\sin\dfrac{1}{t}$

(4) $\dfrac{dz}{dt} = -\dfrac{5}{2}t\sqrt{t}e^{1-t^2\sqrt{t}}$

2. (1) $\dfrac{\partial z}{\partial u} = -\dfrac{2\sin u}{3\sin v}$, $\dfrac{\partial z}{\partial v} = -\dfrac{2\cos u\cos v}{3\sin^2 v}$

(2) $\dfrac{\partial z}{\partial u} = \dfrac{2u}{v^2} - u^2v\sec^2(\dfrac{u}{v}) - 2uv^2\tan(\dfrac{u}{v})$

$\dfrac{\partial z}{\partial v} = -\dfrac{2u^2}{v^2} + u^3\sec^2(\dfrac{u}{v}) - 2u^2v\tan(\dfrac{u}{v})$

(3) $\dfrac{\partial z}{\partial u} = e^u$, $\dfrac{\partial z}{\partial v} = 0$

(4) $\dfrac{\partial z}{\partial u} = \dfrac{2e^{2u}}{1+e^{4u}}$, $\dfrac{\partial z}{\partial v} = 0$

3. (1) $\dfrac{dy}{dx} = \dfrac{y}{\sin y - x}$

(2) $\dfrac{dy}{dx} = -\dfrac{ye^{xy} + ye^{x}}{xe^{xy} + e^{x}}$

(3) $\dfrac{dy}{dx} = \dfrac{3x^2 - 3y^2}{6xy - 3y^2}$

(4) $\dfrac{dy}{dx} = \dfrac{2\sqrt{xy} - y}{x - 6\sqrt{xy}}$

연습문제 7.4

1. (1) $dz = (2xy + y^2)\,dx + (x^2 + 2xy)\,dy$

(2) $dz = \dfrac{y}{1 + x^2y^2}\,dx + \dfrac{x}{1 + x^2y^2}\,dy$

(3) $dz = (e^x \sin y - e^y \sin x)\,dx + (e^x \cos y + e^y \cos x)\,dy$

(4) $dz = \left(\dfrac{y^2}{xy^2} + \cosh x\right)dx + \left(\dfrac{2xy}{xy^2}\right)dy$

2. (1) 4.15 (2) -0.1

3. (1) 극소점 $(-2, 3)$ 극소값 -18

(2) 극대점 $(0, 0)$ 극대값 0

(3) 극대점 $(1, 1/4)$ 극대값 $13/4$

(4) 극대점 $(5, 6)$ 극대값 19

(5) 극값을 갖지 않음

(6) 극값을 갖지 않음

연습문제 8.1

1. (1) $-3/5$ (2) -1

   (3) $928/3$ (4) 240

   (5) 2 (6) $1/5$

   (7) $6-\log 2$ (8) $\pi a^2/8$

2. (1) $(e^{ap}-1)(e^{aq}-1)/pq$ (2) $3/2$

   (3) $\frac{3}{2}\log 2-35/6$ (4) $e^4/2-e^2$

   (5) $-243/40$ (6) $\frac{1}{3}(\frac{\pi}{3}+\frac{\sqrt{3}}{2})$

   (7) $1/6$ (8) $\frac{2}{3\pi}$

연습문제 8.2

1. (1) $1/6$ (2) 0

   (3) 0 (4) $3\pi/32$

   (5) $\pi/8$ (6) $\pi(1-e^{-4})$

   (7) $16/9$

2. (1) $\frac{11}{24}a^3$ (2) $\frac{2}{3}a^3$

   (3) $\frac{3}{2}\pi a^4$ (4) 8π

   (5) $\frac{\pi}{2}(b^4-a^4)$ (6) $\frac{35}{16}\pi a^4$

연습문제 8.3

1. (1) 8 (2) 1/36

   (3) -40 (4) 47/24

   (5) 25/2 (6) $\pi/2-1$

   (7) 81/5 (8) a^2

2. (1) $\frac{\pi}{2}(\pi-3)$ (2) 5/12

   (3) $-\pi/8$ (4) 1/2

연습문제 8.4

1. (1) 4/3 (2) 16/9

2. 8π

3. 256/15

4. 1/12

5. 292/15

6. (1) 13/8 (2) 4/3

   (3) 5/6 (4) 2/5

7. $\frac{2}{9}a^3(3\pi-4)$

찾아보기

저자소개 (가나다 순)

강주호 대구대학교 정보과학부 교수
곽승곤 대구대학교 정보과학부 교수
권정환 대구대학교 수학교육과 교수
오영선 대구대학교 수학교육과 교수
이상기 대구대학교 수학교육과 교수
이재돈 대구대학교 수학교육과 교수
이효삼 대구대학교 정보과학부 교수
황석윤 대구대학교 정보과학부 교수

미적분학

1판 1쇄 발행 / 2003년 2월 27일
1판 4쇄 발행 / 2013년 3월 25일

저　자 / 대구대학교 수학교재편찬위원회

발행인 / 홍　덕　률

발행처 / 대구대학교출판부
주소 · 경북 경산시 진량읍 내리리 15번지
전화 · (053)850-5662～4　팩스 · (053)850-5669

인쇄처 / 동아문화사

등　록 / 경산 제11호

정가 10,000원

ISBN 89-7794-265-9 93410